Kölner Beiträge zur Didaktik der Mathematik

Reihe herausgegeben von

Nils Buchholtz, Institut für Mathematikdidaktik, Universität zu Köln, Köln, Nordrhein-Westfalen, Deutschland

Michael Meyer, Institut für Mathematikdidaktik, Universität zu Köln, Köln, Nordrhein-Westfalen, Deutschland

Birte Pöhler, Institut für Mathematikdidaktik, Universität zu Köln, Köln, Nordrhein-Westfalen, Deutschland

Benjamin Rott, Institut für Mathematikdidaktik, Universität zu Köln, Köln, Nordrhein-Westfalen, Deutschland

Inge Schwank, Institut für Mathematikdidaktik, Universität zu Köln, Köln, Nordrhein-Westfalen, Deutschland

Horst Struve, Institut für Mathematikdidaktik, Universität zu Köln, Köln, Nordrhein-Westfalen, Deutschland

Carina Zindel, Institut für Mathematikdidaktik, Universität zu Köln, Köln, Nordrhein-Westfalen, Deutschland

In dieser Reihe werden ausgewählte, hervorragende Forschungsarbeiten zum Lernen und Lehren von Mathematik publiziert. Thematisch wird sich eine breite Spanne von rekonstruktiver Grundlagenforschung bis zu konstruktiver Entwicklungsforschung ergeben. Gemeinsames Anliegen der Arbeiten ist ein tiefgreifendes Verständnis insbesondere mathematischer Lehr- und Lernprozesse, auch um diese weiterentwickeln zu können. Die Mitglieder des Institutes sind in diversen Bereichen der Erforschung und Vermittlung mathematischen Wissens tätig und sorgen entsprechend für einen weiten Gegenstandsbereich: von vorschulischen Erfahrungen bis zu Weiterbildungen nach dem Studium.

Diese Reihe ist die Fortführung der „Kölner Beiträge zur Didaktik der Mathematik und der Naturwissenschaften".

Michael Meyer
(Hrsg.)

Geschichten zur 0

Eine Szene und diverse Theorien

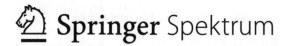
Springer Spektrum

Hrsg.
Michael Meyer
Institut für Mathematikdidaktik
Universität zu Köln
Köln, Deutschland

ISSN 2661-8257   ISSN 2661-8265   (electronic)
Kölner Beiträge zur Didaktik der Mathematik
ISBN 978-3-658-42119-9   ISBN 978-3-658-42120-5   (eBook)
https://doi.org/10.1007/978-3-658-42120-5

Die Deutsche Nationalbibliothek verzeichnet diese Publikation in der Deutschen Nationalbibliografie; detaillierte bibliografische Daten sind im Internet über http://dnb.d-nb.de abrufbar.

Planung/Lektorat: Marija Kojic
Springer Spektrum ist ein Imprint der eingetragenen Gesellschaft Springer Fachmedien Wiesbaden GmbH und ist ein Teil von Springer Nature.
Die Anschrift der Gesellschaft ist: Abraham-Lincoln-Str. 46, 65189 Wiesbaden, Germany

Inhaltsverzeichnis

Vorwort: Zum Inhalt dieses Buches

Mirjam Jostes, Michael Meyer und Julia Rey

Im vorliegenden Sammelwerk wird eine Interviewszene zur Zahl Null aus verschiedenen theoretischen Perspektiven beleuchtet. Aufgrund der unterschiedlichen Perspektiven auf den mathematischen Inhalt kann nicht von *einem* Inhalt des Buches gesprochen werden. Gewisse Aspekte sind wiederum allen Beiträgen gemein. Dies betrifft insbesondere den mathematischen Kern (die Zahl Null), die allgemeinverständliche Interpretation des Transkriptes und das interpretative Vorgehen. Um nicht wiederkehrende Redundanzen zu schaffen, werden diese Aspekte vorweg kurz thematisiert.

1.1 (Be-)Deutungen der Null

Marc (1. Klasse, anonymisiert) in einem Interview zur Zahl Null:

M. Jostes
Windeck, Deutschland

M. Meyer (✉)
Institut für Mathematikdidaktik, Universität zu Köln, Köln, Deutschland
E-Mail: michael.meyer@uni-koeln.de

J. Rey
Köln, Deutschland

© Der/die Autor(en), exklusiv lizenziert an Springer Fachmedien Wiesbaden GmbH, ein Teil von Springer Nature 2023
M. Meyer (Hrsg.), *Geschichten zur 0*, Kölner Beiträge zur Didaktik der Mathematik, https://doi.org/10.1007/978-3-658-42120-5_1

Turn	Sprecher:in	Äußerung
1	I	was verstehst du unter der Zahl Null′ …
2	Marc	gar nix. …
3	I	hmh′ *(nickt)* … was heißt das′
4	Marc	also Null is ja keine <u>Zahl</u>.
5	I	mh′.. warum nicht′
6	Marc	weil <u>es</u> zum Beispiel n-, nicht nu- es <u>gibt</u> es ja keine null Autos. […]
7	I	hmh- *(8 sec)* und warum ist die Null dann keine Zahl′
8	Marc	weil sie nicht-, weil sie nicht auf der Welt erschaffen ist.
9	I	aaah. okay′ mhm- *(nickt)* … gut. und die andern Zahlen da-, die wären dann schon da′
10	Marc	ja.

Der Erstklässler Marc spricht der Zahl Null im obigen Interviewausschnitt verschiedene Attribute zu, bspw., dass die Null gar keine Zahl ist, weil sie sich der realen Anschauung entzieht („es <u>gibt</u> es ja keine null Autos", T6). Wie lässt sich „die" (Zahl) Null dann beschreiben? Möglich wären Angaben wie „nichts", „keines" oder „nicht vorhanden". Aus mathematischer Perspektive wären dies Sprechweisen, um die leere Menge auszudrücken. Auch symbolisch kann die verbalisierte Leere ausgedrückt werden: { }.

Im Alltag begegnen wir der Null häufig in speziellen Ausdrücken wie „eine Null sein" oder „00". Ihre bedeutsame Rolle wird insbesondere mit Blick in die digitale Welt, v. a. die Programmiersprache, ersichtlich. Davon abgesehen unterscheidet sie sich hinsichtlich diverser Zahlaspekte von anderen natürlichen Zahlen: Bezüglich der Kardinalität gibt es keine null Autos, was bereits Marc im obigen Transkriptabschnitt problematisiert. Von null Autos kann nur dann die Rede sein, wenn es zuvor mindestens ein Auto gegeben hat. Wenn Positionen in einer Reihe nummeriert werden, erscheint es ebenfalls ungewöhnlich, bei einer nullten Stelle zu beginnen. Bei einer Nummerierung einschließlich Null gäbe die zuletzt genannte Zahl schließlich nicht die Anzahl der Personen in der Reihe an. Entsprechend werden bei Sportveranstaltungen erste oder zweite Plätze verge-ben, jedoch keine nullten Plätze. Auch hier erscheint die Zahl Null nicht direkt zugänglich zu sein.

Relevant wird die Null auch bei Messungen: Nullen müssen mitgenannt wer-den, wenn Zahlen mit nicht gefüllten Stellen betrachtet werden, wenn also bspw. 0,3 cm oder 0,03 cm abgemessen oder wenn beim Einkaufen 3 € oder 30

€ bezahlt werden müssen. Auch unabhängig vom Messen kommt der Unterscheidung von End- und Zwischennullen eine besondere Rolle zu (Wollenweber, 2018): Die einen können weggelassen werden, die anderen sind essenziell bedeutsam. Relativ zum Maßzahlaspekt lässt sich wiederum beobachten, dass es keine Messungen gibt,

> „[…] deren Ergebnis die Null als Maßzahl hat. Null benennt auf der Skala den Ausgangspunkt für das Messen und befindet sich bei den verschiedenen Messgeräten an unterschiedlichen Stellen: Beim Zollstock ist es der Rand (ohne Bezeichnung!), beim Lineal ist noch ein Abstand davor, beim Geodreieck liegt die Null sogar in der Mitte und die Skala setzt sich von dort nach rechts und links fort." (Franke & Ruwisch, 2010, S. 192)

Auch eine historische Betrachtung zeigt, dass die Null eine Sonderrolle einnimmt: Insofern (natürliche) Zahlen lange Zeit dafür benutzt wurden, um Mächtigkeiten von Mengen von Gegenständen anzugeben, bedurfte es der Null zunächst nicht. Im Zuge der Stellenwertschreibweise von (größeren) Zahlen konnten leere Stellenwerte auch schlicht ausgelassen werden (s. oben). Lücken zwischen Zahlen sind jedoch verschieden interpretierbar: Handelt es sich um eine große Zahl oder um zwei aufeinanderfolgende Zahlen (Volkert, 1996)? Zur Markierung eines nicht besetzten Stellenwertes wurde dieses Problem mit der Einführung der Null behoben. Dass die Null auch der Bezeichnung der leeren Menge dienen kann, kam wohl deutlich später hinzu (für eine ausführliche Betrachtung s. Ifrah, 1991). Die Bedeutung des Platzhalters bzw. Leerzeichens von „0" wurde dann um die des Zahlzeichens ergänzt. Die Null wurde also eingeführt, um ein Problem zu lösen, wenngleich sie doch nichts bezeichnete. Im mittelalterlichen Abendland angekommen, erfuhr die Null Ablehnung und wurde als „Teufelswerk" (Hefendehl-Hebeker, 1982, S. 50) beschimpft.

Über die Bedeutung des Zeichens hinaus ist die Null auch hinsichtlich der Operationen interessant zu betrachten. Ob als „neutrales" Element der Addition bzw. Subtraktion oder als „dominantes" Element bei der Multiplikation und Division – für den Umgang mit der Null gelten besondere Rechenregeln. Entsprechend gibt es verschiedenste Möglichkeiten der didaktischen Behandlung der Null (u. a. Hefendehl-Hebeker, 1981; Kornmann, Frank, Holland-Rummer & Wagner, 1999; Schwank, 2010; Spiegel, 1995).

In Analogie zur historischen Entwicklung der Zahl Null kann man sich überlegen, ob die Null überhaupt als Zahlzeichen oder erst als Platzhalter/Leerzeichen im schulischen Mathematikunterricht eingeführt werden soll(te). Verschiedene Mathematikdidaktiker:innen sind hier unterschiedlicher Meinung. Die Gründe, welche für eine solche Entscheidung abzuwägen wären, sind vielfältig. So lassen sich bspw. historische, fachliche und fachdidaktische Gründe anführen. Diese seien hier jedoch nicht abgewogen.

Kurzum: Die Null ist eine besondere Zahl – sowohl in der Mathematik, im Mathematikunterricht als auch im alltäglichen Leben. Entsprechend lassen sich verschiedenste (kindliche) Vorstellungen beobachten, welche ein interessantes Feld für die mathematikdidaktische Forschung eröffnen.

1.2   Der mathematikdidaktische Inhalt

Die Veränderung von Lernprozessen bzw. Unterricht setzt deren bzw. dessen Verstehen voraus. Die Nutzung von Theorien zur Rekonstruktion von Lehr- und Lernprozessen hat den Anspruch, ein tieferes Verständnis zu erlangen, als es ohne möglich wäre. Insbesondere ist hiermit verbunden, dass man nicht nur auf die eigene Perspektive angewiesen ist, denn die eigene Perspektive ist beeinflusst von persönlichen Idealen, Meinungen etc., welche den Blick beschränken und das „Sehen" – auch unbewusst – orientieren. Die Nutzung von Theorie ermöglicht ein an der Theorie orientiertes Sehen. Anders formuliert: Nicht nur der eigene Verstand, sondern auch die Vorgaben der Theorie lassen uns Lehr- und Lernprozesse verstehen.

In der Mathematikdidaktik wurden und werden diverse Theorien generiert, indem überwiegend Ansätze aus anderen Fächern, den sogenannten Bezugsdisziplinen, genutzt werden, um spezifisch mathematikdidaktische Theorie(n) zu entwickeln. So entwickelte Voigt (1984) auf der Basis vornehmlich soziologischer Ansätze eine Interaktionstheorie und konnte hiermit bspw. Interaktionsmuster im fragend-entwickelnden Unterricht rekonstruieren. Krummheuer (1995) und Schwarzkopf (2000) nutzten in verschiedenen Lesarten die Argumentationstheorie des Philosophen Toulmin (1996), um die Details von mathematischen Begründungsprozessen genauer zu verstehen. Steinbring (u. a. 2000) entwickelte auf der Grundlage soziologischer und semiotischer Überlegungen das epistemologische Dreieck, um Prozesse der Begriffsbildung zu rekonstruieren. Bikner-Ahsbahs (2005) präsentierte ein Konzept „interessensdichter Situationen", in das Ansätze verschiedener Bezugsdisziplinen eingingen.

Die bisherige, auf wenige deutschsprachige Veröffentlichungen begrenzte und daher sehr unvollständige Aufzählung soll anzeigen, dass die ausgearbeiteten und genutzten Perspektiven verschiedene Ursprünge und auch unterschiedliche Anwendungsbereiche haben können. Gleichwohl finden sich immer wieder

Gemeinsamkeiten, sodass die Analysen vergleichbare Ergebnisse erzielen. Entsprechend wurde in diversen Projekten versucht, die Theorien miteinander zu vergleichen, um diese Unterschiede und Gemeinsamkeiten herauszuarbeiten. Ein Beispiel hierfür ist der Beitrag von Maier und Steinbring (1998), in dem die Autoren einen Begriffsbildungsprozess mit ihren jeweiligen Theorieansätzen rekonstruieren und die Ergebnisse vergleichen. Etwas aktuelleren Datums ist eine Veröffentlichung, welche von Bikner-Ahsbahs und Prediger (2014) herausgegeben wurde, deren Beiträge von Mitgliedern der „Networking Theories Group" erstellt wurden. In dem besagten Buch werden u. a. der „Approach of Action, Production, and Communication" (Arzarello & Sabena, 2014), die „Theory of Didactical Situations" (Artigue, Haspekian & Corblin-Lenfant, 2014), die „Anthropological Theory of the Didactic" (Bosch & Gascón, 2014) und „Abstraction in Context" (Dreyfus & Kidron, 2014) genutzt, um einen Interaktionsprozess zu rekonstruieren bzw. verschiedene Projekte zum Vergleich einzelner Theorien zu präsentieren.

Theorien zu verbinden, geschieht nicht nur im Sinne des Vergleiches einzelner mathematikdidaktischer Theorien, sondern auch zur Erstellung dieser einzelnen Theorien selbst: Bspw. nutzte vom Hofe (1995) verschiedene, v. a. aus der Mathematikdidaktik stammende Ansätze und arbeitete das Konzept der „Grundvorstellungen" heraus, welche sich als Standardinterpretationen mathematischer Zusammenhänge bzw. Begriffe etablierten. Schnell (2014) verknüpfte die mathematikdidaktischen Theorien „Abstraction in Context" und „Knowledge in Pieces" für ihre Rekonstruktion von „Konstrukten". Meyer (2021) verband die philosophische Logik von Peirce mit der bereits etablierten Argumentationstheorie von Toulmin. Diese Betrachtungen wurden in der Folge mit weiteren Ansätzen vereint, z. B. dem Überzeugungsbegriff nach Kant (Moll, 2020), weiteren Aspekten von Sprachspielen (Kunsteller, 2018) und naturwissenschaftlichen Begriffen (Rey, 2021).

In dem nun vorliegenden Buch sind die Ursprünge der präsentierten und genutzten Theorien entsprechend etwas konzentrierter als bei Bikner-Ahsbahs und Prediger (2014) bzw. Maier und Steinbring (1998): Einige der in der Kölner Arbeitsgruppe Meyer erstellten theoretischen Perspektiven werden genutzt, um die Handlungen einer Schülerin zu verstehen (s. Kap. 3, 4, 5, 6, 7 und 8). Diese Beiträge werden ergänzt von Personen, welche der Arbeitsgemeinschaft nahestehen und an den Diskussionen innerhalb derselben mitwirken (s. Kap. 9, 10 und 11).

Literatur

Artigue, M.; Haspekian, M. & Corblin-Lenfant, A. (2014). Introduction to the Theory of Didactical Situations (TDS). In A. Bikner-Ahsbahs & S. Prediger (Eds.), *Networking of Theories as a Research Practice in Mathematics Education* (pp. 47–65). New York: Springer. https://doi.org/10.1007/978-3-319-05389-9_4.

Arzarello, F. & Sabena, C. (2014). Introduction to the Approach of Action, Production, and Communication (APC). In A. Bikner-Ahsbahs & S. Prediger (Eds.), *Networking of Theories as a Research Practice in Mathematics Education* (pp. 31–45). New York: Springer. https://doi.org/10.1007/978-3-319-05389-9_3.

Bikner-Ahsbahs, A. & Prediger, S. (Eds.) (2014). *Networking of Theories as a Research Practice in Mathematics Education*. New York: Springer. https://doi.org/10.1007/978-3-319-05389-9.

Bikner-Ahsbahs, A. (2005). *Mathematikinteresse zwischen Subjekt und Situation. Theorie interessendichter Situationen – Baustein für eine mathematikdidaktische Interessentheorie.* Hildesheim: Franzbecker.

Bosch, M. & Gascón, J. (2014). Introduction to the Anthropological Theory of the Didactic (ATD). In A. Bikner-Ahsbahs & S. Prediger (Eds.), *Networking of Theories as a Research Practice in Mathematics Education* (pp. 67–83). New York: Springer.

Dreyfus, T & Kidron, I. (2014). Introduction to Abstraction in Context (AiC). In A. Bikner-Ahsbahs & S. Prediger (Eds.), *Networking of Theories as a Research Practice in Mathematics Education* (pp. 85–96). New York: Springer.

Franke, M. & Ruwisch, S. (2010). *Didaktik des Sachrechnens in der Grundschule* (2. Aufl.). Heidelberg: Spektrum. https://doi.org/10.1007/978-3-8274-2695-6.

Hefendehl-Hebeker, L. (1981). Zur Behandlung der Zahl Null im Unterricht, insbesondere in der Primarstufe. *mathematica didactica, 4,* 239–252.

Hefendehl-Hebeker, L. (1982). Die Zahl Null im Bewusstsein von Schülern. Eine Fallstudie. *Journal für Mathematik-Didaktik, 3,* 47–65. https://doi.org/10.1007/BF03338659.

Hofe, R. vom (1995). *Grundvorstellungen mathematischer Inhalte.* Heidelberg: Spektrum.

Ifrah, G. (1991). *Universalgeschichte der Zahlen* (2. Aufl.). Frankfurt a. M.: Campus.

Kornmann, R., Frank, A., Holland-Rummer, C. & Wagner, H.-J. (1999). *Probleme beim Rechnen mit der Null. Erklärungsansätze und pädagogische Hilfen.* Weinheim: Deutscher Studienverlag.

Krummheuer, G. (1995). The ethnography of argumentation. In P. Cobb, & H. Bauersfeld (Eds.), *The emergence of mathematical meaning. Interaction in classroom cultures* (pp. 229–270). Hillsdale, NJ: Lawrence Erlbaum.

Kunsteller, J. (2018). *Ähnlichkeiten und ihre Bedeutung beim Entdecken und Begründen. Sprachspielphilosophische und mikrosoziologische Analysen von Mathematikunterricht.* Wiesbaden: Springer. https://doi.org/10.1007/978-3-658-23039-5.

Maier, H. & Steinbring, H. (1998). Begriffsbildung im alltäglichen Mathematikunterricht – Darstellung und Vergleich zweier Theorieansätze zur Analyse von Verstehensprozessen. *Journal für Mathematik-Didaktik, 19,* 292–329. https://doi.org/10.1007/BF03338878.

Meyer, M. (2021). *Entdecken und Begründen im Mathematikunterricht. Von der Abduktion zum Argument* (2. Aufl.). Berlin: Springer. https://doi.org/10.1007/978-3-658-32391-2.

Moll, M. (2020). *Überzeugung im Werden. Begründetes Fürwahrhalten im Mathematikunterricht*. Wiesbaden: Springer. https://doi.org/10.1007/978-3-658-27383-5.

Rey, J. (2021). *Experimentieren und Begründen. Naturwissenschaftliche Denk- und Arbeitsweisen beim Mathematiklernen*. Wiesbaden: Springer. https://doi.org/10.1007/978-3-658-35330-8.

Schnell, S. (2014). *Muster und Variabilität erkunden. Konstruktionsprozesse kontextspezifischer Vorstellungen zum Phänomen Zufall*. Wiesbaden: Springer. https://doi.org/10.1007/978-3-658-03805-2.

Schwank, I. (2010). Vom Umgang mit dem Nichts als Zahl und anderen Ideen. In S. Kliemann (Hrsg.), *Diagnostizieren und Fördern. Kompetenzen erkennen, unterstützen und erweitern. Beispiele und Anregungen. Für die Klassen 1 bis 4* (S. 129–141). Berlin: Cornlesen Scriptor.

Schwarzkopf, R. (2000). *Argumentationsprozesse im Mathematikunterricht. Theoretische Grundlagen und Fallstudien*. Hildesheim: Franzbecker.

Spiegel, H. (1995). Ist 1:0=1? Ein Brief und eine Antwort. *Grundschule, 27* (5), 8–9.

Steinbring, H. (2000). Mathematische Bedeutung als eine soziale Konstruktion – Grundzüge der epistemologisch orientierten mathematischen Interaktionsforschung. *Journal für Mathematik-Didaktik, 21,* 28–49. https://doi.org/10.1007/BF03338905.

Toulmin, S. E. (1996). *Der Gebrauch von Argumenten* (2. Aufl.). Weinheim: Beltz.

Voigt, J. (1984). *Interaktionsmuster und Routinen im Mathematikunterricht. Theoretische Grundlagen und mikroethnographische Falluntersuchungen*. Weinheim: Beltz.

Volkert, K. (1996). Null ist nichts, und von nichts kommt nichts. *mathematica didactica, 19* (2), 98–105.

Wollenweber, T. (2018). Den Nachkommastellen auf der Spur. Operative Erkundungen mit Gewichten an der Balkenwaage. *Fördermagazin Grundschule* (4), 15–18.

Zugang zur Szene und eine erste Interpretation

Mirjam Jostes, Michael Meyer und Julia Rey

Dieses Sammelwerk basiert auf *einem* Interviewgespräch mit einer Erstklässlerin zur Zahl Null, auf das mit *unterschiedlichen* theoretischen Konzepten geblickt wird. Die Szene wurde dem Datenmaterial der Bachelorarbeit von M. Jostes (2019) entnommen und soll in diesem Kapitel zunächst dargestellt werden, um einen Einblick in die Situation zu erhalten bzw. erste Deutungen der Szene vorzugeben. Ziel der späteren Kapitel ist dann, durch die Nutzung bestimmter Theorien Aussagen treffen zu können, die über die in diesem Kap. 2 vorgestellten Interpretationen hinausgehen. Es sei angemerkt, dass auch die erste Interpretation nicht frei von theoretischem Hintergrundwissen sein kann, da bereits hier bestimmte Sichtweisen auf Mathematik bzw. zum Mathematiklernen einfließen. Allein das Zeichen „0" als ein mathematisches Zeichen und seine Verwendungen (s. Kap. 1) setzen mathematische bzw. mathematikdidaktische Theorien voraus.

2.1 Interpretatives Forschungsparadigma

Bevor im Folgenden die Interviewszene vorgestellt und interpretiert wird, erfolgt zunächst die Darstellung der Interpretationsweise, welche nicht nur diesem Beitrag, sondern auch den meisten der später Folgenden zugrunde liegt. Sollte

M. Jostes
Windeck, Deutschland

M. Meyer (✉)
Institut für Mathematikdidaktik, Universität zu Köln, Köln, Deutschland
E-Mail: michael.meyer@uni-koeln.de

J. Rey
Köln, Deutschland

M. Meyer (Hrsg.), *Geschichten zur 0*, Kölner Beiträge zur Didaktik der Mathematik, https://doi.org/10.1007/978-3-658-42120-5_2

es hiervon Abweichungen geben, so werden diese in den jeweiligen Beiträgen ausgeführt und begründet.

Im deutschsprachigen Raum wurde die interpretative Unterrichtsforschung von Heinrich Bauersfeld und dessen Arbeitsgruppe etabliert. Insbesondere erarbeiteten Jörg Voigt und Götz Krummheuer methodische Konkretisierungen (Jungwirth, 2003). Die von Voigt beschriebene „Methode der primär gedanklichen Vergleiche" (Jungwirth, 2003, S. 193) ist eine interpretative Methode, welche auf den Theorien des symbolischen Interaktionismus (vorrangig Blumer, 1981) und der Ethnomethodologie (vorrangig Garfinkel, 1967) aus der Soziologie beruht. Diese Grundlagen seien im Folgenden kurz skizziert. Blumer (1981) geht von drei Prämissen aus:

> „Die erste Prämisse besagt, dass Menschen ‚Dingen' gegenüber auf der Grundlage der Bedeutungen handeln, die diese Dinge für sie besitzen. [...] Die zweite Prämisse besagt, dass die Bedeutung solcher Dinge aus der sozialen Interaktion, die man mit seinen Mitmenschen eingeht, abgeleitet ist oder aus ihr entsteht. Die dritte Prämisse besagt, dass diese Bedeutungen in einem interpretativen Prozess, den die Person in ihrer Auseinandersetzung mit den ihr begegnenden Dingen benutzt, gehandhabt und abgeändert werden." (S. 81)

Dem Zitat entsprechend basiert die Bedeutung von „Dingen" auf einer individuellen Anschauung und ist zugleich das Produkt einer interaktiven Aushandlung. Wenn Schüler:innen mit mathematischen Gegenständen wie der Null handeln, so ist dieses Handeln zum einen das Produkt ihrer vorherigen Erfahrungen, zum anderen wird es durch die Interaktion mit den Mitmenschen bedingt. Hinsichtlich der im Folgenden handelnden Schülerin Luisa sind die vorherigen (Interaktions-) Erfahrungen durch Begegnungen mit Mitschülern bzw. Mitschülerinnen, Eltern, Lehrpersonen etc. geprägt. Die aktuelle Interaktion ereignet sich mit einer interviewenden Studentin. Welches enorme Potenzial die Interaktion selbst hat und wie sich die an der Interaktion teilnehmenden Personen (Be-)Deutungen erschließen, wird durch die Betrachtung ethnomethodologischer Begriffe und Regeln deutlich. Zunächst sei der Begriff der Indexikalität thematisiert.

> „Als ‚Indexikalität' bezeichnet Garfinkel die räumlich-zeitlich-personelle Situationsabhängigkeit der Äußerung. Die Leistung, die die Interpretationsteilnehmer im Vollzug ihrer Alltagspraxis vollbringen müssen, liegt dann in der ‚Entindexikalisierung', d. h. in der Herstellung der Substitution indexikaler durch ‚objektive' Ausdrücke (‚remedying indexical expressions')." (Voigt, 1984, S. 18)

Das Verstehen einer Äußerung ist demnach wesentlich von dem Vorwissen der Beteiligten und der jeweiligen Situation abhängig. Das Vorwissen variiert wiederum, je nachdem, welcher Hintergrund eingenommen wird: Die Äußerungen in einer Sequenz zum Mathematiklernen werden von Mathematikdidaktiker:innen anders verstanden als von Reinigungskräften, Polizist:innen oder Ergotherapeut:innen. Dieses Verständnis wird sich wiederum von demjenigen eines Architekten bzw. einer Architektin unterscheiden.

Wenn die Kontexte, welche Sprecher:innen und Hörer:innen einnehmen, vergleichbar sind, so besteht eher die Möglichkeit, dass sich diese Personen auch verstehen. Wenn sich die Kontexte hingegen unterscheiden, dann können sich auch die Interpretationen des Gesprochenen unterscheiden. Dies wird bereits anhand der bekannten „Teekesselchen" deutlich: Das Wort „Satz" erfährt bspw. im Deutschunterricht eine andere Bedeutung als im Mathematikunterricht. Wenn sich diese Merkmale der Situationsabhängigkeit jedoch unterscheiden, so kann sich eine interaktive Dynamik ergeben: Sprecher:innen und Hörer:innen können aneinander vorbeireden oder sich ergänzen und so auch neue Bedeutungen erschließen.

Ein vollständiges Verstehen von Äußerungen setzt aber nicht nur das Einnehmen eines vergleichbaren Kontextes voraus, sondern u. a. auch folgende Bereitschaft:

> „Der Sprecher unterstellt, daß der Hörer auch über die nicht explizierten, aber gemeinten Bedeutungen der Handlungen Entscheidungen trifft, indem er einen umfassenderen Zusammenhang dem Sprecher unterstellt und diesen ‚ausfüllt', sozusagen zwischen den Zeilen liest. Außerdem unterstellt der Hörer, daß der Sprecher zu einem späteren Zeitpunkt mehrdeutige Ausdrücke, denen vorläufig bestimmte Bedeutungen zugeschrieben werden, klären wird." (Voigt, 1984, S. 23 f.)

Äußerungen zeichnen sich also dadurch aus, dass sie unvollständig sind. Das Implizite hieran passend zu ergänzen, ist eine Leistung, die nicht nur die an der Interaktion beteiligten Personen, sondern auch die Interpreten bzw. Interpretinnen erbringen müssen.

Aufbauend auf solchen und weiteren Betrachtungen entwickelte Voigt (1984) eine Interpretationsmethode, welche sich als Ablauf folgender Schritte verstehen lässt:

Schritt 1: Zu Beginn umschreibt der bzw. die Interpret:in die Situation mit seinem bzw. ihrem „gesunden Menschenverstand" (Voigt, 1984, S. 111). Bezogen auf das vorliegende Transkript zur Null besitzt jeder Mensch gewisse Vorerfahrungen zum Umgang mit Zahlen – nicht nur aus dem Mathematikunterricht, sondern auch aus dem alltäglichen Leben. Ziel der ersten Notation ist nicht, diese Vorerfahrungen auszuschalten, sondern sich dieser bewusst zu werden. Dieses „Bewusstwerden" verfolgt das Ziel, sich im Folgenden explizit von den Interpretationen abgrenzen zu können. Der bzw. die Interpret:in zwingt sich somit mehr zu sehen, als vorher deutlich war.

Schritt 2: Anschließend wird der Text in Episoden eingeteilt und die erste Äußerung „extensiv interpretiert" (Voigt, 1984, S. 112), um möglichst viele Deutungshypothesen der Äußerung miteinzubeziehen. Es wird versucht, „latente Sinnstrukturen" (Oevermann, Allert, Konau, & Krambeck, 1979) zu erfassen. Diese lassen sich in einem ersten Zugang als Interpretationen verstehen, die nicht nur das subjektiv Gemeinte, sondern auch den „objektiven" Gehalt der Äußerung betreffen. Es geht also nicht nur darum, das Kind in seinem aktuellen Gedankengang vollständig individuell zu verstehen, sondern auch (und vor allem) darum, zu erfassen, was die Äußerungen noch bedeuten könnten, wenn sie etwa in einem anderen Kontext von einem bzw. einer anderen Schüler:in oder einer anderen Person außerhalb von Schule getätigt würden. Latente Sinnstrukturen umfassen folglich verschiedene Lesarten der Äußerung. Der Grund hierfür besteht darin, dass Schüler:innen gerne ihre Meinung ändern. Um es mit den Worten von Selter und Spiegel (1997, S. 10 ff.) zu sagen: Sie rechnen anders als sie selbst. Während den Lernenden in einer Situation eine gewisse Bedeutung vor Augen steht, kann diese in der nächsten Situation eine andere sein. Im Unterricht selbst äußert sich dies bspw. darin, dass Lernende eine gewisse Äußerung häufig anders deuten, als es von dem bzw. der Sprecher:in intendiert war. Eine Äußerung in Schritt 2 der Interpretationsmethode extensiv zu interpretieren, bedeutet, dass die Äußerung aus dem Schulkontext heraus in sich anschließende Situationen verfremdet wird. Die räumlich-zeitlich-personelle Situationsabhängigkeit wird also bewusst variiert, um maximal viele Interpretationen zuzulassen.

Schritt 3: Die Interpretationen von Turns ermöglichen Prognosen über den weiteren Gesprächsverlauf. Diese unterziehen sich einer Prüfung an der Folgeäußerung bzw. den Folgeäußerungen: Die Interpretationen können bestätigt werden, wenn notwendige oder auch nur mögliche Konsequenzen dieser eintreten, oder sie sind zu falsifizieren bzw. abzuändern, wenn etwas Gegenteiliges eintritt.

Schritt 4: Bis zum Ende der Episode schließt sich nun wiederholend eine extensive Interpretation der Folgeäußerung (Schritt 2) sowie eine Prüfung an der nachfolgenden Äußerung (Schritt 3) an.

Die sich ergebenden Deutungen werden letztlich mit den entsprechenden theoretischen Konzepten gemäß des Forschungsanliegens verknüpft und erneut am Transkript überprüft. Die Deutungen, welche sich im Transkript wiederholt erhärten und zudem einen maximalen Erkenntnisgewinn aus Sicht der Theorie ermöglichen, werden als Deutungshypothesen in den Beiträgen dargestellt.

2.2   Der Ursprung: Eine Interviewsequenz

Die Datenerhebung der von M. Jostes durchgeführten Studie im Rahmen ihrer Bachelorarbeit zu den Sichtweisen von Grundschulkindern auf die Zahl Null beinhaltete 11 Interviews mit Lernenden der ersten und dritten Klasse einer Grundschule. Die Interviews, die jeweils eine Dauer von circa 45 min hatten, wurden videografiert und anschließend transkribiert (für Transkriptionsregeln s. Abschn. 2.5). Die ausgewählte Szene, welche im Fokus der nachfolgenden Beiträge steht, ist dem Interview mit einer Erstklässlerin entnommen. In der Szene spielt diese Erstklässlerin, Luisa (Pseudonym), gemeinsam mit der Interviewerin ein Spiel. Luisa erhielt mündlich folgende Spielanleitung.

Das Spiel handelt von zwei Zwergen. Eines Tages sehen sie eine Höhle, in der ganz viele Glitzersteine funkeln. Die beiden Zwerge streiten sich, denn jeder von ihnen will zuerst bei der Höhle sein und die Glitzersteine für sich haben. Schließlich einigen sie sich auf ein Spiel: Sie starten beide am gleichen Feld und würfeln immer abwechselnd. Es darf immer um die gewürfelte Zahl vorgerückt werden. Der Zwerg, der als erstes bei der Höhle ist, hat gewonnen und darf alle Steine für sich behalten.

Abb. 2.1 Spielplan zum Additionsspiel

Abb. 2.2 Spielfiguren

Abb. 2.3 Spielwürfel

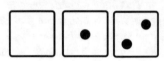

Im Anschluss an diese Spielanleitung erhielt Luisa im Interview den Spielplan (s. Abb. 2.1), die beiden Zwerge als Spielfiguren (s. Abb. 2.2), von denen sie einen Zwerg für sich und den anderen für die Interviewerin wählte, und einen Spielwürfel. Der Würfel zeigte auf zwei Seiten keine Augen, auf zwei Seiten ein Auge und auf den anderen beiden zwei Augen (s. Abb. 2.3).

Das folgende Transkript (für Transkriptionsregeln s. Abschn. 2.5) setzt zu Beginn des Interviews ein, an dem die Interviewerin Luisa zunächst einige Fragen zur Zahl Null stellt. Die Erklärung der Spielregeln erfolgt nach Turn 30. Das Arbeitsblatt, das Luisa während des Spiels ausfüllt, befindet sich am Ende des Transkriptes (s. Abb. 2.5).

Turn	Sprecher:in	Äußerung
1	I	*(beide stellen sich namentlich vor, einführende Worte)* gut. dann kommt jetzt die erste Frage an dich, die ich dir mitgebracht habe- *(etwas langsamer und betont)* <u>was</u> verstehst du unter der Zahl <u>Null</u>´, du darfst da etwas einfach <u>sagen</u> zu, oder du <u>malst</u> etwas auf, oder du schreibst etwas.
2	Luisa	die Null kann man nicht sehen´
3	I	<u>warum</u> nich´
4	Luisa	weil die total klein is´
5	I	*(lacht)*
6	Luisa	aber wenn die Eins dazu kommt wird die total groß.
7	I	<u>ahaa.</u>
8	Luisa	weil das dann die Zehn is.
9	I	achso, . aha´
10	Luisa	das ham wir bei der Frau X *(Name der Lehrerin)* gelernt.
11	I	ok.
12	Luisa	letztes Jahr noch.
13	I	und dann weißt du das noch´ *(Luisa nickt)* toll.
14	Luisa	wir solln ja immer alles wissen, <u>was in der Schule so is.</u>
15	I	hm- *(nickt)*
16	Luisa	das ham wir nie vergessen.
17	I	super. und fällt dir noch mehr zur Null ein´
18	Luisa	*(14 sec) (leiser)* nö.
19	I	sonst nichts mehr´
20	Luisa	hm.
21	I	und wenn du dir mal vorstellen würdest, ich komm von einem fremden Planeten und ich hab noch nie was von der Null gehört. wie würdest du mir denn die Null erklären´
22	Luisa	dass die <u>soo</u> *(malt mit dem Finger einen Kreis in die Luft)* ein Kreis is-
23	I	*(nickt)* mhm-
24	Luisa	und dass die auch ganz schön klein ist- *(zeigt mit Zeigefinger und Daumen einen kleinen Abstand zwischen diesen Fingern an).*
25	I	klein, wie meinst du das´

26	Luisa	also dass die .. nicht <u>so</u> *(breitet die Arme in der Luft über sich aus)* groß ist.
27	I	*(nickt)* aha. aber man könnte die Null ja auch so ganz groß aufmalen. *(malt mit dem Finger eine sehr große Null in die Luft)* und-
28	Luisa	*(nickt)* ja. is ja egal wie groß man die aufmalt. aber die is eigentlich ganz klein. *(I nickt)* sonst is sie richtig klein.
29	I	achso.
30	Luisa	und dann sieht man die auch nich. gar nich.

[...]
I gibt Luisa den Spielplan, die Spielfiguren und den Spielwürfel (s. Abb. 2.1, 2.2 und 2.3) und I erklärt Luisa das Spiel (s. Spielanleitung im Text).

31	I	schau dir das Spielfeld und den Würfel mal ganz genau an, und wenn du Fragen hast, dann beantworte ich sie dir gerne.
32	Luisa	*(nimmt den Würfel in die Hand und zeigt auf die Seite ohne Punkte)* da sind null.
33	I	wieso´
34	Luisa	weil überhaupt keine St- Sachen sind.
35	I	mhm. *(nickt)*
36	Luisa	*(dreht den Würfel und zeigt auf die zweite Seitenfläche ohne Punkte)* und da auch. .. *(dreht ihn erneut und zeigt wieder auf die erste Seite ohne Punkte)* da auch- . *(dreht ihn erneut und zeigt wieder auf die zweite Fläche ohne Punkte)* da auch. .. und, es gibt die Zwei *(zeigt zwei Finger)* zweimal, die Eins zweimal, die Null zweimal- .. und, es gibt überhaupt keine Drei´ *(lächelt)*
37	I	*(lacht)* .. ein bisschen komischer Würfel ne´
38	Luisa	eeh. *(nickt).*

[...]
Da Luisa sagt, dass sie keine Fragen mehr zu dem Spiel hat, erklärt I ihr, wie die Tabelle auf dem Arbeitsblatt während des Spiels auszufüllen ist. (57 sec)

39	I	soo. jetzt hab ich dir ja schon gesagt, es kommt noch eine Frage aus der Mathematik, und, um die geht es eigentlich- dazu brauchen wir auch das Spiel- .. ich stell dir die Frage einfach mal, und vielleicht weißt du schon eine Antwort. *(langsamer und betont)* welche <u>Besonderheiten</u> gibt es, beim <u>Plus</u>rechnen mit der Null´
40	Luisa	*(leise)* beim Plusrechnen mit der Null. *(4 sec) (lauter)(lächelnd)* also wenn ich jetzt <u>eins</u> plus null mache, dann, ergibt das ja <u>eins</u>.

41	I	mhm- ..
42	Luisa	weil die Null ja, .. eigentlich nix <u>is</u>. ..
43	I	wie meinst du das´
44	Luisa	also, dass die Null, … eigentlich <u>null</u>, ne´ *(gestikuliert mit ihren Händen vor sich in der Luft)* das da-, die Null is so <u>gar nix</u>.
45	I	*(nickt)* mhm-
46	Luisa	also dass dann gar nix da is. .. also wenn ich jetzt ein Steinchen habe und null Steinchen dazutue. dann bleibt ja eins übrig. .. weil die Null man ja nicht sehen kann.
47	I	achs<u>o</u>.
48	Luisa	und das, und das Steinchen, was ich dann dazutue kann man dann ja auch nicht sehen. weil ich ja eben gar keins dazu <u>tue</u>. weil es ja <u>null</u> is.
49	I	mhm-.. ok-, <u>und</u> funktioniert das auch bei andern Zahlen oder nur bei der Eins´ ..
50	Luisa	das funktioniert auch bei anderen Zahlen.
51	I	warum´
52	Luisa	<u>weiel</u> <u>..</u> <u>die Null-</u>, also wenn ich jetzt zehn plus null mache dann isses ja immer noch zehn. *(I nickt)* .. weil die Null eigentlich zu jeder Zahl passt.
53	I	*(nickt)* mhm-, okay´ und, wie könntest du- oder Moment. vielleicht schreibst du mal deine Regel, die du mir grade gesagt hast, diese Rechenregel, vielleicht kannst du die mal als <u>Satz</u> hier oben hinschreiben. *(zeigt auf die dafür vorgesehene Stelle auf dem Arbeitsblatt. Luisa nimmt den Stift in die Hand.)* … red ruhig laut dabei.
54	Luisa	*(5 sec)* isses auch okay <u>wenn</u> *(schaut zu I)(4 sec)* der nich so ist, wie ich das gesagt habe´
55	I	*(nickt und lächelt)* ja klar.
56	Luisa	weil ich das ganz oft <u>wi-,wieder</u> vergesse.
57	I	*(nickt und lächelt)* ja. das ist normal.
58	Luisa	*(schreibt: „Man kann die Null nicht sehen." (Rechtschreibfehler hier korrigiert), zwischendurch ertönt eine Schulglocke.) (56 sec)*
59	I	was schreibst du da jetzt auf´
60	Luisa	man kann die Null nicht sehen.

61	I	*(nickt)* aaah. okay. *(Luisa schreibt den Satz zu Ende) (13 sec)* super. Dankeschön- ich schreib mal deinen Namen noch grade, das könntest du bestimmt auch selber- *(schreibt den Namen auf das Arbeitsblatt)* .. und jetzt, wenn wir nochmal an das Rechnen denken, du hast mir da eben was zu gesagt. *(liest)* <u>meine Regel zum Plusrechnen mit der Null.</u> ich könnte jetzt mal noch was aufschreiben, wenn du mir noch irgendwas diktierst dazu.
62	Luisa	*(nickt)* mhm- ..
63	I	wie funktioniert das, wenn man <u>plus null</u> rechnet.
64	Luisa	*(4 sec)* dann gibt es die Null da einfach nich. *(schüttelt leicht den Kopf)*
65	I	mhm.
66	Luisa	also dann, tut man einfach gar nix *(Schulterzucken)* dazu.
67	I	dann schreib ich das mal auf, oder′ was soll ich denn für einen Satz aufschreiben′
68	Luisa	hm. *(10 sec) (redet und I schreibt)* wenn man eins plus null rechnet, dann gibt's die Null nich.
69	I	*(während des Schreibens)* mhm- *(13 sec)* und jetzt schreib ich noch den letzten Satz auf, das hast du nämlich eben <u>genauso</u> gesagt, und dann hast du noch danach gesagt, dann tut man einfach gar nichts dazu, oder′ *(Luisa nickt und I schreibt weiter: „Dann tut man einfach gar nichts dazu")* *(11 sec)* mhm- … super .. dann hast du jetzt schon eine Rechenregel- .. *(legt das Blatt vor Luisa)* und wie könntest du jetzt diese Regel mit dem Spiel hier erklären′ *(zeigt auf das Spielfeld)*
70	Luisa	*(betrachtet das Spielfeld) (18 sec)* wenn ich würfel, und die N- ich die Null habe, dann geh ich einfach, .. *(nimmt den Würfel und würfelt eine Null)* wenn ich jetzt die Null würfel, dann geh ich einfach <u>keinen</u> Schritt. *(hebt ihre Zwergenfigur hoch und setzt sie wieder auf dem gleichen Feld, dem Startfeld, ab).*
71	I	*(nickt)* mhm-
72	Luisa	und wenn ich die Eins dann würfel, *(dreht den Würfel so, dass eine Seite mit einem Punkt nach oben zeigt)* dann geh ich einfach <u>einen</u> Schritt. *(bewegt ihre Spielfigur einen Schritt nach vorne auf Feld 1).*
73	I	*(nickt)* okay.
74	Luisa	*(dreht den Würfel so um, dass wieder die leere Seite nach oben zeigt)* und wenn ich dann wieder ne Null habe, dann geh ich <u>keinen</u> Schritt.
75	I	okay. .. dann werden wir einfach mal rausfinden, ob du mit deiner Rechenregel, da richtig liegst. ok′

[...]

Luisa und I spielen das Spiel und Luisa füllt die Tabelle aus. Luisa hat eine Null gewürfelt und stockt vor dem Feld in der zweiten Spalte, in der sie bei den letzten Würfen immer die Würfelzahl als Punktebild gemalt hat.

76	I	genau- was hast du gewürfelt´ musst du da, wie viele Punkte hinmalen´
77	Luisa	.. ne Null. *(lächelt, I lächelt ebenfalls)* .. also mal ich da einfach ne Null hin.
78	I	ja, oder einfach gar keine Punkte, weil man sieht ja auch nichts, ne´
79	Luisa	ja. dann mal ich da nix hin. *(legt den Stift auf den Tisch)*

[...]

Das Spiel wurde bereits beendet. I bittet Luisa, zu jeder Aufgabe eine passende Rechenaufgabe aufzuschreiben. Luisa schreibt zu den Zeilen 4, 5 eine Rechenaufgabe auf und betrachtet die Zeile 6: Standpunkt „4", Würfelzahl „0", neuer Standpunkt „4". Luisa setzt an, etwas aufzuschreiben.

80	I	erklär mir mal, was du grade denkst.
81	Luisa	also. *(langsam)* vier- *(zeigt auf die 4 in der ersten Spalte)*
82	I	mhm-
83	Luisa	.. hm. plus vier- *(zeigt auf „4" in der dritten Spalte, schaut zu I und dann wieder auf das Papier) (5 sec) (schneller)* vier plus null. *(leiser)* also- *(beginnt zu schreiben: „4")*
84	I	mh´ jetzt hast du dich grade umentschieden. warum´
85	Luisa	weil, das ja vier ergeben müssen. *(I nickt)* ... *(Luisa schreibt weiter: „+0=") (8 sec)*
86	I	*(nickt)* mhm-
87	Luisa	*(auf „0" in der Rechnung zeigend)* dann ist da jetzt ne Null, *(hinter das Gleichheitszeichen zeigend)* und da dann noch ne Vier. *(schreibt: „4")*

[...]

Luisa entdeckt, dass sich in dieser Aufgabe die Ziffern 4 und 0 immer abwechseln und lacht, schreibt dann die Aufgabe „4+2=6" in Zeile 7 und betrachtet Zeile 8 mit Standpunkt „6", gewürfelter Zahl „0", neuem Standpunkt „6".

88	Luisa	*(zeigt auf diese Zeile)* die ist komisch. *(schreibt: „6")* sechs p-
89	I	was ist komisch´
90	Luisa	die hier. guck-
91	I	warum´
92	Luisa	*(schreibt: +)* plus-, das is wie ne Aufgabe, die ich mir jetzt ausgedacht hätte. ich rech- ich mag nämlich solche Aufgaben mit Nulln.
93	I	warum´

94	Luisa	ehm- .. weiel, bei denen isses so- … da mach ich einfach- *(gestikuliert mit ihrer Hand)* .. also, <u>sechs</u>- *(zeigt sechs Finger und betrachtet sie. I nickt)* … und null weg. *(deutet erneut auf die sechs Finger)*
95	I	mhm-
96	Luisa	dann ergebns ja sechs. *(grinst, I ebenfalls)*
97	Luisa	so.

[…]
Luisa schreibt zu weiteren Zeilen jeweils eine passende Additionsaufgabe. In die zweite Zeile schreibt sie: „1+0=1")

98	I	warum′
99	Luisa	weil <u>Eins-</u> *(zeigt mit einer Hand einen Finger)* .. ne <u>Null</u> dazu, dann kommen ja, ne, keine d,dazu- *(deutet auf die restlichen vier ‚eingeklappten' Finger)* .. also, nee- mach ich, lieber <u>so</u> einen, weil ja, weil die Null ja gar nicht <u>gibt</u>. *(zeigt mit der anderen Hand einen halben Finger, indem sie einen Finger zeigt, der halb eingeklappt ist, schaut I an und lächelt, I lacht)* trotzdem tu ich einen halben <u>nach oben</u>.
100	I	aber die gibt's ja schon, in der Aufgabe steht sie ja, ne′ *(zeigt auf die Null in der aufgeschriebenen Rechnung)* bei dir ist sie ja da zu sehn.
101	Luisa	ja.
102	Luisa	aber trotzdem ergebns dann eins.
103	I	mhm. *(nickt)*
104	Luisa	wie hier unten bei der sechs. *(zeigt auf die Aufgabe 6+0=6)*
105	I	*(nickt)* hm. stimmt. …
106	Luisa	aber das da ist schwer. *(zeigt auf die erste Zeile mit Standpunkt „Start", gewürfelter Zahl „1", neuem Standpunkt „1")* ..
107	I	warum′
108	Luisa	*(auf die Zeile in der Tabelle zeigend)* weil, <u>Start</u> .. plus eins .. *(lächelt, I grinst)* gleich eins.
109	I	und was müsste dann da st-, für ne Zahl stehn, damit die Aufgabe stimmt′
110	Luisa	<u>Null.</u>
111	I	wieso′
112	Luisa	weil .. das, die ja das, da- dann eins ergeben muss und da steht auch ne Eins. *(zeigt auf die Würfelzahl 1)*
113	I	*(nickt)* dann probier das mal, ob das dann klappt′

114	Luisa	*(schreibt „0" neben das Wort „Start")* dann tu ich hier mal kurz ne Null hin. *(I lacht kurz auf) (schreibt: „0+1=1")*

[...]

I fragt Luisa, ob ihre Rechenregel nun richtig war. Luisa zeigt auf einige Rechenaufgaben mit der Null in der Tabelle und bestätigt dies damit. In einigen der Aufgaben steht die Null als zweiter Summand, in der Rechenaufgabe von Zeile 1 als erster Summand.

115	I	und dann funktioniert das trotzdem′
116	Luisa	hm. *(nickt)*
117	I	egal ob die Null vorne oder hinten steht′
118	Luisa	ja.
119	I	mhm′ meinst du denn das klappt immer′
120	Luisa	*(nickt)* hm.
121	I	warum′
122	Luisa	weil .. die Null ist ja einfach unsichtbar. einfach so. die is ja total klein. *(zeigt einen kleinen Abstand mit Daumen und Zeigefinger)* die sieht man ja gar nicht.
123	I	achso. okay. […]
124	I	was ist denn die größte Zahl die du kennst′ ..
125	Luisa	tausend′
126	I	ok. wenn ich mal tausend plus null rechne .., was wär-
127	Luisa	das-
128	I	die-
129	Luisa	dann gewinnt die Tausend.
130	I	wie die gewinnt′
131	Luisa	jaa, das ergeben dann Tausend.
132	I	aha.
133	Luisa	weil die Null es ja nicht gibt.
134	I	also funktionierts sogar bei der Tausend.

Die Interviewerin erklärt Luisa das Spiel zur Subtraktion. Die Spielanleitung ist folgende:

Einige Tage später arbeiten die beiden Zwerge in einer anderen Höhle. Plötzlich stoßen sie auf einen Drachen. Er türmt sich vor ihnen auf und brüllt: „Ihr beiden

kommt aus dieser Höhle nur wieder raus, wenn mir einer von euch seine Diaman-
ten hierlässt!" Wieder streiten sich die Zwerge, denn jeder hat schon zehn Steine
gesammelt und keiner will dem Drachen all seine Steine geben. So verabreden sie
wieder ein Spiel: Sie würfeln abwechselnd. Die gewürfelte Anzahl an Steinen muss
an den Drachen abgegeben werden. Dies geht so lange bis einer der Zwerge keine
Steine mehr hat. Dieser hat dann zwar alle Steine verloren, aber die beiden Zwerge
sind frei und können die Höhle verlassen.

Der Spielplan zu dem Subtraktionsspiel ist in Abb. 2.4 zu finden. Gespielt
wird mit Muggelsteinen. Sowohl Luisas Zwerg als auch der der Interviewerin
erhalten zu Spielbeginn zehn Steine in ihre Säcke.

Abb. 2.4 Spielplan zum
Subtraktionsspiel

135	I	<u>und</u> bevor wir das jetzt spielen, kommt jetzt wieder eine Frage aus der Mathematik an dich. … bist du bereit′
136	Luisa	ja′
137	I	*(langsam und betont)* welche Besonderheiten gibt es, wenn man <u>minus</u> Null rechnet. ..
138	Luisa	*(langsam)* minus Null. ..*(etwas schneller)* wenn man <u>eins,</u> minus <u>null,</u> dann ergebns ja auch eins. *(grinst)*
139	I	wieso das denn′
140	Luisa	<u>ääh</u> *(5 sec)* weil, also du hast einen *(zeigt einen Finger)* .. null tust, null tust du weg. .. *(I nickt)* und die Null <u>gibt's</u> da ja gar nicht *(zuckt mit den Schultern und schlägt die Hände auf)* ..
141	I	mhm-
142	Luisa	und darum bleiben es ja dann immer noch eins.
143	I	mhm-
144	Luisa	egal ob es plus oder minus ist. die Null gibt es da einfach gar nicht.
145	I	ach die gibt es da auch nicht′
146	Luisa	ja.
147	I	mhm-
148	Luisa	also das geht auch bei jeder Zahl.
149	I	ach meinst du auch bei <u>allen</u> funktioniert das′ .. *(nickt)* wieso′
150	Luisa	weiel, … du hast jetzt <u>fünf</u>- *(zeigt fünf Finger einer Hand)*
151	I	mhm-
152	Luisa	und willst .. null wegtun. .. *(I nickt)* dann tust du <u>null</u> weg. *(zeigt mit der anderen Hand eine Faust)* .. dann bleiben ja g, alle übrig *(zuckt mit den Schultern)*.. weil du null weggetan hast. […]
[…] I fordert Sie auf ihr eine Rechenregel zum Minusrechnen mit der Null zu diktieren.		
153	Luisa	dass man da auch nicht die Null sehen kann.
154	I	*(setzt den Stift an und nickt)* mhm- .. dann sag mir mal einen Satz, den ich dahin schreiben kann′ ..
155	Luisa	egal, ob es minus oder plus ist, man sieht die eben nicht.

Plusrechnen mit der Null   Name: *Luisa*

Meine Regel beim Plusrechnen mit der Null: MankN DunounichT
SeJen
wenn man 1 plus 0 rechnet, dann gibts die 0 nicht.
Dann tut man einfach gar nichts dazu.

Nr.	Standpunkt	Würfelzahl	neuer Standpunkt	Rechenaufgabe
1	**Start** 0	•	1	0+1=1
2	1		01	1+0=1
3	1	•	2	1+1=2
4	2	•	3	2+1=3
5	3	•	4	3+1=4
6	4		4	4+0=4
7	5	••	6	4+2=6
8	6		6	6+0=6
9				
10				
11				
12				
13				
14				
15				

Mein Abschlusssatz: Rechbech

Abb. 2.5 Luisas Arbeitsblatt zum Additionsspiel

2.3 Analyseschritt 1: Luisas Verständnis zur Null

In diesem Abschnitt wird eine erste Analyse der Szene vorgestellt. Bewusst ist dieser Abschnitt recht komprimiert gestaltet, um nicht zu viel Redundanz zu den späteren Kapiteln zu erzeugen. Starten wir zu Beginn des Transkriptes, wo die Interviewerin das Verständnis zur Zahl Null von Luisa erfahren will:

1	I	*(beide stellen sich namentlich vor, einführende Worte)* gut. dann kommt jetzt die erste Frage an dich, die ich dir mitgebracht habe- *(etwas langsamer und betont)* <u>was</u> verstehst du unter der Zahl <u>Null</u>´, du darfst da etwas einfach <u>sagen</u> zu, oder du <u>malst</u> etwas auf, oder du schreibst etwas.
2	Luisa	die Null kann man nicht sehen´
3	I	<u>warum</u> nich´
4	Luisa	weil die total klein is´
5	I	*(lacht)*
6	Luisa	aber wenn die Eins dazu kommt wird die total groß.
7	I	<u>ahaa.</u>
8	Luisa	weil das dann die Zehn is.

Luisa kontrastiert die Null als Zahl von der Null als Ziffer in der 10. Hierzu bringt sie den Kontrast von „Klein Sein" und „Groß Sein" mit ein. Die Null als etwas nicht Sichtbares (T2) und etwas sehr Kleines (T4) klingt widersprüchlich. Sehr kleine Gegenstände wären mit dem Mikroskop sichtbar und somit zählbar. Ob der Null hier eine Kardinalität zugesprochen wird oder nicht, bleibt offen.

Die Antworten in den Turns 6 und 8 können vordergründig als verschiedene Antworten auf die Frage nach dem Grund der „Nicht-Sichtbarkeit" der Null gesehen werden. Allerdings ist die Null als Ziffer in der 10 enthalten und somit nicht per se klein. Die Null hat also verschiedene Eigenschaften. Für eine Erstklässlerin ist die 10 sicherlich eine „große" Zahl und die Null ist darin als Ziffer enthalten. Hierin mag der Grund für das „Groß Sein" liegen. „Groß" könnte dabei auch als „große Menge" oder als „wichtig" gelesen werden.

10	Luisa	das ham wir bei der Frau X *(Name der Lehrerin)* gelernt.
11	I	ok.
12	Luisa	letztes Jahr noch.
13	I	und dann weißt du das noch´ *(Luisa nickt)* toll.
14	Luisa	wir solln ja immer alles wissen, was in der Schule so is.

In dieser Szene wird ein Einfluss der Lehrperson auf Luisa (T10, 12) thematisch, aber auch der Interviewerin, indem sie das Mädchen positiv bestärkt (T13). Insbesondere in Turn 10 scheint ein Sozialisationseffekt sichtbar zu werden. Allerdings könnte Luisa diese Aussage auch getätigt haben, um ihr „Gesicht zu wahren", denn womöglich hat sie den Widerspruch von „klein" und „groß" selbst bemerkt. Diese Interpretation wird dadurch bestärkt, dass die Schülerin in Turn 24 verstärkt auf die Null als kleine Zahl eingeht.

Nachdem im folgenden Verlauf des Transkriptes die Darstellung des Zeichens „0" und die (kleine) Größe der Null erneut thematisiert werden, scheint nun eine Fokussierung auf den Kontrast von innerer Anschauung (begriffliche Eigenschaften) und äußerer Darstellung („0") zu erfolgen:

24	Luisa	und dass die auch ganz schön klein ist- *(zeigt mit Zeigefinger und Daumen einen kleinen Abstand zwischen diesen Fingern an).*
25	I	klein, wie meinst du das´
26	Luisa	also dass die .. nicht so *(breitet die Arme in der Luft über sich aus)* groß ist.
27	I	*(nickt)* aha. aber man könnte die Null ja auch so ganz groß aufmalen. *(malt mit dem Finger eine sehr große Null in die Luft)* und-
28	Luisa	*(nickt)* ja. is ja egal wie groß man die aufmalt. aber die is eigentlich ganz klein. *(I nickt)* sonst is sie richtig klein.

Die vorliegende Sequenz lässt folgende Deutungshypothese zu: Die Eigenschaft, klein zu sein, welche hier fokussiert wird, wird von der Aktion des „[A]ufmalen[s]" (T27) getrennt. „Klein Sein" wäre keine Eigenschaft der Darstellung, sondern womöglich eine inhärente Eigenschaft der Zahl selbst. Luisa verbleibt somit eher auf einer inhaltlichen Ebene.

Um die Verfremdung innerhalb der „Methode der primär gedanklichen Vergleiche" (Jungwirth, 2003, S. 193) exemplarisch zu verdeutlichen (womit jetzt ein Schritt weitergegangen wird), werden nun zwei kontrastive Sinnstrukturen der Äußerung „aber die is eigentlich ganz klein." (T28) benannt. Um aufzuzeigen, welche latenten Sinnstrukturen denkbar wären, sei beispielhaft eine stärker fachmathematische Perspektive eingenommen: Luisas Verständnis zur Zahl Null lässt sich mit der Idee des Leibnizschen Differentials vergleichen, welches dieser für seine Differentialrechnung benötigte. Das Differential war unendlich klein, sodass es bei der Rechnung nicht mehr berücksichtigt werden musste (Burscheid & Struve, 2001). Die vordergründige Widersprüchlichkeit könnte sich vor diesem Hintergrund wiederum als produktiv erweisen.

Wenn wir die bisherige Sequenz aus einer anderen Perspektive betrachten, so könnte auch ein rein ökonomischer Charakter die Widersprüchlichkeit aufklären: Eine Reinigungskraft könnte nach erledigter Arbeit einen kleinen Gegenstand auf dem Boden sehen und denken, dass sich ein nochmaliges Säubern nicht lohnt, weil der Gegenstand so klein ist, dass niemand anders ihn bemerken würde. Sie müsste entsprechend nicht erneut ihre Utensilien bemühen.

Nachdem die Interviewerin Luisa das Spiel erklärt hat, scheint die Schülerin die leere Würfelseite zu erkennen: „da sind null" (T32), „weil überhaupt keine St-Sachen sind" (T34). Die Null würde somit als Kardinalität der leeren Menge interpretiert werden (s. auch Grundvorstellung Kardinalzahl).

39	I	soo. jetzt hab ich dir ja schon gesagt, es kommt noch eine Frage aus der Mathematik, und, um die geht es eigentlich- dazu brauchen wir auch das Spiel- .. ich stell dir die Frage einfach mal, und vielleicht weiß du schon eine Antwort. *(langsamer und betont)* welche <u>Besonderheiten</u> gibt es, beim <u>Plus</u>rechnen mit der Null′
40	Luisa	*(leise)* beim Plusrechnen mit der Null. *(4 sec) (lauter)(lächelnd)* also wenn ich jetzt <u>eins</u> plus null mache, dann, ergibt das ja <u>eins</u>.
41	I	mhm- ..
42	Luisa	weil die Null ja, .. eigentlich nix <u>is</u>. ..
43	I	wie meinst du das′
44	Luisa	also, dass die Null, … eigentlich <u>null</u>, ne′ *(gestikuliert mit ihren Händen vor sich in der Luft)* das da-, die Null is so <u>gar nix</u>.

Mathematisch betrachtet wird mit der Fragestellung in Turn 39 die Null als Rechenzahl fokussiert, wodurch eine neue Bedeutung eröffnet wird. Es kann ein vielseitiges Konzept der Zahl Null in unterschiedlichen Kontexten erkannt werden, welches eine situationsabhängige Analyse möglich macht. Die Null ist nunmehr „gar nix" (T44). Dies kann darauf zurückgeführt werden, dass die Null bei der Addition keine Rolle spielt und nicht berücksichtigt werden muss. Das muss noch keinen Widerspruch zur Null als kleine Zahl bedeuten, denn ein Gegenstand kann auch als so klein betrachtet werden, dass er nichts ist (s. obiger Perspektivenwechsel).

Womöglich bedingt durch die bisherigen Kontraste (Klein Sein, Groß Malen, Nix Sein) zeigen sich sprachliche Unsicherheiten bei Luisa. Worte werden wiederholt, die Pausen werden länger. Dies könnte als ein Anzeichen dafür gewertet werden, dass ihr die Begründungszusammenhänge schwerfallen.

Die angesprochene Rechenregel (T40) notiert Luisa anschließend. Eine Übertragung ihrer Rechenregel auf das Spiel liefert sie wie folgt:

70	Luisa	*(betrachtet das Spielfeld) (18 sec)* wenn ich würfel, und die N- ich die Null habe, dann geh ich einfach, .. *(nimmt den Würfel und würfelt eine Null)* wenn ich jetzt die Null würfle, dann geh ich einfach <u>keinen</u> Schritt. *(hebt ihre Zwergenfigur hoch und setzt sie wieder auf dem gleichen Feld, dem Startfeld, ab).*
71	I	*(nickt)* mhm-
72	Luisa	und wenn ich die Eins dann würfel, *(dreht den Würfel so, dass eine Seite mit einem Punkt nach oben zeigt)* dann geh ich einfach <u>einen</u> Schritt. *(bewegt ihre Spielfigur einen Schritt nach vorne auf Feld 1).*

Eine mögliche Deutung wäre, dass Luisa nicht spielt, sondern eher einen potenziellen Spielverlauf nachstellt (T70, T72): „Wenn ich x habe, dann geh ich y". Hieran wird ein angehendes funktionales Verständnis und ein hypothetisches Denken erkennbar. Die zuvor genannte und notierte Rechenregel scheint fiktiv genutzt zu werden.

Das Spiel ist so konzipiert, dass Würfelergebnisse dokumentiert werden (s. Luisas Arbeitsblatt in Abb. 2.5). Im Anschluss an das Spiel wird die Lernende aufgefordert, Rechenaufgaben zu den dokumentierten Spielzügen zu bilden (s. letzte Spalte der Tabelle in Abb. 2.5). Bei einer Zeile (Standpunkt: Feld 6, Würfelzahl: 0, neuer Standpunkt: 6) stockt Luisa:

88	Luisa	*(zeigt auf diese Zeile)* die ist komisch. *(schreibt: „6")* sechs p-
89	I	was ist komisch´
90	Luisa	die hier. guck-
91	I	warum´
92	Luisa	*(schreibt: +)* plus-, das is wie ne Aufgabe, die ich mir jetzt ausgedacht´ hätte. ich rech- ich mag nämich solche Aufgaben mit <u>Nulln.</u>

Das Rechnen mit der Null scheint bei Luisa positiv besetzt zu sein. Das „Mögen" solcher Aufgaben deutet wiederum darauf hin, dass Luisa mit ihrem Verständnis der Null und dem operativen Umgang mit dieser Zahl keine größeren Probleme zu haben scheint.

93	I	warum´
94	Luisa	ehm- .. weiel, bei denen isses so- ... da mach ich einfach- *(gestikuliert mit ihrer Hand)* .. also, <u>sechs</u>- *(zeigt sechs Finger und betrachtet sie. I nickt)* ... und null weg. *(deutet erneut auf die sechs Finger)*
95	I	mhm-
96	Luisa	dann ergebns ja sechs. *(grinst, I ebenfalls)*
97	Luisa	so.

Luisa spricht in Turn 94 davon, dass sie die Null *wegmacht*. Dieser Ausdruck könnte verschiedene Hintergründe haben. Zum einen kann sich dies darauf beziehen, dass die Null im Rahmen der Addition „weggelassen" bzw. ignoriert werden kann. Es könnte jedoch auch eine Verwechselung mit der Operation der Subtraktion (im Sinne der Grundvorstellung „Wegnehmen") vorliegen. Hinsichtlich des Ergebnisses der Rechnung zeigt sich mathematisch kein Unterschied. Turn 96 deutet wiederum an, dass Aufgaben dieser Art für Luisa kein größeres Problem darstellen. Dass die erste Interpretation von „weglassen" eher dem Handeln von Luisa entspricht zeigt sich in Turn 99, in dem die Null „dazukommt":

| 99 | Luisa | weil <u>Eins</u>- *(zeigt mit einer Hand einen Finger)* .. ne <u>Null</u> dazu, dann kommen ja, ne, keine d,dazu- *(deutet auf die restlichen vier ‚eingeklappten' Finger)* .. also, nee- mach ich, lieber <u>so</u> einen, weil ja, weil die Null ja gar nicht <u>gibt</u>. *(zeigt mit der anderen Hand einen halben Finger, indem sie einen Finger zeigt, der halb eingeklappt ist, schaut I an und lächelt, I lacht)* trotzdem tu ich einen halben <u>nach oben.</u> |

Luisa spricht davon, dass „keine" dazukommen, wodurch der Kardinalitätsaspekt der Null zumindest angedeutet wird. Vermeintlich denkt Luisa an Finger oder Steine, die addiert werden. Gleichwohl findet eine Operation statt und da es sich um die Addition handelt, muss etwas hinzukommen: Womöglich ist es diese Diskrepanz, die Luisa dazu bringt, den halben Finger als Symbol für die Null zu heben. Insofern die Schülerin zum Zeitpunkt des Interviews nur den natürlichen Zahlen in der Schule begegnete, könnte hierin eine Markierung der nicht vorhandenen bzw. nicht ausführbaren Operation erkannt werden.

In den weiteren Turns lässt sich erkennen, dass Luisa mit reinen Rechenprozessen kaum Schwierigkeiten hat. Zwischen den Turns 100 und 105 gibt es keine längeren Pausen und viele schnelle Anschlüsse. Nach kurzen, anfänglichen Schwierigkeiten mit der Bedeutung von „Start" in der Rechnung „Start + 1 = 1" ergeben sich auch mit Null als ersten Summanden keine weiteren Probleme. Diese Deutung bestätigt sich in den Turns 124 bis 134, in denen die Aufgabe 1000 + 0 besprochen wird. In dieser Sequenz lässt sich zudem erkennen, dass Luisa im Spielkontext verhaftet zu sein scheint („dann gewinnt die Tausend" (Turn 129)), gleichwohl die Größe des Summanden 1000 über das Spielfeld hinausreicht.

Ab Turn 115 wird aus mathematischer Perspektive das Kommutativgesetz thematisch. Zunächst bleibt unklar, ob dieses konkret für die Startaufgabe („egal ob die Null vorne oder hinten steht" (Turn 117)) oder allgemein („[…] klappt immer" (Turn 119)) gelten soll. Insofern Luisa zur Begründung die fehlende Sichtbarkeit der Null anführt, wird das Kommutativgesetz mit Null als ein Summand öffentlich begründet.

Die hier präsentierten Deutungen lassen sich sicherlich noch ausbauen, sodass auch zusätzliche denkbar wären. Insbesondere die Sequenz zur Subtraktion mit der Zahl Null sei Ihnen, den Lesern bzw. Leserinnen, überlassen. Diese ersten Interpretationen dienen einem ersten Einblick in die Szene. Weitere Interpretationen erfolgen aus verschiedenen Perspektiven in den einzelnen Beiträgen in diesem Buch.

2.4 Ausblick: Was erwartet die Leserschaft in den folgenden Kapiteln?

Die Autoren bzw. Autorinnen in diesem Buch bearbeiten jeweils die Frage, was sie aus ihren Perspektiven in der soeben präsentierten Szene mehr sehen können, als es ohne sie möglich wäre. Hierbei können sich Dopplungen und Redundanzen ergeben, insofern die Perspektiven auf den gleichen Inhalt bezogen werden. Wie bereits erwähnt, fokussieren die Autoren bzw. Autorinnen in ihren Analysen nicht nur die Schülerin und somit Erkenntnisse für eine einzelne Person, sondern auch die Entwicklung der jeweils präsentierten Theorie selbst: Was erfahren wir durch die jeweilige Analyse über Luisa? Was erfahren wir durch die Analyse über die Theorie?

Mirjam Jostes und Julia Rey (s. Kap. 3) nehmen in ihrem Beitrag eine naturwissenschaftliche Sichtweise auf das vorliegende Transkript der Grundschülerin ein. Dabei wird von einem Umgang mit empirischen Objekten im Mathematikunterricht der Grundschule ausgegangen, der vergleichbar mit einem Lernen von Naturwissenschaften ist. Diese methodischen Analogien werden in diesem Beitrag ausgeführt und ein naturwissenschaftliches Begriffsnetz zur Analyse Luisas aufgespannt.

In der Darstellung der Analyse wird der Vergleich Luisas von Spielhandlung und ihrer mathematischen Erkenntnisse zur Zahl Null fokussiert. Es ergeben sich kontrastive Interpretationen und ein Spannungsfeld zwischen dem theoretischen Konstrukt der Null und der Spielhandlung. Dieses Spannungsfeld stellt sich als Gegensatz zu dem Grundgedanken der experimentellen Methode aus den Naturwissenschaften heraus, denn die Methode fordert eine gegenseitige Bereicherung von empirischen Zugängen und theoretischen Erkenntnissen. Aus der Analyse lassen sich demnach u. a. auch Grenzen experimentellen Handelns im Mathematikunterricht ziehen.

Christoph Körner (s. Kap. 4) nimmt Verallgemeinerungsprozesse in den Blick. Die Prozesse Generalisieren und Abstrahieren werden nach Mitchelmore (1994) und Tall (1991) theoretisch betrachtet und durch Zuhilfenahme der Abduktionstheorie nach Meyer (2021) dazu genutzt, Verallgemeinerungsprozesse zu rekonstruieren. Insbesondere werden verschiedene Arten von Generalisierungen in den Fokus genommen.

Die Analyse zeigt, dass Luisa in der Lage zu sein scheint, viele verschiedene mathematische Situationen mit dem Begriff „Zahl Null" verbinden zu können. Außerdem lässt sich die Entwicklung der Allgemeinheit von Gesetzen innerhalb der Interaktion nachzeichnen und verschiedene Arten von Generalisierungen können rekonstruiert werden. Hierbei wird deutlich, wie wichtig es ist, die Allgemeinheit von Begriffen und Gesetzen durch Lernende explizieren zu lassen. Dies kann in einer Interaktion (wie der Betrachteten) dazu führen, dass sich die Allgemeinheit von Gesetzen und Begriffen weiterentwickelt.

Jessica Kunsteller (s. Kap. 5) nutzt den Sprachspiel- und Ähnlichkeitsbegriff des Philosophen L. Wittgensteins (1889–1951). In seiner Spätphilosophie vergleicht Wittgenstein die Sprache mit einem Spiel und arbeitet in dem Zusammenhang seinen Ähnlichkeitsbegriff heraus. In Kunsteller (2018) wurde herausgestellt, dass verschiedene Spiele einander ähneln, wenn sie mindestens eine Eigenschaft teilen.

In ihrem Beitrag beleuchtet die Autorin zunächst, wie die Zahl Null aus fachlicher und fachdidaktischer Sicht durch Ähnlichkeiten verknüpft ist. Anschließend eruiert sie, welche verschiedenen Facetten der Zahl Null Luisa in den Blick nimmt. Dabei wird deutlich, dass diese durch ein „Netz von Ähnlichkeiten" (Wittgenstein, PU, § 66) geprägt sind. Anhand der Analyse von Ähnlichkeiten wird deutlich, dass die Zahl Null einer gesonderten Bedeutung im Unterricht bedarf, damit die Lernenden ein tragfähiges Begriffsverständnis zur Zahl Null aufbauen können.

Michael Meyer (s. Kap. 6) verbindet in seinem Artikel die Theorien des Philosophen R. Brandom und des Soziologen S. Toulmin. Der Fokus liegt auf der Analyse der argumentativen Struktur des Begriffsbildungsprozesses von Luisa. Rekonstruiert wird bspw., welche Aussagen als Ausgangspunkte für ihre Argumentationen genommen werden und was dies für den Begriffsbildungsprozess der Lernenden bedeutet.

Bezogen auf die Schülerin Luisa zeigt sich ein sehr umfassendes Begriffsverständnis mit einer hohen argumentativen Struktur. Die Argumentanalysen verweisen zudem auf Unterschiede hinsichtlich des Gebrauches gewisser Aussagen, sodass sich Schwerpunkte hinsichtlich des Begriffsbildungsprozessen andeuten.

Michael Meyer und Inken Derichs (s. Kap. 7) rekonstruieren die Konzepte von den Sprechhandlungen „Beschreiben" und „Erklären" aus der Funktionalen Pragmatik. Der Fokus liegt auf den Beschreibungen und Erklärungen von Luisa. Die Analysen verdeutlichen nicht nur ein tiefes (sprachliches und inhaltliches) Verständnis der Schülerin, sondern auch ein sehr komplexes Zusammenspiel der realisierten Sprechhandlungen.

Im Zuge der Interpretationen kann die Sprechhandlung „beschreibendes Erklären" aus interaktionistischer Perspektive rekonstruiert werden. Hiermit wird ein Phänomen beschrieben, welches verdeutlicht, dass die Sprechhandlung Erklären eine große Herausforderung für Lernende in den ersten Schuljahren darstellt.

Maximilian Moll (s. Kap. 8) rekonstruiert in seinem Beitrag Überzeugungen, die dahinterliegenden Gründe sowie die Indizien für diese Gründe. Dabei nutzt er eine Verbindung zwischen Ansätzen I. Kants (Kritik der reinen Vernunft) und H. Blumers (Symbolischer Interaktionismus). Aus diesen Theorien lassen sich vier Kategorien des Fürwahrhaltens in Abhängigkeit von der Zureichung entsprechender Gründe entwickeln.

Bei Luisa zeigt sich, dass sich insbesondere zwei Gründe durch den gesamten Interaktionsverlauf ziehen und so das Fürwahrhalten maßgeblich prägen. Weiterhin wird deutlich, dass die Gründe und die Zureichung dieser Gründe im gesamten Interview wiederholt, angepasst oder validiert werden. Somit kann angenommen werden, dass Überzeugung kein statisches Gebilde ist, sondern sich durch die Interaktion verändert.

Birte Pöhler (verh. Friedrich) und Anna Breunig (s. Kap. 9) wenden eine adaptierte Form der Methode der Spurenanalyse (nach Pöhler & Prediger, 2015 und Pöhler, 2018) an und zeichnen damit Luisas Sprachmittelverwendung in der dargestellten Szene zur Null nach. Dabei wird die Sprachmittelverwendung von Luisa, auch als Reaktion auf die Äußerungen der Interviewerin, kategorisiert und analysiert sowie mögliche Zusammenhänge zwischen Sprachmittelangebot und -verwendung in den Blick genommen. Anhand der Anwendung des entstehenden Kategoriensystems der verwendeten Sprachmittel in Kombination mit den adressierten Sprachmittelarten sowie Perspektiven auf die Null, wird deutlich, wie vielfältig die von Luisa verwendeten Sprachmittel sind, die sie überwiegend auch selbst in das Gespräch mit einbringt. Während Luisa die Null sowohl als Zahlzeichen, Kardinal- sowie Rechenzahl betrachtet, verwendet sie dabei insbesondere visualisierungsbezogene Ausdrücke (z. B. „klein sein", „nicht sehen können").

Es ergibt sich somit eine Sammlung an Sprachmittelkategorien zum Lerngegenstand der Null, welche sich möglicherweise (mit leichten Anpassungen) auch auf andere Gespräche über die Null anwenden lässt. Mit der Methode lässt sich eine Art Ist-Zustand der zur Verfügung stehenden Sprachmittel feststellen, der für den Unterricht produktiv nutzbar gemacht werden kann.

Simeon Schwob (s. Kap. 10) nutzt zur Analyse des Transkripts das Theoriekonzept der Empirischen Theorien in der Mathematikdidaktik. Dieses verbindet den kognitionspsychologischen Ansatz der Theory Theory mit dem wissenschaftstheoretischen Strukturalismus. Im Zusammenspiel mit dem interpretativen Vorgehen werden Vorgehensweisen von Kindern in Interviewsituationen präzise beschreibbar, indem mögliche zugrunde liegende Theorien rekonstruiert werden.

Durch dieses Vorgehen werden zentrale Probleme, wie der Umgang von Luisa mit der leeren Menge und der Zahl Null beschreibbar und erklärbar. Diese lassen sich in erster Linie als Probleme struktureller und nicht individueller Art rekonstruieren.

Anton van Essen (s. Kap. 11) analysiert das Transkript aus fachlicher Perspektive, um Verbindungen zwischen den Vorstellungen Luisas und der Zahl Null aus fachlicher Perspektive zu etablieren. Es wird u. a. gedeutet, dass Luisas individuelle Vorstellungen der Existenz der Zahl Null hauptsächlich mit der Vorstellung zusammenzuhängen scheinen, dass die Zahl Null als Grenzwert immer kleiner werdender, positiver Quantitäten zu verstehen ist. Solche Einsichten könnten dazu beitragen, dass individuelle Vorstellungen mit Unterricht aus der fachlichen Perspektive verknüpfen werden.

Letztlich werden die Analyseergebnisse übergreifend betrachtet (s. Kap. 12). Es werden unter anderem Gemeinsamkeiten und Unterschiede zwischen den verschiedenen Interpretationen zur Szene betrachtet, aber auch das Zusammenspiel der Ergebnisse. Darüber hinaus werden Chancen und Grenzen der Nutzung (verschiedener) theoretischer Perspektiven beleuchtet.

2.5 Transkriptionsregeln

Die Transkriptionsregeln sind angelehnt an Voigt (1984) und Meyer (2021).

1. Linguistische Zeichen

1.1 Identifizierung des Sprechers bzw. der Sprecherin:

I   Interviewer:in

L   Luisa (Pseudonym)

1.2 Charakterisierung der Äußerungsfolge

a) Ein Strich vor den Äußerungen:
Untereinander Geschriebenes wurde jeweils gleichzeitig gesagt, z. B.

I | aber dann

Hanna | wieso denn

b) Eine Zeile beginnt genau nach dem letzten Wort aus der vorigen Äußerung:
auffällig schneller Anschluss, z. B.

I   aber dann

Hanna   wieso denn

2. Paralinguistische Zeichen

,	kurzes Absetzen innerhalb einer Äußerung, max. eine Sekunde
..	kurze Pause, max. zwei Sekunden
...	mittlere Pause, max. drei Sekunden
(4 sec)	Sprechpause, Länge in Sekunden
genau.	Senken der Stimme am Ende eines Wortes oder einer Äußerung
und du-	Stimme in der Schwebe am Ende eines Wortes oder einer Äußerung
was´	Heben der Stimme, Angabe am Ende des entsprechenden Wortes
<u>sicher</u>	auffällige Betonung
<u>dreißig</u>	gedehnte Aussprache

3. weitere Charakterisierungen

(*lauter*), (*leiser*), u.ä.	Charakterisierung von Tonfall und Sprechweise
(*zeigen*), u.ä.	Charakterisierung von Mimik und Gestik
(*Gemurmel*), (*Ruhe*), u.ä.	Charakterisierung von atmosphärischen Anteilen

Die Charakterisierung steht vor der entsprechenden Stelle und gilt bis zum Äußerungsende oder zu einer neuen Charakterisierung.

(..), (...), (? *4 sec*)	undeutliche Äußerung von 2, 3 oder mehr Sekunden
(mal?)	undeutliche, aber vermutete Äußerung

Literatur

Blumer, H. (1981). Der methodologische Standort des Symbolischen Interaktionismus. In Arbeitsgruppe Bielefelder Soziologen (Hrsg.), *Alltagswissen, Interaktion und gesellschaftliche Wirklichkeit* (Bd. 1, S. 80–146). Opladen: Westdeutscher. https://doi.org/10.1007/978-3-663-14511-0_4.

Burscheid, H. J. & Struve, H. (2001). Die Differentialrechnung nach Leibniz – eine Rekonstruktion. *Studia Leibnitiana, 33*(2), 163–193.

Garfinkel, H. (1967). *Studies in ethnomethodology.* New Jersey: Prentice-Hall.

Jostes, M. (2019). *Die Null im Spannungsfeld empirischer und theoretischer Deutungen von GrundschülerInnen – Rekonstruktionen naturwissenschaftlicher Vorgehensweisen beim Mathematiklernen* (Unveröffentlichte Bachelorarbeit). Universität zu Köln.

Jungwirth, H. (2003). Interpretative Forschung in der Mathematikdidaktik – ein Überblick für Irrgäste, Teilzieher und Standvögel. *Zentralblatt für Didaktik der Mathematik, 35*(5), 189–200.

Kunsteller, J. (2018). *Ähnlichkeiten und ihre Bedeutung beim Entdecken und Begründen. Sprachspielphilosophische und mikrosoziologische Analysen von Mathematikunterricht.* Wiesbaden: Springer. https://doi.org/10.1007/978-3-658-23039-5.

Meyer, M. (2021). *Entdecken und Begründen im Mathematikunterricht. Von der Abduktion zum Argument* (2. Aufl.). Berlin: Springer. https://doi.org/10.1007/978-3-658-32391-2.

Mitchelmore, M. (1994). Abstraction, Generalisation and Conceptual Change in Mathematics. *Hiroshima Journal of Mathematics Education, 2*, 45–57.

Oevermann, U., Allert, T., Konau, E. & Krambeck, J. (1979). Die Methodologie einer „objektiven Hermeneutik" und ihre allgemeine forschungslogische Bedeutung in den Sozialwissenschaften. In H. G. Soeffner (Hrsg.), *Interpretative Verfahren in den Sozial- und Textwissenschaften* (S. 352–433). Stuttgart: Metzler.

Pöhler, B. (2018). *Konzeptuelle und lexikalische Lernpfade und Lernwege zu Prozenten: eine Entwicklungsforschungsstudie.* Wiesbaden: Springer. https://doi.org/10.1007/978-3-658-21375-6.

Pöhler, B. & Prediger, S. (2015). Intertwining lexical and conceptual learning trajectories – a design research study on dual macro-scaffolding towards percentages. *Eurasia Journal of Mathematics, Science & Technology Education, 11*(6), 1697–1722. https://doi.org/10.12973/eurasia.2015.1497a.

Selter, C. & Spiegel, H. (1997). *Wie Kinder rechnen.* Leipzig: Klett.

Tall, D. (1991). The Psychology of Advanced Mathematical Thinking. In D. Tall (Ed.), *Advanced Mathematical Thinking* (pp. 3–21). Dordrecht: Kluwer Academic Publishers.

Voigt, J. (1984). *Interaktionsmuster und Routinen im Mathematikunterricht. Theoretische Grundlagen und mikroethnographische Falluntersuchungen.* Weinheim: Beltz.

Wittgenstein, L. (PU). *Philosophische Untersuchungen (PU)* (Werksausg., Bd. I, 1984). (G. E. Anscombe, G. H. von Wright, & R. Rhees, Hrsg.) Frankfurt a. M.: Suhrkamp.

Experimentieren mit der Zahl Null?- Potenzielle Grenzen experimentellen Handelns

3

Mirjam Jostes und Julia Rey

Zusammenfassung

Die Zahl Null nimmt aus fachdidaktischer Perspektive im Vergleich zu den anderen Zahlen im Grundschulunterricht eine besondere Stellung ein. Diese kennzeichnet sich durch die fehlende Anschaulichkeit dieser Zahl. Da es im Mathematikunterricht der Grundschule aber auch im naturwissenschaftlichen Unterricht um den Umgang mit empirischen Objekten geht, wird in diesem Beitrag eine naturwissenschaftliche Sichtweise im Sinne der naturwissenschaftlichen Methodennutzung auf das Transkript mit Luisa eingenommen. Hiermit lassen sich, gemäß dem interpretativen Paradigma, kontrastive Deutungen generieren und damit Konsequenzen für vergleichbare Lernsituationen im Mathematikunterricht ziehen.

3.1 Einleitung

„Die Vernunft muß mit ihren Prinzipien, nach denen allein übereinkommende Erscheinungen für Gesetze gelten können, in einer Hand, und mit dem Experiment, das sie nach jenen ausdachte, in der anderen, an die Natur gehen, zwar um von ihr belehrt zu werden, aber nicht in der Qualität eines Schülers, der sich alles vorsagen läßt, was der Lehrer will, sondern eines bestallten Richters, der die Zeugen nötigt, auf die Fragen zu antworten, die er ihnen vorlegt." (Kant, 1956, KrV BXIII)

M. Jostes
Bad Honnef, Deutschland

J. Rey (✉)
Köln, Deutschland

Im initialen Kant-Zitat wird das Arbeiten der Naturwissenschaften als ein Wechselspiel von theoretischen Überlegungen, benannt als Vernunft, und einem empirischen Eingriff, dem Experiment, beschrieben. Sowohl das Handeln mit empirischen Objekten als auch das Erarbeiten realer Zusammenhänge ist nicht nur von hoher Bedeutung für das Lernen von naturwissenschaftlichen Inhalten. Das Lernen im Mathematikunterricht erfolgt in weiten Teilen über Handlungen mit empirischen Objekten (z. B. Kollektionen von Plättchen zur Repräsentation natürlicher Zahlen), mittels derer mathematische Begriffe dargestellt oder Zusammenhänge hergestellt werden (Struve, 1990). Durch diese Analogie des Lernens von naturwissenschaftlichen und mathematischen Inhalten bietet es sich an, mathematische Lernprozesse mittels Begriffe, die zur Analyse naturwissenschaftlicher Methoden entwickelt wurden, zu analysieren.

Als Teil dieses Bandes fokussiert dieser Beitrag eine Methode, orientiert an den Naturwissenschaften, welche die nicht empirische Referenz der Zahl Null erfassen kann. Mittels dieser Methode ist es möglich, das Handeln von Lernenden, hier Luisa, hinsichtlich empirischer oder theoretischer Vorgehensweisen zu untersuchen.

Die hier angesprochene Methode aus den Naturwissenschaften ist die experimentelle Methode, die auch Kant in der Vorrede zur Kritik der reinen Vernunft thematisiert. Eine von Kant angesprochene Voraussetzung für die experimentelle Methode ist eine gestellte Frage und eine darauf bezogene Antwort. Zur Verdeutlichung dessen greift Kant auf eine Metapher von Richter und Zeugen zurück: Die in einer Gerichtsverhandlung gestellte Frage dient nicht dem Einholen von Antworten, die dem Richter ohnehin schon bekannt sind, sondern richtet sich auf einen Erkenntnisgewinn des Richters durch die Zeugenaussage. Auf naturwissenschaftliche Situationen bezogen, bedeutet dies, dass Forschende experimentelle Eingriffe ausüben, um dadurch neue Erkenntnisse zu erlangen. Im Falle einer empirischen Sichtweise auf die Null als Lerninhalt, könnte Luisas Umgang mit dieser Zahl mit den naturwissenschaftlichen Methoden rekonstruiert werden. Entsprechend ergibt sich folgende Forschungsfrage: *Lässt sich mittels der experimentellen Methode in dem gegebenen Interview ein experimentelles Vorgehen auf Seiten Luisas rekonstruieren und damit gleichzeitig eine empirische Sichtweise auf die Null vermuten?* Dass die Null kein empirisches Realisat hat, könnte experimentelles Handeln erschweren. Folglich ergibt sich eine weitere Forschungsfrage: *Welche potenziellen Grenzen ergeben sich daraus für ein experimentelles Handeln beim Mathematiklernen?*

Um diesen Forschungsfragen nachzugehen, basiert die Analyse des Transkripts auf drei Säulen: den Merkmalen experimentellen Handelns (Abschn. 3.2), den unterschiedlichen Ausprägungen experimentellen Handelns (Abschn. 3.3) und dem Lerngegenstand der Null (Abschn. 3.4). Nach der Analyse des Interviews mittels der hier vorgestellten Theorie (Abschn. 3.5) endet der Beitrag mit einer Diskussion hinsichtlich der Forschungsfragen (Abschn. 3.6).

3.2 Theoretische Grundlagen – Experimentelles Handeln in den Naturwissenschaften

In der „Enzyklopädie Philosophie und Wissenschaftstheorie" wird ein Experiment als eine „planmäßige Herbeiführung von (meist variablen) Umständen zum Zwecke wissenschaftlicher Beobachtung" (Janich, 2004, S. 621 f.) benannt. Aus dieser kurzen Beschreibung können zwei wesentliche Merkmale abgeleitet werden: 1. das Planvolle und 2. das Zweckmäßige. Ein ähnliches Begriffsverständnis eines Experiments verfolgt Stork (1979). Die Vorüberlegungen gemäß Janich (2004) lassen sich mit Stork (1979) präzisieren:

> „Seine [der forschende Wissenschaftler, M. J. & J. R.] experimentelle Fragestellung ist von theoretischen Interessen motiviert und richtet sich auf bestimmte vermutete Zusammenhänge; auf diese hin ist sein Experiment angelegt." (S. 46)

Wie bereits im initialen Kant-Zitat angesprochen, bedarf es einer experimentellen Fragestellung ausgehend von empirischen Phänomenen, die sich, so Stork, auf einen allgemeinen hypothetischen Zusammenhang richtet. Die Generierung des Zusammenhangs zeichnet sich durch eine Ursachensuche passend zu dem erklärungsbedürftigen Phänomen aus.

Zur besseren Veranschaulichung der bisher betrachteten Merkmale experimentellen Handelns (das Planvolle und Zweckmäßige) sei ein Beispiel angeführt: Warum schwimmt Eis eigentlich auf Wasser? Hiermit stellt sich anlässlich des schwimmenden Eises die Frage, aus welchem Grunde dieses Phänomen vorliegen kann. Eine mögliche hypothetische Antwort als Ursache des Phänomens könnte lauten, dass es mit der Dichteeigenschaft von Wasser zusammenhängen kann. Die Dichte eines Stoffes ist u. a. abhängig von der vorliegenden Temperatur. Konkret kann vermutet werden: Wenn Eis eine geringere Dichte besitzt als Wasser, dann müsste sich Wasser bei niedriger Temperatur ausdehnen. Der *hypothetisch aufgestellte Zusammenhang anlässlich einer Fragestellung* ermöglicht eine Planung des Experiments als aktiven Eingriff mit dem Ziel einer empirischen Prüfung, woran *das Planvolle* als erstes Merkmal experimentellen Handelns ersichtlich wird. Der Plan sollte realisierbar sein. Mit Blick auf das Beispiel: Wenn Wasser in einem Behälter eingefroren wird, dann müsste sich dieser ausdehnen.

Stork (1979) führt das experimentelle Vorgehen weiter aus, sodass auch *das Zweckmäßige,* als zweites Charakteristikum eines Experiments, inhaltlich gefasst werden kann:

„Ob diese Zusammenhänge aber tatsächlich gegeben sind, entscheidet der Ausgang des Experiments, den man abwarten und akzeptieren muß." (S. 46)

Ausgehend von einer Forschungsfrage und einer hypothetischen Antwort, die vorgibt, wie das *Experiment* durchzuführen ist, zeigt sich nach der Ausführung eine Wirkung. Die initiale Frage nach der Ursache und auch die erste tentative Antwort eröffnen eine Selektionsrichtung, die vorgibt, worauf in den experimentell erzeugten Daten zu achten ist. Anders formuliert, wird gemäß der „Enzyklopädie Philosophie und Wissenschaftstheorie" die Richtung der *Beobachtung* und somit auch der Zweck des Experiments vorgegeben. Wenn der Behälter mit Wasser eingefroren wird, dann besteht der Zweck darin, die Veränderung des Behälters zu beobachten. Einen tieferen Einblick in die Bedeutung einer Beobachtung verleiht Ströker (1972):

„Die Fragestellung ist es in der Tat, welche alle wissenschaftliche Beobachtung dirigiert, und dies in zweifacher Hinsicht: Sie legt sowohl mit dem, was in ihr befragt wird, den zu beobachtenden Tatsachenbereich fest, wie sie andererseits auch durch die Art, in der sie formuliert ist, die Weise des Hinblickens auf ihn bestimmt. Nicht nur, was aus der Fülle des Beobachtbaren überhaupt ausgewählt, sondern auch, was an ihm selegierend *gesichtet* werden soll, ist durch sie vorentschieden." (S. 297)

Das Zitat verdeutlicht das Zusammenspiel des Planvollen und Zweckmäßigen, denn das Planvolle, hier benannt als Fragestellung und Hypothese, legt die Beobachtungsrichtung, den Zweck des Experiments, fest. Beobachten im Rahmen der experimentellen Methode ist nicht ein einfaches Hinsehen, sondern ein im Hinblick auf die Fragestellung und die Hypothese ausgerichtetes Selektieren. Bezogen auf das obige Beispiel wird vor allem beobachtet, ob sich ein Behälter mit Wasser bei niedriger Temperatur ausdehnt oder nicht, also genau das, was in der Fragestellung und der ersten hypothetischen Antwort formuliert wird. Die Antwort auf die Fragestellung ist mit den einzelnen Beobachtungsdaten jedoch noch nicht gegeben, denn während Beobachtungsdaten auf den konkreten Einzelfall bezogen sind, richtet sich die Fragestellung auf einen allgemeinen Zusammenhang. Dadurch wird ein *Vergleich* der Beobachtungsdaten mit der Fragestellung notwendig. Aufgrund des hypothetischen Charakters des Zusammenhangs dient der Vergleich einer *Prüfung,* d. h. er kann eine Falsifizierung der Hypothese zur Folge haben. Im Falle einer Falsifizierung ist der Zusammenhang zu modifizieren oder der experimentelle Prozess für den betrachteten Zusammenhang abzubrechen. Mit Letzterem wird ein weiterer Anpassungsprozess mit den theoretischen Vorüberlegungen verweigert. Dieser Anpassungsprozess sowohl im Rahmen der Modifikation als auch nach einem positiven Ausgang des Experiments kann nach den Naturwissenschaften (Stork, 1979, S. 48) als *Deuten* bezeichnet werden, ein ausbleibender Anpassungsprozess als *nicht Deuten*.

Einer Veranschaulichung der Beziehungen zwischen den Merkmalen eines Experiments, die theoretisch hergeleitet und mit einem Beispiel expliziert wurden, dient das Modell aus Abb. 3.1. Es stellt eine zum Zwecke dieses Artikels reduzierte Variante des von Rey (2021) erarbeiteten Prozessmodells zur Analyse naturwissenschaftlicher Denk- und Arbeitsweisen beim Mathematiklernen dar.

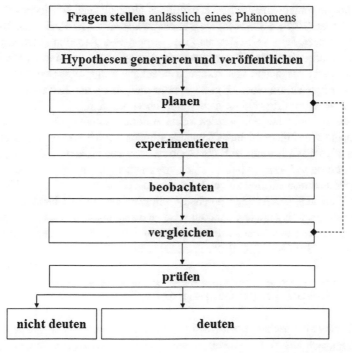

Abb. 3.1 Zusammenhänge der Merkmale experimenteller Vorgehensweisen nach Rey (2021)

Fassen wir die bisherigen Ausführungen mit Blick auf das Modell zusammen: Ausgehend von einer *Fragestellung anlässlich eines Phänomens* (z. B. Eis schwimmt auf Wasser) wird eine *Hypothese* generiert (z. B. Zusammenhang zur Dichte). Diese Hypothese anlässlich der Fragestellung dient der *Planung eines Experiments,* in welcher *Vorhersagen* über den Ausgang des Experiments getroffen werden. Die Wirkung aus dem Experiment stellt sich ein und kann *beobachtet* werden, womit der Zweck des Experiments erfüllt ist. Die Beobachtungsdaten lassen sich mit den vorhergesagten Daten *vergleichen,* wodurch eine *Prüfung* der anfänglichen Hypothese möglich ist. Zur weiteren Forschung und Einbettung der gewonnen Daten in das eigene Theoriekonstrukt kann sich eine *Deutung* anschließen. Andernfalls bleibt eine Deutung aus.

Betrachtet man diesen Prozess mit Lakatos (1979), so stellt der Autor den Vergleich der Beobachtungsdaten mit dem hypothetischen Zusammenhang her, der im obigen Abschnitt als Beziehung zwischen Fragestellung und Antwort benannt wurde. Der Vergleich wird in der Abb. 3.1 mit der gestrichelten Linie verdeutlicht, der sowohl für naturwissenschaftliches als auch mathematisches Arbeiten von Lakatos (1979) als wesentlich herausgestellt wird (1979, S. 41). Dementsprechend bezeichnet er beides als *quasi-empirisches* Arbeiten (Lakatos, 1979, S. 41). Anders als in den Naturwissenschaften ist es in der Mathematik jedoch auch möglich, ausgehend von Axiomen deduktive Folgerungen zu ziehen, ohne dass ein Abgleich mit einer Hypothese notwendig wird, nämlich dann, wenn die deduktiv erzeugten Ergebnisse nicht empiriebezogen sind.

In der Schulmathematik werden keine Axiomensysteme gelehrt und auch in der Fachmathematik wird aus Ökonomiegründen bei vielen Beweisen auf eine vollständige Rückführung auf die Axiome verzichtet (Meyer, 2021). Da der direkte Bezug auf Axiome beim Lernen von Mathematik ausfällt und sich an dieser Stelle vielmehr an sich zeigenden Phänomenen orientiert wird, ist hier – wie in der Einleitung bereits angesprochen – ein experimenteller Charakter aufzufinden. Dieser experimentelle Charakter wird in der didaktischen Literatur bezogen auf verschiedene mathematische Inhaltsbereiche (z. B. Funktionen) thematisiert (s. Ganter, 2013; Lichti, 2019; Philipp, 2013; Roth, 2014).

3.3   Ausprägungen experimentellen Handelns

In den Naturwissenschaften wird sich forschungsmethodisch an den experimentellen Tätigkeiten historischer Vorbilder wie Galileo Galilei zu den Fallbewegungen orientiert (Schwarz, 2009). Auch Kant hebt die Vorbildfunktion Galileis für naturwissenschaftliche Erkenntnisprozesse hervor und betont vor allem das in

Abschn. 3.2 ausgeführte Wechselspiel von Theorie und Empirie (vgl. Richter und Zeuge). Die Besonderheit Galileis experimenteller Tätigkeiten, die auch als *experimentelle Methode* bezeichnet werden (Schwarz, 2009), ist, dass er ausgehend von theoriegeleiteten Hypothesen arbeitet und daran anschließend eine empirische Prüfung dieser Hypothesen vollzieht. In der Rezeption Galileis (Stork, 1979, Vollmer, 2014) wird ebenfalls eine nachträgliche Reflexion der Beobachtungsdaten im Sinne einer Deutung (s. Abschn. 3.2) ergänzt. Wird dies auf das Beispiel des schwimmenden Eises bezogen, so ist der Eingriff (das Einfrieren von Wasser in einem Behälter) von theoretischen Vorüberlegungen (Dichteeigenschaften) gesteuert. Die anschließende Deutung ergänzt die vorher aufgestellte Erklärung: Auf das Wasserbeispiel bezogen wurde zu Beginn vermutet, dass das Schwimmen des Eises mit der Dichteeigenschaften zusammenhängt. Die positive Prüfung sowie die gewonnen Daten können den Anreiz geben, die Idee der Dichte zu vertiefen (z. B. mit dem Aufbau eines Wassermoleküls).

In der wissenschaftlichen Praxis wird von einem solchen Ideal u. a. aufgrund von kreativen Entdeckungsprozessen oder bereits für den Experimentierenden sicheren Erkenntnissen abgewichen. In Analogie zu den Lernprozessen in der Schule wird auch hier nicht ausschließlich theoretisch motiviert vorgegangen. So wird im naturwissenschaftlichen Schulunterricht sowohl inhaltliches Wissen als auch Methodenwissen häufig über sogenannte *Demonstrationsexperimente* (s. u. a. Vossen, 1979, S. 77 f.) vermittelt. In Rückbezug auf das oben angeführte Beispiel zum schwimmenden Eis könnte den Lernenden die Anomalie des Wassers vollständig erklärt und anschließend der oben beschriebene Eingriff demonstriert werden. Zentral ist dabei, dass stabile Erkenntnisse aus bereits vollständig durchlaufenen Forschungsprozessen illustriert werden, die für die Lernenden nicht gleichermaßen stabil sein müssen. Dementsprechend sind zwei Perspektiven zu differenzieren: Die Perspektive des Faches, hier repräsentiert durch die Lehrperson, und die Perspektive der Forschenden, hier die Schulklasse, für die sich diese Erkenntnisse noch als stabil erweisen muss. Mit dem in diesem Sammelband verfolgten interpretativen Paradigma (s. Kap. 2) geht die Sichtweise einher, dass das Wissen in der Interaktion hergestellt wird und nicht gegeben ist.

Aus den Unterschieden zwischen der fachlichen Perspektive und der Perspektive, die sich auf den kognitiven Horizont der Schüler:innen bezieht, resultieren zwei unterschiedliche Namensgebungen angelehnt an Rey (2021): das Demonstrationsexperiment zwecks einer Vermittlung für den bzw. die andere:n und das stabilisierende Experiment als (vorläufiger) Endzustand eines Forschungsprozesses für sich selbst. Beide zeichnen sich dadurch aus, dass ein Anpassungsprozess von Theorie und Empirie gemäß Kant nicht notwendig ist. Damit liegt ein entscheidender Unterschied zur experimentellen Methode vor, für die dieser

Anpassungsprozess charakteristisch ist. Mit anderen Worten ausgedrückt, bleibt eine Deutung bei einem stabilen Forschungsprozess aus. Der prozesshafte Charakter des Experimentierens wurde im Modell (s. Abb. 3.1) bereits angedeutet. Mit der hier vorgestellten Differenzierung lässt er sich wie in Abb. 3.2 dargestellt erweitern und für die Analyse des Interviewtranskriptes nutzen.

Der Gewinn einer Betrachtung des Transkriptes aus der in diesem Kapitel eingenommenen Perspektive liegt vor allem darin, nicht unmittelbar ersichtliche naturwissenschaftliche Züge im Rechnen mit der Null offenzulegen, um daraus resultierende Konsequenzen für das Mathematiklernen herauszuarbeiten. Zu diesen Konsequenzen zählen bspw. mögliche Grenzen des Experimentierens mit der Null (s. Forschungsfrage 2).

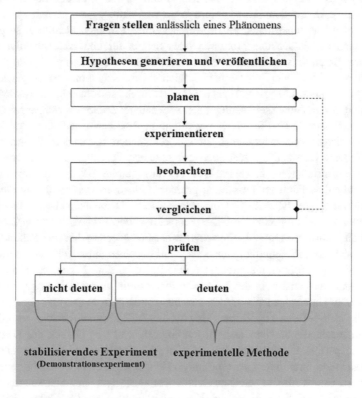

Abb. 3.2 Variante des vollständiges Prozessmodells nach Rey (2021)

3.4 Die Null im Spannungsfeld von Empirie und Theorie

Wenn man naturwissenschaftliches Experimentieren beleuchtet, so müssen auch die involvierten Objekte beachtet werden. Grundlage eines empirischen Eingriffs im Sinne eines Experimentierens ist, dass die Objekte von dem jeweiligen Individuum auch wie reale Objekte behandelt werden. Es wird sich im Laufe des Kapitels zeigen, dass dies besonders beim Lerngegenstand der Null eine Herausforderung darstellt. Im Folgenden wird auf den Lerngegenstand der Null eingegangen, um die Verbindung und Grenzen zu den naturwissenschaftlichen Methoden herauszustellen.

„Die beunruhigende Frage, ob die Null irgendwo ‚da draußen' ist oder nur unsere Kopfgeburt [...]" (Kaplan, 2006, S. 13) ist genau die Frage, die mittels naturwissenschaftlicher Methoden diskutiert werden kann. Einerseits wird die Empirie („da draußen") angesprochen, womit sich die Null experimentell erarbeiten ließe. Andererseits die Theorie („Kopfgeburt"), die nach Abschn. 3.2 eine Voraussetzung für ein Experiment darstellen kann, nicht aber ein empirisch zu klärendes Phänomen ist. Dadurch eröffnet sich ein Spannungsfeld möglicher Zugänge Lernender zur Null, die mittels naturwissenschaftlicher Begrifflichkeiten von Empirie und Theorie gefasst werden können. Aufgrund dieses Spannungsfeldes ergründet sich die Berechtigung der ersten Forschungsfrage, ob sich überhaupt ein experimentelles Vorgehen im Handeln Luisas mit der Null rekonstruieren lässt und damit eine empirische Sichtweise Luisas vermutet werden kann.

Dass sowohl eher theoretische als auch eher empirische Zugänge zur Null denkbar sind, resultiert nicht zuletzt aus den Besonderheiten dieser Zahl: Empirische Zugänge zur Null gemäß den Naturwissenschaften wären etwa das Erarbeiten des Begriffs über Handlungen mit realen Objekten und das Beobachten von deren Wirkungen. Jedoch sind konkrete Handlungen z. B. das Verschieben oder Abzählen von Objekten aus mathematischer Sicht hier nicht ausführbar (s. Kap. 1 in diesem Band, Hefendehl-Hebeker, 1981, S. 240). In der Schulmathematik sind diese aber vor allem in der Schuleingangsphase von Bedeutung. Denkbar wäre deshalb, dass Lernende analog zu den anderen Zahlen ein Referenzobjekt für die Null „da draußen" (Kaplan, 2006, S. 13) suchen. Diesem Gedankengang folgend, fehlt es einer ausbleibenden Handlung auch an Beobachtungsdaten: Die Null zählt zu den schulmathematischen Begriffen, die, wie bereits im Einführungskapitel dieses Sammelbandes erwähnt, fachlich betrachtet „nicht auf Beobachtbares zurückgeführt werden können" (Schlicht, 2016, S. 24). Zusammengefasst: „Jede Zahl gehört zu einer spezifischen Anzahl von Dingen,

aber die Null gehört zu keinem Ding." (Kaplan, 2006, S. 81). Aus fachdidaktischer Perspektive ist die Null aufgrund der Erfahrungs*un*zugänglichkeit nicht
empirisch.

Indem die Zahl Null als nicht empirisch zugänglicher Lerngegenstand in der
eher empirisch orientierten Schulmathematik auftritt, treffen zwei gegensätzliche
Komponenten aufeinander. Aufgrund dieser Diskrepanz ist zu fragen, inwiefern
ein Experimentieren mit der Zahl Null in dem hier betrachteten Interview mittels
naturwissenschaftlicher Begrifflichkeiten rekonstruiert werden kann.

3.5   Analyse des Interviews mit Luisa

Der Frage, ob Luisa experimentell handelt und damit eine eher empirische
Sichtweise auf die Null einnimmt, soll mittels des in Kap. 2 vorgestellten interpretativen Paradigmas in diesem Abschnitt nachgegangen werden. Sofern ein
Experiment durch Luisa realisiert wird, müsste eine Passung zwischen einer
Fragestellung und der anschließenden Beobachtung vorliegen (Kant, 1956, KrV
B XIII). In dem Modell (Abb. 3.2) spiegelt sich dies in dem Vergleich zwischen Hypothese und Beobachtungsdaten zur Prüfung wider. Die Passung ist
u. a. daran festzumachen, ob Luisa ihre bisherigen Erkenntnisse zur Addition
(z. B. Rechenregeln, eher theoretisch) zur Generierung einer Hypothese nutzt und
mit der Spielsituation (z. B. Spielfigur vorsetzen, eher empirisch) in Beziehung
setzt. In Bezug auf den Begriff des Quasi-Empirischen lässt sich die kritische
Betrachtung dieser Passung daran identifizieren, ob Luisa ihre Beobachtungsdaten mit den vorhergesagten Wirkungen des Spiels vergleicht (s. gestrichelte Linie
in Abb. 3.2). Bei dieser Analyse geht es gemäß der interpretativen Forschung
nicht darum, das Denken Luisas zu rekonstruieren, sondern mögliche Deutungshypothesen (s. Kap. 2), die sich mit einem experimentellen Handeln vereinbaren
lassen, zu diskutieren.

Im bisherigen Gesprächsverlauf wurde Luisa gefragt, was sie unter der Zahl
Null versteht. Ihre Antworten, u. a. „is ja egal wie groß man die [Null, M.J. &
J.R.] aufmalt. aber die is eigentlich ganz klein." (T28), beziehen sich auf Erkenntnisse aus dem Unterricht: „wir solln ja immer alles wissen, was in der Schule so is
[…] das ham wir nie vergessen." (T14–16). Deutlich wird hieran, dass die Schülerin Vorwissen zur Null aus dem Unterricht gewonnen hat. Mit Rückbezug auf
die Ausarbeitung in Abschn. 3.2, gemäß welchem das theoretische Vorwissen als
Ausgangspunkt zur Generierung einer Hypothese erforderlich ist, stellt sich die
Frage, inwieweit Luisa ihr Vorwissen nutzt, um neue Erkenntnisse experimentell
zu erarbeiten. Im nachgehenden Transkriptausschnitt soll daher diskutiert werden,

ob die Merkmale eines solchen experimentellen Vorgehens von Luisa realisiert werden. Nachfolgend wird diejenige Episode betrachtet, in der die Interviewerin Luisas Verständnis zur Addition mit der Zahl Null erfragt. Ausgehend von dieser Fragestellung der Interviewerin an Luisa können weitere Fragen eröffnet werden, die möglicherweise ein experimentelles Handeln zur Folge haben können:

39	I	[...] welche <u>Besonder</u>heiten gibt es, beim <u>Plus</u>rechnen mit der Null´
40	Luisa	*(leise)* beim Plusrechnen mit der Null. *(4 sec) (lauter)(lächelnd)* also wenn ich jetzt <u>eins</u> plus null mache, dann, ergibt das ja <u>eins</u>.
41	I	mhm- ..
42	Luisa	weil die Null ja, .. eigentlich nix <u>is</u>. ..
43	I	wie meinst du das´
44	Luisa	also, dass die Null, ... eigentlich <u>null</u>, ne´ *(gestikuliert mit ihren Händen vor sich in der Luft)* das da-, die Null is so <u>gar nix</u>.
45	I	*(nickt)* mhm-

Aus naturwissenschaftlicher Perspektive beginnt eine Hypothesengenerierung mit einer Fragestellung anlässlich eines Phänomens (s. Abb. 3.2), d. h., dass dieses Phänomen nicht allein aus bisherigem Wissen hergeleitet werden kann, sondern, dass nach Ursachen und Zusammenhängen dafür gesucht werden muss. Das Phänomen muss erklärungsbedürftig sein (Meyer, 2021), um einen Erkenntnisprozess anzuregen. Die Frage „[W]elche <u>Besonder</u>heiten gibt es beim <u>Plus</u>rechnen mit der Null" (T39) könnte ein erklärungsbedürftiges Phänomen evozieren, z. B.: Wie rechne ich (plus) mit der Null? An diese Frage könnten sich neben der fachlich korrekten Antwort bspw. folgende hypothetische Erklärungen anschließen, die sich an den Fehlertypen zum Plusrechnen mit der Null (Kornmann, Frank, Holland-Rummer & Wagner, 1999, S. 18) orientieren und mögliche Lesarten des Transkriptes eröffnen:

1. $a + 0 = 0$ bzw. Wenn man plus Null rechnet, dann ist das Ergebnis Null.
2. $a + 0 = a + 1$ bzw. Wenn man mit der Null plusrechnet, dann wird das Ergebnis größer als der andere Summand.

Luisa hingegen beantwortet die Frage der Interviewerin mithilfe einer Rechenregel zur Null („also wenn ich jetzt <u>eins</u> plus null mache, dann, ergibt das ja <u>eins</u>.", T40). Die Interpretation gemäß einer Turn-by-Turn Analyse (s. Kap. 2) liegt nahe, dass ihre Erkenntnisse hier auf unterrichtlich erworbenem Wissen fußen, da Luisa im Gespräch bereits auf ihren Mathematikunterricht verwies. Bezogen auf die kritische Betrachtungsweise der Passung zwischen Theorie und Empirie müsste diese hypothetisch sein, sodass eine Überprüfung notwendig wird. Gegen eine hypothetische Betrachtungsweise Luisas spricht allerdings, dass ihre Antwort auf die Frage der Interviewerin (T39) unmittelbar folgt. Zudem weist ihr Redebeitrag (T40) keine Unsicherheiten in Form von Stimmhebungen am Ende, Pausen, Stockungen auf, sondern Betonungen („eins",T40) und eine Stimmsenkung am Satzende. Auch ihre weiteren Redebeiträge sind von einer gesetzten Sprache gekennzeichnet. Dies spricht eher gegen die Generierung einer empirisch überprüfbaren Hypothese.

Mit dieser sprachlichen Realisierung Luisas lässt sich vermuten, dass die von ihr verbalisierte Rechenregel „also wenn ich jetzt eins plus null mache, dann, ergibt das ja eins." (T40) eine für sie sichere Erkenntnis ist. Mit ihrer Ausführung „weil die Null ja, .. eigentlich nix is" (T42), scheint Luisa diese Regel zu begründen. Anders gesagt, wird die Regel durch die Annahme, die Null sei nichts, gestützt und damit theoretisch eingebettet. Dies könnte darauf hindeuten, dass das zu betrachtende Objekt, die Null, kein existentes empirisches Referenzobjekt hat. Da das „Nix-Sein" der Null Luisas Begründung für die Rechenregel (T40) ist, hätte eine empirische Referenz der Null eine Änderung dieser Regel zur Folge haben müssen.

Eine derartige empirische Referenz bietet sich in Turn 46, in welchem Luisa eine weitere Begründung der Rechenregel hinzufügt. Gleichzeitig zu ihrer Annahme, dass die Null „nix is" (T42), begründet Luisa die Rechenregel mit dem Hinzufügen von „null Steinchen" (T46), womit sie auf die real vorliegende Spielsituation zu verweisen scheint. „[N]ull Steinchen" (T46) könnten dabei auf der einen Seite bedeuten, dass die Null nichts ist (eine erste Interpretationsmöglichkeit), auf der anderen Seite könnten diese Worte eine Anzahl an Steinchen angeben (eine zweite Interpretationsmöglichkeit).

Die *erste Interpretationsmöglichkeit* ist mit dem „Nix-Sein" kompatibel. Würde sich diese als Deutungshypothese im Fortlauf des Transkriptes manifestieren, so wird Luisa vermutlich nicht experimentell prüfend herangehen, da die ausgehende Frage und die Situation abgestimmt sind und ihre Erkenntnisse aus dem Schulunterricht sicher erscheinen.

Die *zweite Interpretationsmöglichkeit* ergibt dagegen einen Widerspruch: Das Angeben einer Anzahl suggeriert das Abzählen von Gegenständen, hier Steinchen. Durch die Abzählbarkeit von Steinchen wird ein Messvorgang im Sinne von Anzahlen möglich. Diese potenzielle Messbarkeit ist ein Merkmal empirischer Daten (Reiners, 2017, S. 26). Mit Blick auf die erste Forschungsfrage könnte hiermit eine empirische Sichtweise auf die Null rekonstruiert werden. Insofern Steinchen zugeschrieben werden „null Steinchen" (T46) zu sein, würde das Hinzufügen dieser null Steinchen ein größeres Ergebnis zur Folge haben: Widerspruch zur aufgestellten Rechenregel. Stellt sich diese Deutungshypothese ein, so müsste Luisa im weiteren Transkriptverlauf zumindest eine Unstimmigkeit zwischen Empirie und Theorie feststellen (s. gestrichelte Linie in Abb. 3.2). Es könnte sich daher ein experimenteller Prüfprozess einstellen, der eine Modifikation der Rechenregel zur Folge hat (s. Deutung in Abb. 3.2). Da das Hinzufügen des nullten Steinchens ein größeres Ergebnis ergibt, könnte aus einer mathematischen Perspektive eine modifizierte Rechenregel $a + 0 = a + x (x > 0)$ lauten. Folgt man dieser zweiten Interpretation, könnte die anfangs stark theoretisch eingebettete Erklärung empirisch auf die Probe gestellt werden.

Aus diesen beiden Interpretationsmöglichkeiten können folgende Theorie-Empirie-Verhältnisse zusammenfassend rekonstruiert werden: Einerseits stehen Empirie und Theorie im Einklang miteinander und bedürfen keines Passungsprozesses, da die empirischen Elemente sich in das theoretische Gerüst einfügen (Interpretation eins). Die zweite Interpretation wäre andererseits, dass eine Modifikation mit dem Ziel einer Passung zwischen Empirie und Theorie notwendig wird, da die empirische Vorhersage und die theoretische Deutung Widersprüche ergeben müssten (s. Abb. 3.2).

Ob das Spiel als Demonstration sicherer Erkenntnisse (Interpretationshypothese eins) oder als Experiment zur Überprüfung der Rechenregel (Interpretationshypothese zwei) genutzt wird, lässt sich anhand der nachfolgenden Szene diskutieren:

70	Luisa	[...] wenn ich jetzt die Null würfel, dann geh ich einfach <u>keinen</u> Schritt. *(hebt ihre Zwergenfigur hoch und setzt sie wieder auf dem gleichen Feld, dem Startfeld, ab).*
71	I	*(nickt)* mhm-
72	Luisa	und wenn ich die Eins dann würfel, *(dreht den Würfel so, dass eine Seite mit einem Punkt nach oben zeigt)* dann geh ich einfach <u>einen</u> Schritt. *(bewegt ihre Spielfigur einen Schritt nach vorne auf Feld 1).*

Luisa simuliert zwei Situationen, das Würfeln einer Null (leere Würfelseite) und das Würfeln einer Eins. Zuzüglich zu der anfänglichen Erklärung Luisas wird hier eine Kontrastierung bezogen auf die Addition mit anderen Zahlen ergänzt (T72). Für die zweite Interpretationshypothese (experimenteller Eingriff

im Sinne der experimentellen Methode, s. Abb. 3.2) spricht das planvolle mani-
pulative Vorgehen der Schülerin, die den Würfel gezielt verändert, um eine
Handlung auszuführen. In beiden Würfelausgängen handelt sie, indem die Spielfigur hochgehoben und wieder abgesetzt wird, wobei sich die Schrittlänge der
Zwergenfigur unterscheidet. Ähnlich wie einem Steinchen die Eigenschaft zugeschrieben wird, das „Nullte" zu sein, wird hier ein Schritt als „Nullter" realisiert.
Auch das „nullte" Hochheben der Spielfigur (T70) kann eine veränderte Position
auf dem Spielfeld bewirken, selbst wenn die Figur nicht das nächste Feld erreicht.
Gleichwohl kann die Figur in dem aktuellen Feld ihre Position verändern.

Gegen ein experimentelles Vorgehen spricht allerdings, dass kein Vergleich
von Wirkung und Vorhersage verbalisiert wird sowie keine Modifikationsbe-
reitschaft deutlich wird. Zudem nennt Luisa mit „dann geh ich einfach keinen
Schritt." (T70) die Wirkung ihres Spielzugs *vor* dem eigentlichen Spielzug. Die
Handlung könnte also nicht dem Zweck einer experimentellen Beobachtung die-
nen, was gegen ein Experiment spricht. Auch fehlt die für ein experimentelles
Handeln essenzielle Prüfbereitschaft auf Seiten der Schülerin. Bspw. könnte das
Hochheben einer Veränderung der Position im Spielfeld zur Folge haben, was
eine Veränderung der Regel bezwecken würde. Eine solche Veränderung zieht
Luisa scheinbar nicht in Betracht, was sich auch in der gesetzten Sprache Lui-
sas widerspiegelt. An keiner Stelle in diesem Ausschnitt wird ein Stocken oder
Füllwörter deutlich. Stattdessen nutzt sie das Wort „einfach" (T70), was für eine
Klarheit ihrerseits spricht. In einem experimentellen Setting findet ein „Wenn-
dann-Konstrukt" zeitlich versetzt statt. Im Modell (s. Abb. 3.2) wird dies an der
Trennung zwischen Experiment („wenn"-Teil) und Beobachtung („dann"-Teil)
deutlich. Im Gegensatz dazu findet sich bei Luisa keine zeitliche Trennung dieser
beiden Teile wieder: „wenn ich jetzt die Null würfel, dann geh ich einfach keinen
Schritt." (T70). Die Handlungen, die sie ausführt (Zwergenfigur hochheben, T70
und Zwergenfigur vorsetzen, T72), dienen vermutlich nicht einem Experiment
als kritische Betrachtung ihrer Erklärung, sondern vielmehr einer Demonstration
ihrer sicheren Erkenntnisse aus dem Unterricht gegenüber der Interviewerin (erste
Interpretationshypothese). Da Luisa anscheinend von für sich sicheren Erkenntnissen zur Null und zum Rechnen mit der Null ausgeht und diese als nicht
anzweifelbar herausstellt, kann hier von keiner quasi-empirischen Theorienutzung
gesprochen werden.

Bis zum Ende des Gesprächs hin stellen beide Interpretationen, sowohl die
Nutzung als Demonstration sicherer Erkenntnisse (Interpretationshypothese eins)
als auch als Experiment zur Überprüfung der Rechenregel (Interpretationshypothese zwei), wiederkehrende Motive dar. Dies erhärtet sich abschließend an

folgender Äußerung Luisas. Das Mädchen hat soeben die Plusaufgabe $1 + 0 = 1$ aufgeschrieben:

99	Luisa	weil <u>Eins-</u> *(zeigt mit einer Hand einen Finger)* .. ne <u>Null</u> dazu, dann kommen ja, ne, keine d,dazu- *(deutet auf die restlichen vier ‚eingeklappten' Finger)* .. also, nee- mach ich, lieber <u>so</u> einen, weil ja, weil die Null ja gar nicht <u>gibt</u>. *(zeigt mit der anderen Hand einen halben Finger, indem sie einen Finger zeigt, der halb eingeklappt ist, schaut I an und lächelt, I lacht)* trotzdem tu ich einen halben <u>nach oben</u>.

Während die Worte „dann kommen ja, ne, keine d,dazu" (T99) eher für die erste Interpretation sprechen, lässt sich der halbe Finger (T99) als Indiz für ein Hinzufügen einer abzählbaren Größe im Sinne der zweiten Interpretationshypothese deuten. Allerdings zeigt sich auch hier eine fehlende Prüfbereitschaft der Hypothese von Seiten Luisas.

Das Handeln von Luisa lässt zusammenfassend zwei Interpretationsmöglichkeiten zu: Einerseits ein nicht experimentelles Vorgehen, andererseits ein potenziell experimentelles Vorgehen. Während erste Interpretationshypothese auf unterrichtlich erworbenen Erkenntnissen fußt, legt das planmäßig ausgeführte Abzählen und das Ausführen des Spielzugs „Null" ein experimentelles Arbeiten nahe (zweite Interpretationshypothese), was von Seiten Luisas jedoch nicht bis zu einer experimentellen Beobachtung ausgeführt wird. Während die erste Interpretationshypothese auf eine Demonstration der Theorie mittels der Empirie zielt, ermöglicht der Inhalt der zweiten Interpretationshypothese einen Abgleich von Empirie und Theorie.

3.6 Fazit und Mehrwert einer naturwissenschaftlichen Perspektive auf das Transkript

Zu Beginn dieses Beitrags haben wir folgende Forschungsfragen gestellt, die wir nun beantworten wollen:

1. Lässt sich mittels der experimentellen Methode in dem gegebenen Interview ein experimentelles Vorgehen auf Seiten Luisas rekonstruieren und damit gleichzeitig eine empirische Sichtweise auf die Null vermuten?

2. Welche potenziellen Grenzen ergeben sich daraus für ein experimentelles Handeln beim Mathematiklernen?

Zur ersten Forschungsfrage:

Im Falle Luisas ist davon auszugehen, dass ein Vorwissen zur Null und dem Rechnen mit dieser Zahl vorlag. So konnte die Schülerin vermutlich auf für sie sichere Erkenntnisse zurückgreifen, ohne auf eine empirische Prüfung angewiesen zu sein. Die Interpretation über Luisas Sicherheit ließ sich in der Analyse auch mittels ihrer gesetzten Sprache bestärken (s. Abschn. 3.5). Folglich bedurfte es aufgrund von Luisas vermeintlicher Sicherheit vermutlich keiner experimentellen Handlung und Modifikation ihrer Regel. Anders gesagt: Ein durch experimentelles Handeln initiierter Erkenntnisgewinn auf Seiten Luisas ist eher unwahrscheinlich.

Mit den vermeintlich ausbleibenden experimentellen Handlungen Luisas lässt sich ihr Vorgehen mit dem der experimentellen Methode (s. Abschn. 3.3) kontrastieren: Anders als in dieser naturwissenschaftlichen Methode, erscheint die Null in dem Interview mit Luisa nicht als ein empirisches Phänomen, das theoretisch erklärt werden soll, sondern als ein theoretisches Konstrukt, das von Luisa empirisch verdeutlicht wird. Hierfür stellt die Schülerin ausgehend von ihrem Vorwissen empirische Bezüge her. Trotz des (vermutlich) ausbleibenden experimentellen Handelns, verdeutlicht sie die Null mittels Gesten, wie dem Hochheben und Absetzen einer Spielfigur oder einem halben Finger. Was mit dieser Analyse aus naturwissenschaftlicher Perspektive herausgestellt werden konnte, ist ein vermeintliches Bedürfnis Luisas, die Null, einen nicht-empirischen Begriff, empirisch realisieren zu wollen. Ob die Schülerin die empirischen Referenzen im Interview wählte, um die fragende Interviewerin möglichst zufriedenzustellen (Stichwort: Zugzwang) oder, ob Luisa tatsächlich eine abzählbare Größe mit der Null verbindet, bleibt offen. Um darüber zu entscheiden, wie ihr weiterer Lernprozess zu gestalten wäre, müsste dem zunächst nachgegangen werden.

Ausgehend von der obigen Analyse lässt sich vermuten, dass das Spannungsverhältnis zwischen dem nicht-empirischen Begriff der Null und der Empirie ein experimentelles Handeln mit der Null erschweren kann. Denkt man dies weiter für den Mathematikunterricht, könnten aus diesem „empirischen Druck", d. h. dem Bedürfnis, auch theoretische Konstrukte empirisch realisieren zu wollen (s z. B. halber Finger Luisas für die Null, T99), aus fachlicher Sicht zu hinterfragenden Vorstellungen resultieren (s. dazu genauer bei der Beantwortung der zweiten Forschungsfrage).

Aus naturwissenschaftlicher Perspektive lassen sich entlang des Modells (s. Abb. 3.2) folgende Grenzen experimentellen Handelns mit der Null herausstellen, sodass der zweiten Forschungsfrage nachgegangen wird:

Aus fachlicher Sicht bleiben *Fragen* anlässlich eines empirischen Phänomens bei der Null aus, da kein empirisches Phänomen vorliegen kann. Dadurch könnte aus Sicht der Lernenden das Bedürfnis fehlen, die Null überhaupt erarbeiten zu wollen. Möglich ist zwar, Fragen anlässlich theoretischer Regeln zum Rechnen mit der Null zu stellen, aus denen entsprechende *Hypothesen* resultieren können, aufgrund des fehlenden empirischen Phänomens sind sie jedoch nicht direkt überprüfbar. Dadurch, dass die Null kein Referenzobjekt besitzt, werden zum *Experimentieren* andere Zahlen benötigt, die sich empirisch realisieren lassen. Eine anschließende *Beobachtung* könnte dadurch erschwert werden, dass die empirische Wirkung der Null ausbleibt (Beispiel: Null Steinchen hinzufügen, s. Abschn. 3.5). Die Wirkungslosigkeit der Handlung birgt möglicherweise die Gefahr, die Null als eine nicht zu beachtende Zahl zu deuten. Eine weitere Konsequenz der ausbleibenden experimentellen Beobachtung wäre, dass Lernende kreative Wirkungen erdenken: So führt Luisa den „nullten" Schritt aus und nutzt einen „halben Finger" zur Verdeutlichung des Summanden Null. Aus diesen erdachten Wirkungen könnte die Fehlvorstellung zum Rechnen mit der Null resultieren, dass das Ergebnis beim Plusrechnen mit der Null größer wird als der größere Summand (Kornmann et al., 1999, S: 18).

Inwiefern ist ein Experimentieren mit der Null im Mathematikunterricht möglich bzw. vertretbar? Mit den aufgezeigten Grenzen und daraus potenziell resultierenden Fehlvorstellungen sprechen sich die Autorinnen dieses Artikels *gegen* ein ausschließlich experimentelles Erarbeiten der Null im Anfangsunterricht aus: Der theoretische Begriff der Null zeichnet sich dadurch aus, dass er nicht auf Beobachtbares zurückgeführt werden kann, Experimente aber gerade durch Beobachtungen und ein Handeln mit erfahrungszugänglichen Objekten. Aufgrund der vielfach verwendeten Rolle der Empirie für das Mathematiklernen, insbesondere im Anfangsunterricht, können die Referenzlosigkeit und die dadurch bedingten Handlungseinschränkungen den Erwerb angemessener Vorstellungen zur Null möglicherweise erschweren. Diese Erkenntnis für den Mathematikunterricht konnte vor allem aus dem Interviewbeispiel Luisa, eine Schülerin, die nach empirischer Referenz für ein theoretisches Konstrukt zu suchen schien, gewonnen werden.

Mit der obigen Analyse kann dieser Artikel keine vollständige Antwort auf die Frage nach der Begriffseinführung der Null im Anfangsunterricht leisten. Vielversprechender als die Erarbeitung über „künstlich" geschaffene Situationen zur Realisierung der Null erscheint jedoch eine kontrastreiche Erarbeitung des

Begriffs zu den anderen natürlichen Zahlen, z. B. Mit der Frage: ..., $1 + 1 =$
$2, 1 + 2 = 3, 1 + 3 = 4, \ldots$ Gibt es eigentlich eine Plusaufgabe in dieser
Aufgabenfolge, die das Ergebnis 1 trägt?

Doch auch über Luisa hinaus lässt sich ein Mehrwert der hier eingenommenen naturwissenschaftlichen Perspektive auf das Transkript konstatieren, denn
in Bezug auf ein Experimentieren im Mathematikunterricht allgemein verwies
die obige Analyse auf die Notwendigkeit einer Reflexion des Theorie-Empirie-
Verhältnisses: Theoretische Vorüberlegungen zu mathematischen Gesetzmäßigkeiten (z. B. $a + 0 = a$) können insbesondere dann bestehen bleiben, wenn
empirische Zugänge an ihre Grenzen stoßen. Dies zeigt sich bspw. in der Symbolik des halben Fingers für die Zahl Null (s. Interview mit Luisa). Mit den Worten
des anfänglichen Kant-Zitats gesprochen: Eine wesentliche Voraussetzung für ein
experimentelles Handeln im Mathematikunterricht ist, dass die Empirie überhaupt
in der Lage ist, eine „Zeugenaussage" in Bezug auf die gestellte Frage zu machen.

Literatur

Ganter, S. (2013). *Experimentieren – ein Weg zum Funktionalen Denken. Empirische
    Untersuchung zur Wirkung von Schülerexperimenten.* Hamburg: Dr. Kovač.
Hefendehl-Hebeker, L. (1981). Zur Behandlung der Zahl Null im Unterricht, insbesondere
    in der Primarstufe. *mathematica didactica, 4,* 239–252.
Janich, P. (2004). Experiment. In J. Mittelstraß (Hrsg.), *Enzyklopädie Philosophie und Wissenschaftstheorie,* Sonderausgabe 1 (S. 621–622). Stuttgart: J. B. Metzler.
Kant, I. (1956). *Kritik der reinen Vernunft* (besorgte Ausgabe von R. Schmidt). Hamburg:
    Felix Meiner. (Original erschienen 1781 und 1787, zitiert nach üblicher Zitierweise: KrV,
    Axxx/Bxxx).
Kaplan, R. (2006). *Die Geschichte der Null* (6. Aufl.). München: Piper.
Kornmann, R; Frank, A; Holland-Rummer, C. & Wagner, H.-J. (1999). *Probleme beim Rechnen mit der Null. Erklärungsansätze und pädagogische Hilfen.* Weinheim: Deutscher
    Studienverlag.
Lakatos, I. (1979). *Beweise und Widerlegungen. Die Logik mathematischer Entdeckungen*
    (D. D. Spalt, Übers.). Braunschweig: Friedr. Vieweg & Sohn. (Original erschienen 1976:
    Proofs and refutations – The logic of mathematical discovery).
Lichti, M. (2019). *Funktionales Denken fördern. Experimentieren mit gegenständlichen Materialien oder Computer-Simulationen.* Wiesbaden: Springer. https://doi.org/10.1007/978-
    3-658-23621-2.
Meyer, M. (2021). *Entdecken und Begründen im Mathematikunterricht. Von der Abduktion
    zum Argument* (2. Aufl.). Berlin: Springer. https://doi.org/10.1007/978-3-658-32391-2.
Philipp, K. (2013) *Experimentelles Denken. Theoretische und empirische Konkretisierung
    einer mathematischen Kompetenz.* Wiesbaden: Springer. https://doi.org/10.1007/978-3-
    658-01120-8.

Reiners, C. S. (2017). Wissensvermittlung als Bildungsauftrag. In C. S. Reiners (Hrsg.), *Chemie vermitteln. Fachdidaktische Grundlagen und Implikationen* (S. 21–32). Berlin: Springer. https://doi.org/10.1007/978-3-662-52647-7.

Rey, J. (2021). *Experimentieren und Begründen. Naturwissenschaftliche Denk- und Arbeitsweisen beim Mathematiklernen.* Wiesbaden: Springer. https://doi.org/10.1007/978-3-658-35330-8.

Roth, J. (2014). Experimentieren mit realen Objekten, Videos und Simulationen. Ein schülerzentrierter Zugang zum Funktionsbegriff. *Der Mathematikunterricht, 60*(6), 37–42. Zitiert hier die leicht abweichende Online-Veröffentlichung, verfügbar unter: https://www.juergenroth.de/veroeffentlichungen/2014/roth_2014_experimentieren_mit_realen_objekten_videos_und_simulationen.pdf (Letzter Zugriff: 03. September 2020).

Schlicht, S. (2016). *Zur Entwicklung des Mengen- und Zahlbegriffs.* Wiesbaden: Springer. https://doi.org/10.1007/978-3-658-15397-7.

Schwarz, O. (2009). Die Theorie des Experiments. Aus der Sicht der Physik, der Physikgeschichte und der Physikdidaktik. *Geographie und Schule, 180,* 15–20.

Stork, H. (1979). Zum Verhältnis von Theorie und Empirie in der Chemie. *Der Chemieunterricht, 10*(3), 45–61.

Ströker, E. (1972). Theorie und Erfahrung. Zur Frage des Anfangs der Naturwissenschaft. In W. Beierwaltes & W. Schrader (Hrsg.), *Weltaspekte der Philosophie* (S. 283–311). Amsterdam: Rodopi.

Struve, H. (1990). *Grundlagen einer Geometriedidaktik.* Mannheim: BI.

Vollmer, G. (2014). Die naturwissenschaftliche Methode – gibt es die? *Praxis der Naturwissenschaften – Physik in der Schule, 63*(8), 11–17.

Vossen, H. (1979). *Kompendium Didaktik Chemie.* München: Ehrenwirth.

Verallgemeinerungsprozesse mit der Null

4

Christoph Körner

Zusammenfassung

In diesem Beitrag werden Verallgemeinerungsprozesse in den Blick genommen, die sich in der Interaktion zwischen Luisa und der Interviewerin rekonstruieren lassen oder sich in Interaktionen wie dieser zeigen könnten. Es werden zunächst die Prozesse Generalisieren und Abstrahieren nach (Mitchelmore, Hiroshima Journal of Mathematics Education 2:45–57, 1994) und (Tall, D. (1991). The Psychology of Advanced Mathematical Thinking. In D. Tall (Ed.), Advanced Mathematical Thinking (pp. 3–21). Dordrecht: Kluwer Academic Publishers. 10.1007/0-306-47203-1_1) theoretisch betrachtet. Dabei wird herausgearbeitet, wie diese als einander ergänzend angesehen werden können. Durch die Zuhilfenahme der Abduktionstheorie nach (Meyer, M. (2021). Entdecken und Begründen im Mathematikunterricht. Von der Abduktion zum Argument (2. Aufl.). Berlin: Springer. 10.1007/978-3-658-32391-2) werden diese Theorieelemente bei der Interpretation des Transkriptes dazu genutzt, Verallgemeinerungsprozesse zu rekonstruieren und die Entwicklung der Allgemeinheit von Gesetzen innerhalb einer Interaktion nachzuzeichnen. So konnten verschiedene Arten von Generalisierungen rekonstruiert werden. Dabei hat sich u. a. gezeigt, wie wichtig es ist die Allgemeinheit von Begriffen und Gesetzen in der Interaktion mit Lernenden zu explizieren.

C. Körner (✉)
Köln, Deutschland

© Der/die Autor(en), exklusiv lizenziert an Springer Fachmedien Wiesbaden GmbH, ein Teil von Springer Nature 2023
M. Meyer (Hrsg.), *Geschichten zur 0,* Kölner Beiträge zur Didaktik der Mathematik, https://doi.org/10.1007/978-3-658-42120-5_4

4.1   Einleitung

Das Wort *Verallgemeinerung* ist nicht nur fester Bestandteil unserer Alltagssprache, sondern findet auch in wissenschaftstheoretischen Überlegungen (z. B.
Meyer, 2009; Prediger, 2015), der Fachmathematik (z. B. Kosinussatz als Verallgemeinerung des Satzes von Pythagoras) und der Mathematikdidaktik (z. B.
Akinwunmi, 2012; Fischer, Hefendehl-Hebeker & Prediger, 2010; Peschek, 1988)
häufig Verwendung. In diesem Beitrag wird die Rolle von Verallgemeinerungen beim Mathematiklernen in den Fokus genommen. Insbesondere werden die
Lernprozesse *Generalisieren* und *Abstrahieren* genauer betrachtet. Um über diese
Prozesse sprechen zu können, auf die mit dem Wort „Verallgemeinerung" Bezug
genommen wird, ist eine genaue Betrachtung der Begriffe notwendig. Auf Grundlage von ausgewählten deskriptiven Theorieelementen (s. dazu Prediger, 2015)
wird in diesem Beitrag eine lokale Theorie der Verallgemeinerung aufgebaut, die
es ermöglicht, verschiedene Verallgemeinerungsprozesse getrennt voneinander
zu betrachten und zu diskutieren. Dies geschieht mit dem Ziel, Verallgemeinerungsprozesse in der Interaktion zwischen Luisa und der Interviewerin zu
rekonstruieren.

Als Grundlage für die Analyse werden die Theorien des Generalisierens und
Abstrahierens von Mitchelmore (1994) und Tall (1991) genutzt. Diese werden
mithilfe der Abduktionstheorie nach Meyer (2021, 2015) für die interpretative Unterrichtsforschung aufgearbeitet. So wird ein fokussierter Blick auf die
in diesem Werk betrachtete Interaktion ermöglicht. An dieser Stelle sei angemerkt, dass Verallgemeinerungsprozesse auch mit anderen Ansätzen, Begriffen
und Theorien in der deutschsprachigen Mathematikdidaktik analysiert wurden
(s. hierfür z. B. Akinwunmi, 2012; Fischer et al., 2010; Peschek, 1988). Diese
Ansätze werden in diesem Beitrag bewusst ausgeklammert, zumal dort eine
andere theoretische Grundlage zur Betrachtung dieser Prozesse gewählt wurde.
Eine detaillierte Einordnung der Theorien von Mitchelmore und Tall in das Feld
der deutschen Mathematikdidaktik und ein Vergleich ihrer Theorien von Verallgemeinerungsprozessen mit denen aus dem deutschsprachigen Raum würde jedoch
den geplanten Umfang des Beitrages weit übersteigen. Der lehr-/lerntheoretische
Orientierungsrahmen wird bewusst eng gewählt, um so einen möglichst konkreten
Analyserahmen zu schaffen (Prediger, 2015).

Im deutschen Sprachraum wird auf die in diesem Beitrag betrachteten Lernprozesse oft mit den Worten „Verallgemeinerung" und „Abstraktion" bzw.
„Abstrahierung" Bezug genommen (s. z. B. Akinwunmi, 2012; Fischer et al.,
2010; Peschek, 1988). In internationalen Veröffentlichungen werden vornehmlich die Worte „generalization" und „abstraction" genutzt, um verallgemeinernde

Lernprozesse zu beschreiben. Das Linguee Dictionary (2020a, b) übersetzt „generalization" mit „Verallgemeinerung" und „Generalisierung", wohingegen „abstraction" vornehmlich mit „Abstraktion" bzw. „Abstrahieren" übersetzt wird. Mitchelmore und White (2000) stellen fest: „the terms generalisation and abstraction are often used interchangeably in the literature" (S. 212). Sie wünschen sich eine höhere Trennschärfe und beleuchten die Begriffe dementsprechend (Mitchelmore & White, 2000). Auch Harel und Tall (1991) sehen im englischen Sprachraum eine uneinheitliche Nutzung der Worte: „The terms generalization and abstraction are used with various shades of meaning by mathematicians and mathematics educators" (S. 1). Im folgenden Abschn. 3.2 wird die Nutzung der Begriffe nach den zuvor genannten Autoren vorgestellt. Gemeinsamkeiten und Unterschiede ihrer Betrachtungen werden dabei hervorgehoben und die Vereinbarkeit diskutiert. Anschließend wird eine Möglichkeit der Rekonstruktion dieser verallgemeinernden Lernprozesse mithilfe der Betrachtung der logisch-philosophischen Schlussformen nach Meyer (2021, 2015) vorgestellt (s. Abschn. 4.3 und 4.4) und das in diesem Band zentrale Transkript hinsichtlich dieser Prozesse analysiert (s. Abschn. 4.6).

4.2   Generalisieren und Abstrahieren

Mitchelmore widmet sich seit 1992 einer mathematikdidaktischen Betrachtung der Prozesse des Abstrahierens und Generalisierens im Kontext der Begriffsbildung (development of concepts). Er bezieht sich bei seinen Ausführungen immer wieder auf Überlegungen von Skemp und beschreibt den großen Einfluss, den sein Buch „The psychology of learning mathematics" (1971) auf ihn hatte (Mitchelmore, 1994; Mitchelmore & White, 2000, 2007). Insbesondere bezieht Mitchelmore sich auf Skemps folgende Beschreibung des Abstrahierens:

> "Abstracting is an activity by which we become aware of similarities [...] among our experiences. *Classifying* means collecting together our experiences on the basis of these similarities. An *abstraction* is some kind of lasting mental change, the result of abstracting, which enables us to recognize new experiences as having the similarities of an already formed class. Briefly, it is something learnt which enables us to classify; it is the defining property of a class." (Skemp, 1971, S. 22)

Was Skemp als *Erfahrungen* (experiences) bezeichnet, lässt sich mit dem vergleichen, was Mitchelmore (1994) bzw. Mitchelmore und White (2000, 2007) unter dem Begriff *Situationen* thematisieren. Zentral ist hierbei, dass Lernende ständig Situationen gegenüberstehen, die für sie entweder schon bekannt sind oder sich als neue Situation präsentieren. Lernende erkennen *Ähnlichkeiten* (similarities) zwischen Situationen bzw. werden sich diesen gewahr. Für Mitchelmore & White (2007) geht es hierbei vorrangig nicht um das oberflächliche Erscheinungsbild verschiedener Situationen, sondern insbesondere um zugrunde liegende Strukturen und Eigenschaften, die sich in verschiedenen Situationen wiederfinden lassen. An dieser Stelle sei auf den Beitrag von Kunsteller in diesem Werk (s. Kap. 3) verwiesen, der sich ausführlich mit dem Ähnlichkeitsbegriff, insbesondere mit Familienähnlichkeiten nach Wittgenstein, auseinandersetzt (s. dazu auch Kunsteller, 2018). Dieser Ähnlichkeitsbegriff wird im vorliegenden Beitrag auf gemeinsame Strukturen und Eigenschaften von (oberflächlich verschiedenen) Situationen angewandt. Das Wort „oberflächlich" soll dabei betonen, dass die Situationen aus mathematischer Perspektive nicht gleich sein müssen.

Es ist anzumerken, dass Mitchelmore (1994) den Begriff „Situation" nicht weiter eingrenzt oder definiert. Eine Situation kann für ihn bspw. eine räumlich-simultane Darstellung einer Multiplikationsaufgabe sein, genauso wie die formal präsentierte Aufgabe $12 \cdot \frac{3}{4} =$ (Mitchelmore, 1994). Schulbuchdarstellungen werden ebenfalls als Situationen beschrieben, ebenso Handlungen am Material (White & Mitchelmore, 2010). Gleichzeitig werden auch Interaktionen mit einer Lehrkraft als Situationen betrachtet (Mitchelmore & White, 2000). In der Verwendung des Begriffs wird deutlich, dass Situationen kontextgebunden betrachtet werden. Die Betrachtung von bereits Bekanntem in einem neuen Kontext könnte demnach für Mitchelmore auch eine Auseinandersetzung mit einer neuen Situation darstellen. Mitchelmore spricht zwar von Situationen, in diesem Beitrag wird nachfolgend jedoch von *mathematischen Situationen* die Rede sein, um eine Abgrenzung zum alltagssprachlichen Begriff der Situation herzustellen. Dabei werden insbesondere Auseinandersetzungen mit enaktiv, ikonisch oder symbolisch (Bruner, 1974) dargebotenen mathematikhaltigen Interaktionsgegenständen als mathematische Situationen betrachtet. So kann z. B. eine Handlung, ein Material oder auch eine sprachliche Äußerung in einer Interaktion in einem mathematischen Kontext als mathematische Situation gedeutet werden.

In Anlehnung an Skemps Zitat (s. o.) unterscheidet Mitchelmore (1994) zwischen dem Prozess des *Abstrahierens* (abstracting) und dessen Produkt, dem *Abstraktum* (abstraction). Der Zusammenhang zwischen mathematischen Situationen, Abstrahieren und Abstraktum wird in Abb. 4.1 zunächst allgemein veranschaulicht. Anschließend wird in Abb. 4.2 ein konkretes Beispiel betrachtet. Das Erkennen von Ähnlichkeiten, d. h. das Erkennen von gemeinsamen Eigenschaften in den mathematischen Situationen S_1, S_2, S_3, ... und die daraus resultierende Bildung eines Abstraktums A, bezeichnet Mitchelmore (1994)

Abb. 4.1 Bildung eines
Abstraktums A aus
Situationen S_i
(Mitchelmore, 1994, S. 47)

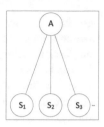

als Abstrahieren. Das Abstraktum steht also für das, was die mit ihm verbundenen mathematischen Situationen gemein haben. An dieser Stelle wird deutlich, dass das Abstraktum eng mit einem gebildeten Begriff verwoben ist und oft durch diesen beschrieben wird, während es gleichzeitig die definierenden Eigenschaften des Begriffs enthält. Neben dem Abstraktum machen aber auch die verknüpften mathematischen Situationen den Begriff aus (Mitchelmore, 1994). Daher sind die Ausdrücke „Abstraktum" und „Begriff" nicht synonym zu verwenden. Eine mathematische Situation kann selbstverständlich auch mit mehreren Abstrakta verknüpft sein, also in Bezug zu verschiedenen Begriffen gesetzt werden.[1]

Abb. 4.2 Bildung eines
Abstraktums A aus
konkreten mathematischen
Situationen

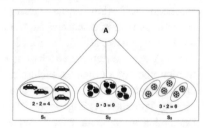

In Abb. 4.2 wird – in Anlehnung an Mitchelmores (1994) Betrachtung der Multiplikation und der potenziell mit ihr in Verbindung stehenden mathematischen Situationen – nun der Begriff „Multiplikation natürlicher Zahlen" betrachtet. Es werden konkrete mathematische Situationen und ein mögliches Abstraktum vorgestellt. Hierbei handelt es sich um ein plakatives Beispiel, welches sich in der Wirklichkeit vermutlich nicht so geradlinig zeigen würde. Es dient ausschließlich der Veranschaulichung der Begriffe. Die Situationen S_i könnten bspw. verschiedene ikonische, nicht rechteckig angeordnete, räumlich

---

[1] Dieser Ambiguität wird in diesem Beitrag insofern Rechnung getragen, als dass immer explizit wird, welcher Begriff vonseiten des Autors betrachtet wird und Gründe hierfür dargestellt werden.

simultane Darstellungen von Multiplikationen sein. In Abb. 4.2 sind dies zwei
mal zwei eingekreiste Autos, drei mal drei eingekreiste Äpfel und drei mal zwei
eingekreiste Schneeflocken. In der Auseinandersetzung mit den verschiedenen
ikonischen Darstellungen der Multiplikation werden Ähnlichkeiten in den mathematischen Situationen erkannt und das Abstraktum A gebildet. Im Abstraktum
sind die zentralen gemeinsamen Eigenschaften der betrachten mathematischen
Situationen zusammengefasst. Es zeichnet sich in diesem Beispiel dadurch aus,
dass die Art der Objekte keine Rolle spielt. Es ist lediglich wichtig, dass die durch
das Einkreisen entstandenen Bündel die gleiche Anzahl von Objekten enthalten.
Die Multiplikation könnte auf Grundlage dieser mathematischen Situationen wie
folgt beschrieben werden: Bei der Multiplikation bezieht sich die erste Zahl der
Aufgabe auf die Anzahl der eingekreisten Bündel, die zweite Zahl auf die Anzahl
der Objekte in einem eingekreisten Bündel und das Ergebnis ist gleich der Anzahl
aller Objekte.

Sehen sich Lernende nun weiteren mathematischen Situationen gegenüber, die
Mathematiker:innen dem gleichen Begriff als zugehörig ansehen würden, werden sie das Abstraktum entweder auch in diesen Situationen erkennen oder eben
nicht. Das Betrachten weiterer mathematischer Situationen wird in Abb. 4.3 veranschaulicht. T_i sind hierbei den Lernenden neue mathematische Situationen, bei
denen es ihnen nicht schwerfällt, die Zugehörigkeit zum Abstraktum A zu erkennen (Mitchelmore, 1994). D. h. es handelt es sich bei T_i um Situationen, welche
die in A verankerten Eigenschaften mit S_i teilen. Die Situationen U_i hingegen
werden von den Lernenden nicht direkt als zugehörig anerkannt. Sie scheinen für
die Lernenden nicht (bzw. nicht alle) die in A verankerten Eigenschaften aufzu-
weisen. Von einer (erfolgreichen) Generalisierung wird nun gesprochen, wenn es
Lernenden gelingt, die Menge der zugehörigen mathematischen Situationen zu
vergrößern, d. h. den Gültigkeitsbereich, auf den ihr Abstraktum A zutrifft, so
zu erweitern, dass sie die Situationen U_i auch als zugehörig anerkennen können. Gleichzeitig heißt dies, dass sie das Abstraktum auch in den Situationen U_i
erkennen können (Mitchelmore, 1994). Für Mitchelmore (1994) findet bei diesem Prozess zwangsweise eine Veränderung des Abstraktums statt, in Abb. 4.3
dargestellt durch A'. Eigenschaften die vorher als wichtig erachtet wurden, sind
nun nicht mehr im Abstraktum A' verankert, sodass es nun auch in der neuen
mathematischen Situation U_i gesehen werden kann. Fände keine Veränderung des
Abstraktums statt, würde es sich nicht um Situationen U_i, sondern um weitere,
T_i, handeln.

In Abb. 4.4 wird anknüpfend an das obige Beispiel die Auseinandersetzung
mit weiteren konkreten mathematischen Situationen veranschaulicht. Die mathematische Situation T_1 ist eine weitere, nicht rechteckig angeordnete räumlich

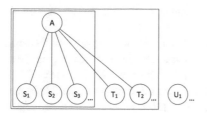
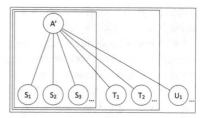

Abb. 4.3 Als zugehörig anerkannte mathematische Situationen vor der erfolgreichen Generalisierung (links) und danach (rechts)

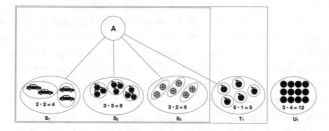

Abb. 4.4 Ausgangspunkt einer möglichen Generalisierung, dargestellt mit konkreten mathematischen Situationen

simultane Darstellung einer Multiplikation, in der die im Abstraktum A (s. o.) verankerten Eigenschaften direkt gesehen werden können. Bei der mathematischen Situation U_1 handelt es sich hingegen um rechteckig angeordnete Rechenplättchen ohne explizite Bündelungen. Da die eingekreiste Bündelung als zentrale Eigenschaft im Abstraktum A verankert ist, kann diese mathematische Situation nicht mit der Multiplikation in Zusammenhang gesetzt werden. Mitchelmore (1994) spricht nun von einer Generalisierung, wenn von der Eigenschaft der expliziten Bündelung durch das Einkreisen abgesehen werden kann, also eine Veränderung des Abstraktums stattfindet und die mathematische Situationen U_1 als zugehörig anerkannt wird, was zuvor nicht möglich war. Dies kann z. B. dadurch geschehen, dass die Zeilen bzw. Spalten als Bündelungen erkannt bzw. als einkreisbar angesehen werden. Es wird also davon abgesehen, dass die Bündel explizit eingekreist sein müssen. Es reicht, dass sie einkreisbar sind. Können Lernende von der Eigenschaft „Explizit-eingekreist-Sein" absehen, kann es ihnen gelingen, auch in den rechteckig angeordneten Rechenplättchen die abgeänderte

Abstraktion A' zu erkennen bzw. die mathematische Situation U_1 als zu A' zugehörig anzuerkennen.

Während sich Mitchelmore und White bei ihren Betrachtungen der Prozesse Generalisieren und Abstrahieren meist auf junge Lernende konzentrieren (Mitchelmore, 1994; Mitchelmore & White, 2000; White & Mitchelmore, 2010), beschreibt Tall (1991) diese Prozesse beim Lernen fortgeschrittener Mathematik (s. auch Harel & Tall, 1991). Auch Tall (1991) bezieht sich in seinen Ausführungen auf grundlegende Überlegungen von Skemp. Er betrachtet die Prozesse demnach auf der Grundlage vergleichbarer Prämissen wie Mitchelmore, jedoch beschreibt er verschiedene Arten von Generalisierungen. Diese werden im Folgenden vorgestellt und anhand der oben genannten Beispiele veranschaulicht.

Damit die beiden Auffassungen der Prozesse diskutiert werden können, werden hier zunächst die unterschiedlichen Begrifflichkeiten kurz gegenübergestellt. Was in diesem Beitrag nach Mitchelmore mit Abstraktum bezeichnet wird, nennt Tall (1991) eine mentale Struktur bzw. ein Schema. Den Prozess des Abstrahierens beschreibt Tall hauptsächlich im Zusammenhang mit Begriffen der fortgeschrittenen Mathematik wie Vektorraum oder Gruppe. Es zeigt sich jedoch, dass seine Ausführungen zu diesem Prozess auch auf Fachinhalte und Lernprozesse der Grundschule angewandt werden können, was in diesem Beitrag geschehen wird. Den Begriff der mathematischen Situation nutzt Tall nicht. Stattdessen verwendet er meist konkret beschriebene Beispiele. Außerdem spricht er von einem Anwendungsbereich (range). Anstatt einer Menge verknüpft er mathematische Situationen (Harel & Tall, 1991).

Harel & Tall (1991, S. 39) fassen die von ihnen ausgemachten verschiedenen Formen des Generalisierens wie folgt zusammen:

"1. *Expansive generalization* occurs when the subject expands the applicability range of an existing schema without reconstructing it.

2. *Reconstructive generalization* occurs when the subject reconstructs an existing schema in order to widen its applicability range.

3. *Disjunctive generalization* occurs when, on moving from a familiar context to a new one, the subject constructs a new, disjoint, schema to deal with the new context and adds it to the array of schemas available."

Die *expansive Generalisierung* zeichnet sich dadurch aus, dass es nicht zu einer Abänderung bzw. Neukonstruktion (Rekonstruktion) des Abstraktums (Schemas) kommt. Es zeigen sich deutliche Parallelen zu dem nach Mitchelmore beschriebenen Prozess, bei dem ein Individuum neue mathematische Situationen T_i

betrachtet und diese ohne eine Änderung des Abstraktums als zugehörig anerkennen kann (s. T_1 in Abb. 4.4). Da es nicht zu einer Änderung des Abstraktums
kommt, kann es schwierig sein, expansive Generalisierungen von einer erneu-
ten Auseinandersetzung mit einer schon bekannten mathematischen Situation
zu unterscheiden. Es kann also schwierig sein, zu bestimmen, ob es sich um
bekannte mathematische Situationen S_i handelt oder um neue mathematische
Situationen T_i, die aufgrund von mit S_i geteilten Eigenschaften direkt dem
Abstraktum A zugeordnet werden können. Aufschluss darüber könnte bei der
Interpretation einer Interaktion jedoch z. B. die Betrachtung der mathematischen
Situation vor dem persönlichen Hintergrund der Lernenden sowie dem Kontext
geben, in welchem sie der Situation begegnen. Bei der Interpretation wäre also die
Frage zu stellen, ob sich die Lernenden realistischerweise zuvor mit der betrachteten mathematischen Situation auseinandergesetzt haben können. Da es bei einer
expansiven Generalisierung nicht zu einer Abänderung des Abstraktums kommt,
spricht sich Mitchelmore (1994) dagegen aus, diesen Prozess als Generalisierung
zu beschreiben.

Bei einer *rekonstruktiven Generalisierung* kann eine Neukonstruktion (Rekonstruktion) eines bestehenden Abstraktums (Schemas) beobachtet werden. Dieser
Prozess entspricht der Generalisierung nach Mitchelmore, bei der durch eine
Abänderung des Abstraktums Situationen U_i, die zuvor nicht als zugehörig anerkannt werden konnten, anschließend als zugehörig anerkannt werden (s. Abb. 4.3
und 4.4). Hierbei kann der Anwendungsbereich des Abstraktums größer werden, da als Folge dieses Prozesses mehr mathematische Situationen als zuvor als
zugehörig anerkannt werden können. Rein theoretisch betrachtet, ist dieser Prozess kognitiv fordernder als eine expansive Generalisierung. In einer Interaktion
könnten also Reaktionen des Individuums (z. B. Zögern, Pausieren, Prüfen oder
Nachfragen) als Indizien für rekonstruktive Generalisierungen gedeutet werden.

Die *disjunktive Generalisierung* wird von Mitchelmore (1994) nicht explizit
betrachtet. In Anlehnung an die obigen schematischen Darstellungen wird in
Abb. 4.5 eine abgeschlossene disjunktive Generalisierung einer abgeschlossenen
rekonstruktiven Generalisierung gegenübergestellt. Bei der disjunktiven Generalisierung wird kein Zusammenhang zu einem gebildeten Abstraktum A erkannt.
Stattdessen wird ein neues Abstraktum $\tilde{A}$ gebildet, auf das mit den gleichen
Worten Bezug genommen wird. Ein Zusammenhang zwischen den mathematischen Situationen S_i bzw. T_i und U_i bleibt bei einer disjunktiven Generalisierung
verborgen (rechts), während bei einer abgeschlossenen rekonstruktiven Generalisierung eine Veränderung des Abstraktums A zu A' stattfindet und diese somit
Zeichen des erkannten Zusammenhangs bzw. der erkannten Gemeinsamkeiten
der mathematischen Situationen ist (links). Eine disjunktive Generalisierung kann

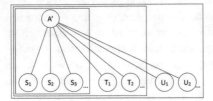 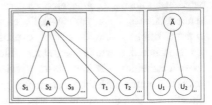

Abb. 4.5 Abgeschlossene rekonstruktive Generalisierung (links) im Vergleich zu einer disjunktiven Generalisierung (rechts)

durchaus zu einem erfolgreichen Lösen von Aufgaben führen, jedoch bleibt eine Verknüpfung mit dem Vorwissen aus und das mathematische Arbeiten verkommt zu einem Anwenden von auswendig gelerntem Wissen (Tall, 1991).

An dieser Stelle sei angemerkt, dass es sich um die Lesart des Autors der Ausführungen von Tall (1991) handelt. Die verschiedenen Arten von Generalisierungen werden von Mitchelmore als nicht vereinbar mit seiner Auffassung der Prozesse angesehen, da für ihn jede Generalisierung mit einer Abänderung des Abstraktums einhergehen muss (Mitchelmore, 1994). Nichtsdestotrotz kann insbesondere der von Tall beschriebene Prozess der expansiven Generalisierung als interessante und hilfreiche Ergänzung angesehen werden, welche die Beschreibung der fokussierten Prozesse erleichtert und eine Rekonstruktion der Prozesse steuern kann, auch wenn es hierbei nicht zu einer Abänderung des Abstraktums kommt. Daher wird dieser Prozess im Folgenden weiterhin als *expansive Generalisierung* bezeichnet.

Sowohl Mitchelmore als auch Tall nutzen in ihren Ausführungen meist prototypische erdachte Beispiele, um die Prozesse zu veranschaulichen. Auch wenn sie über Prozesse sprechen, wird in ihren empirischen Studien meist anhand der schriftlichen Arbeitsergebnisse von Lernenden darauf geschlossen, ob diese Prozesse stattgefunden haben. Das Augenmerk liegt hierbei auf quantitativen Auswertungen von pre-post-tests (White & Mitchelmore, 2010) oder einer Quantifizierung von Interviewdaten (Mitchelmore & White, 2000). Eine detaillierte Rekonstruktion der Prozesse, und wie sie sich in der Realität bei Lernenden in Interaktionen manifestieren, bleibt aus. Im folgenden Abschnitt werden erkenntnistheoretische Grundlagen betrachtet, die es ermöglichen, die beschriebenen Prozesse in Lernsituationen bzw. Interaktionen zu analysieren.

4.3   Logisch-philosophische Schlüsse

In einem Vorher-Nachher-Vergleich lassen sich zwar Rückschlüsse auf abgeschlossene Generalisierungs- und Abstrahierungsprozesse ziehen, hierbei bleiben jedoch wichtige Aspekte verborgen, z. B. wodurch die Prozesse angeregt werden können, wie sie sich in Interaktionen entwickeln und was geschieht, wenn sie nicht abgeschlossen werden. Um diese Punkte analysieren zu können, bedarf es einer Theorie, die es ermöglicht, diese Prozesse detaillierter zu rekonstruieren. Meyer (2021) hat sich der Analyse von Entdeckungsprozessen gewidmet und hierbei die logisch-philosophischen Schlussformen nach Charles Sanders Peirce (1839–1914) für die Nutzung in der Mathematikdidaktik ausgearbeitet. Seither hat sich ihre Nutzung, insbesondere in der interpretativen Unterrichtsforschung, etabliert (s. z. B. Krumsdorf, 2015; Kunsteller, 2018; Maisano, 2019; Meyer, 2015; Rey, 2021; Söhling, 2017). Da das Entdecken von gemeinsamen Eigenschaften verschiedener mathematischer Situationen zentral für Generalisierungs- und Abstrahierungsprozesse ist, bietet sich diese Theorie als weitere Grundlage für die Interpretation von in Interaktionen manifestierten Verallgemeinerungsprozessen an. Im Folgenden werden die logisch-philosophischen Schlussformen kurz vorgestellt und anschließend mit den Begriffen aus dem vorangegangenen Abschnitt in Verbindung gesetzt. Bei den betrachteten Schlussformen handelt es sich nicht zwingend um rein logische (denknotwendige) Schlüsse, d. h. es werden nicht nur logisch wahre Schlüsse betrachtet, sondern auch Schlüsse, die von außen betrachtet falsch zu sein scheinen bzw. noch fragliche Ergebnisse liefern.

Meyer (2021) beschreibt die drei logisch-philosophischen Schlussformen *Abduktion, Deduktion* und *Induktion* sowie deren Zusammenspiel. Zentral sind in diesem Zusammenhang die Begriffe *Fall, Resultat* und *Gesetz*[2], die je nach Schlussform verschieden zueinander in Beziehung stehen. In diesem Beitrag werden – bedingt durch die Äußerungen der Schülerin – nur Deduktionen und Abduktion rekonstruiert. Die Struktur dieser beiden Schlussformen wird im Folgenden zunächst allgemein und anschließend jeweils an einem Beispiel vorgestellt. Da in der Analyse keine Induktionen rekonstruiert werden, wird die Rolle der Induktion nur erwähnt.

Mit Bezug auf Meyer (2021) lässt sich das allgemeine Schema der Deduktion wie in Abb. 4.6 darstellen. Bei einer Deduktion wird auf Grundlage eines konkreten Falls $F(x_0)$ und eines bekannten allgemeinen Gesetzes auf ein konkretes Resultat $R(x_0)$ geschlossen. Der waagerechte Schlussstrich trennt dabei

---

[2] Eine ausführliche Betrachtung des Zusammenspiels dieser Begriffe ist in Meyer (2021, 2015) zu finden.

Fall:	$F(x_0)$
Gesetz:	$\forall i \colon F(x_i) \Rightarrow R(x_i)$
Resultat:	$R(x_0)$

Abb. 4.6 Das allgemeine Schema der Deduktion (Meyer, 2021)

die Prämisse des Schlusses von seiner Konsequenz. Bei der Deduktion sind Fall und Gesetz die Prämisse und das Resultat ist seine Konsequenz. Im Schema wird die Allgemeinheit des Gesetzes durch die Variable i in den Indizes ausgedrückt, während sich Fall und Resultat jeweils auf ein und dasselbe konkrete Subjekt x_0 beziehen. Auf Grundlage des Gesetzes kann ausgehend von anderen Fällen (z. B. $F(x_1)$, $F(x_2)$, , …) deduktiv auf weitere Resultate ($R(x_1)$, $R(x_2)$, , …) geschlossen werden.

Im Grundschulunterricht könnten Lernende eine Deduktion wie in Abb. 4.7 wie folgt vollziehen: Das Gesetz, „Wenn ich plus 0 rechne, dann stellt der unveränderte erste Summand die Summe dar", ist bekannt. Es wird auf den konkreten Fall, z. B. die Aufgabe 5 + 0=, angewandt. Nun wird von dem konkreten Fall und dem bekannten Gesetz auf das Resultat, „Das Ergebnis ist 5", geschlossen. Es wird deutlich, dass das Gesetz auch für andere Fälle, also andere Additionsaufgaben mit 0, herangezogen werden kann und somit eine Allgemeinheit aufweist.

An dieser Stelle stellt sich die Frage, wie Lernende neue Gesetz konstruieren, die sie später beim deduktiven Schließen anwenden können. Das Konstruieren neuer Gesetze ist nach Meyer (2021) nur mittels einer Abduktion möglich. Es handelt sich um einen Entdeckungsprozess, bei dem ein Individuum auf dem Weg der Erklärung von Phänomenen ein Gesetz generiert (Meyer, 2015). Alternativ

Fall:	5 + 0 =
Gesetz:	Wenn ich plus 0 rechne, dann stellt der unveränderte erste Summand die Summe dar.
Resultat:	Das Ergebnis ist 5.

Abb. 4.7 Beispielhafte Deduktion, die bei der Addition mit Null auftreten könnte

Phänomen (Resultat):	$R(x_0)$
Gesetz:	$\forall i: F(x_i) \Rightarrow R(x_i)$
Fall:	$F(x_0)$

Abb. 4.8 Schema der kognitiven Generierung einer Abduktion (Meyer, 2015)

besteht auch die Möglichkeit, bekannte Gesetze zur Erklärung eines Phänomens zu assoziieren. In Auseinandersetzung mit einem erklärungswürdigen Phänomen $R(x_0)$ schließt das Individuum auf ein allgemeines Gesetz und den konkreten Fall $F(x_0)$, , die das Phänomen erklären könnten (s. Abb. 4.8). Hierbei gehen Fall und Gesetz miteinander einher und werden simultan erfasst. Sie stellen eine mögliche Ursache des Phänomens dar. Nach der Generierung oder Assoziation eines Gesetzes wird das Phänomen zu einem Resultat dieses Gesetzes. Die Prämisse dieses logischen Schlusses ist also ausschließlich das erklärungsbedürftige Phänomen. Gesetz und Fall stellen die Konsequenz dar (Meyer, 2015). Dies wird durch die Position des Schlussstriches veranschaulicht.

Die Abduktion stellt keineswegs einen sicheren Schluss dar. Ein abduziertes Gesetz ist nur eines von vielen möglichen Gesetzen, die ein Phänomen mit entsprechenden Fällen erklären könnten. Meyer (2015) beschreibt abduzierte Gesetze folgendermaßen:

„Der Begriff ‚Gesetz' ist hier entsprechend in einem sehr weiten Sinn zu verstehen: Gesetze müssen nicht wahre Sätze im mathematischen Sinn sein. Sie können nur plausibel sein oder gar falsch. Die einzigen Bedingungen, denen Gesetze bei der Abduktion genügen müssen, sind, dass sich das konkrete Resultat logisch aus ihnen ableiten lässt (als eine Konsequenz des assoziierten oder generierten Gesetzes) und der Fall ein konkretisiertes Antezedens des Gesetzes bildet." (S. 16)

Um die kognitive Generierung einer Abduktion zu veranschaulichen, wird nun betrachtet, wie Lernende zu dem Gesetz, „Wenn ich plus 0 rechne, dann stellt der unveränderte erste Summand die Summe dar", gelangt sein könnte, welches in der obigen Beispieldeduktion genutzt wurde. Abb. 4.9 zeigt eine erdachte Generierung einer Abduktion. Das ausschlaggebende erklärungswürdige Phänomen könnte bspw. die von der Lehrkraft an die Tafel geschriebene Rechnung $1 + 0 = 1$ sein, bei der die 1 sowohl in der Aufgabe als auch im Ergebnis auftaucht. Ausgehend von diesem Phänomen könnte das Gesetz, „Wenn ich plus 0 rechne, dann stellt der unveränderte erste Summand die Summe dar", und der konkrete

Phänomen:	1 taucht in der Aufgabe auf und ist gleichzeitig das Ergebnis der Rechnung.
Gesetz:	Wenn ich nur plus 0 rechne, dann stellt der erste Summand die Summe dar.
Fall:	Ich rechne 1 + 0.

Abb. 4.9 Erdachte Generierung einer Abduktion, die zu dem oben genutzten Gesetz geführt haben könnte

Fall, „Ich rechne 1 + 0", abduktiv erschlossen werden. Dieses allgemeine Gesetz kann das beobachte Phänomen erklären, da es dieses zu einem konkreten Resultat eines konkreten Falls macht.

Wenn eine Abduktion kognitiv generiert wurde, kann sie öffentlich gemacht werden. Zu diesem Zeitpunkt hat das Individuum das Gesetz bereits abduziert, was es ermöglicht, das Gesetz in der Veröffentlichung zu nutzen. Meyer (2015) stellt dies im „Schema zur öffentlichen Plausibilisierung einer Abduktion" (s. Abb. 4.10) dar. Bei einer Explizierung bzw. Plausibilisierung einer Abduktion wird das Gesetz verwendet, um den konkreten Fall damit zu erschließen und somit plausibel zu machen. Die obige Beispielabduktion könnte also in einer Äußerung, wie z. B. „1 steht in der Aufgabe und ist gleichzeitig das Ergebnis, weil beim Plusrechnen das Ergebnis schon in der Aufgabe steht und ich hier 1+0 rechne", öffentlich bzw. plausibel gemacht werden.

In diesem Beitrag wird das „Schema zur öffentlichen Plausibilisierung" herangezogen, um veröffentlichte Abduktionen in Äußerungen der Lernenden zu rekonstruieren. Das „Schema der kognitiven Generierung einer Abduktion" wird genutzt, um denkbare Abduktionen darzustellen, die kognitiv ablaufen könnten, ohne dies in der Empirie eindeutig belegen zu können.

Resultat:	$R(x_0)$
Gesetz:	$\forall i: F(x_i) \implies R(x_i)$
Fall:	$F(x_0)$

Abb. 4.10 Schema der öffentlichen Plausibilisierung einer Abduktion (Meyer, 2015)

Die empirischen Analysen von Entdeckungsprozessen haben gezeigt, dass Schüler:innen zumeist die abduzierten Gesetze nicht äußern (Meyer, 2021). Bei der Rekonstruktion von Abduktionen stellt sich dann auch die Frage, wie allgemein das Gesetz für die abduzierende Person ist. Wurde bereits ein allgemeiner Zusammenhang entdeckt oder handelt es sich eher um eine bereichsspezifische Erkenntnis? In der Analyse werden Anhaltspunkte herausgestellt, die eine Diskussion dieser Frage zulassen.

Neben der Abduktion und der Deduktion existiert noch die Induktion als dritte Schlussform. Bei genauerer Analyse der Induktion zeigt sich, dass diese Schlussform keine erkenntnisgenerierende Funktion haben kann (Meyer, 2021). Vielmehr kommt ihr ausschließlich die Rolle der Überprüfung bereits abduktiv erzeugter Erkenntnisse zu. Da die Induktion im Folgenden nicht zur Analyse der Interviewsequenz verwendet wird, erfolgt keine ausführliche Betrachtung.

4.4 Zur Rolle von Abduktionen und Gesetzen beim Generalisieren und Abstrahieren

Die Rekonstruktion von Schlüssen, insbesondere die Betrachtung der möglichen Gesetze, bietet die Möglichkeit, das Generalisieren und Abstrahieren im Prozess zu betrachten. Dazu wird in der folgenden Aufzählung die Vereinbarkeit der betrachteten Theorien an zentralen Schnittstellen aufgezeigt. Insbesondere werden die Begriffe *Abduktion, Gesetz, mathematische Situation, Abstraktum* sowie *(expansive/rekonstruktive) Generalisierung* zueinander in Beziehung gesetzt. Gleichzeitig werden diese Begriffe für die Nutzung in der Analyse gesetzt.

- Theoretisch betrachtet, findet bei der Bildung eines neuen Abstraktums (nach Mitchelmore, 1994) immer eine kognitive Generierung einer Abduktion (nach Meyer, 2021) statt, da es sich um eine Erkenntnisgenerierung handelt und dies eine Abduktion voraussetzt.
- Die Bildung eines Begriffs bzw. das Erkennen eines Zusammenhangs oder das Ausmachen gemeinsamer Eigenschaften setzt Abduktionen (nach Meyer, 2021) und die Bildung oder Veränderung von Abstrakta (nach Mitchelmore, 1994) voraus. Für Meyer sind an dieser Stelle die abduzierten Gesetze zentral, für Mitchelmore die gemeinsamen Eigenschaften der betrachteten mathematischen Situationen. Diese beiden Betrachtungen sind vereinbar, wenn man die zentralen gemeinsamen Eigenschaften der betrachteten mathematischen Situationen als durch abduzierte Gesetze ausgemacht deutet und das Abstraktum als

in diesen Gesetzen verankert ansieht. Im Folgenden wird daher von Abstrakta gesprochen, die in einem Gesetz verankert sind.

- Je nach rekonstruierter Schlussform können mathematische Situationen als (Inhalte der) Phänomene bzw. nach erfolgter Abduktion als (Inhalte der) Resultate des Gesetzes (nach Meyer, 2021) gedeutet werden.
- In Abhängigkeit der Allgemeinheit der Gesetze, in denen ein Abstraktum verankert ist, kann ein Individuum mehr bzw. weniger mathematische Situationen als zum Abstraktum zugehörig anerkennen.
- Je allgemeiner das Gesetz ist, desto größer ist die Menge der mathematischen Situationen, die durch eine expansive Generalisierung (nach Tall, 1991) als zugehörig anerkannt werden können.
- Kann eine neue Situation zunächst noch nicht als zugehörig anerkannt werden, so kann sich eine rekonstruktive Generalisierung (nach Tall, 1991) anschließen. Die hierbei stattfindende Abänderung des Abstraktums setzt auch eine Veränderung der zugehörigen Gesetze oder einen Erkenntnisgewinn über diese voraus, d. h. diese Gesetze werden allgemeiner bzw. die Allgemeinheit eines bestehenden Gesetzes wird dem bzw. der Lernenden bewusst. Auch an dieser Stelle finden Abduktionen (nach Meyer, 2021) statt, die die allgemeinere Form eines bekannten Gesetzes hervorbringen, da wieder eine Erkenntnisgenerierung stattfindet.

4.5   Zum Vorgehen bei der Interpretation

In diesem Beitrag stehen das Generalisieren und Abstrahieren im Fokus. Geleitet durch die oben dargelegten theoretischen Grundannahmen wird versucht, durch die Analyse und Interpretation einer Interaktion Aussagen über diese Prozesse und ihre Produkte zu treffen. Das Vorgehen bei der Interpretation lehnt sich hierbei an die zentralen Aspekte des in Kap. 2 dieses Bandes vorgestellten interpretativen Forschungsparadigmas an, das auf der Theorie des symbolischen Interaktionismus (vorrangig Blumer, 1981) und der Ethnomethodologie (vorrangig Garfinkel, 1967) aus der Soziologie aufbaut. Die Darstellung der Ergebnisse in diesem Beitrag weicht von der bei Voigt (1984) beschriebenen in einigen Schritten ab. Diese Abweichungen und die Gründe für diese werden hier kurz vorgestellt:

Schritt 1 wird in diesem Beitrag nicht expliziert, da das betrachtete Transkript in diesem Band aus verschiedensten Blickrichtungen ohne genauere theoretische Perspektive betrachtet wird und eine erste allgemeingehaltene Interpretation mitveröffentlicht wird.

Schritt 2 besteht aus einer turn-by-turn Analyse des Manuskriptes: Sukzessive werden die einzelnen Turns extensiv interpretiert – extensiv, weil nicht nur die subjektiven Deutungen der jeweils interagierenden Person rekonstruiert wird, sondern auch die latenten Sinnstrukturen. Die Aufstellung von Hypothesen geschieht in diesem Beitrag stark theoriegeleitet. Auf Grundlage der vorgestellten Theorie wird turn-by-turn geschaut, ob sich in der Interaktion Hinweise darauf zeigen, dass sich die Lernende einer für sie potenziell neuen mathematischen Situation gegenübersieht. Die hierbei ausgemachten Ausgangsäußerungen werden nun vor dem Hintergrund der zugrundeliegenden Theorie dieses Beitrages extensiv interpretiert. Hierbei spielt zudem eine große Rolle, welcher Begriff bzw. welches Gesetz für die Lernende bzw. die Interviewerin in der Interaktion gerade thematisch ist. Bei der Analyse wird offengelegt, welche potenziell thematischen Begriffe der Autor in Betracht zieht. Es werden Prognosen und ihre Konsequenzen theoriegeleitet aufgestellt, expliziert und diskutiert. Hinsichtlich eines von dem Autor in den Blick genommenen thematischen Begriffs werden mögliche Konsequenzen der Deutung „es handelt sich um eine ‚neue mathematische Situation' für die Lernende" aufgezeigt bzw. Prognosen für den weiteren Interaktionsverlauf aufgestellt. Diese werden als *Szenarien* bezeichnet und durch Zahlen in Klammern kenntlich gemacht. Auf sie wird mithilfe dieser Zahlen Bezug genommen. Dieser Schritt der Analyse geschieht auf Grundlage der Setzung der Rationalität in der Interaktion und orientiert sich an der folgenden Fallunterscheidung: In der Auseinandersetzung mit einer potenziell neuen mathematischen Situation kann ein Individuum (1) einen Generalisierungsprozess vollziehen, (2) die mathematische Situation als nicht zum thematischen Begriff zugehörig anerkennen oder (3) es handelt sich gar nicht um eine neue mathematische Situation für das Individuum, d. h. die mathematische Situation wird bereits als zugehörig anerkannt.

In Schritt 3 werden die Hypothesen an den Folgeäußerungen gemessen und erhärten sich oder müssen falsifiziert werden. In beiden Fällen werden sie jedoch vor dem Hintergrund der Theorie des Beitrags diskutiert. Es werden insbesondere auch jene Hypothesen herausgestellt, die sich nicht realisieren, da dies eine Betrachtung von Gesetzen verschiedener Allgemeinheit ermöglicht und auf Herausforderungen im Lehr-Lernprozess hindeuten kann.

Schritt 4 erfolgt wie in Kap. 2 dieses Bandes beschrieben.

4.6   Analyse

In der Analyse wird eine Rekonstruktion von Erkenntnisprozessen vorgenommen. Dies geschieht mit Hinblick auf die folgenden Forschungsfragen:

1. Welche Abstrakta und Generalisierungen lassen sich mittels der dargelegten Theorien ausgehend von der öffentlichen Interaktion rekonstruieren und wie entwickeln sie sich im Verlauf der Interaktion?
2. Welche Generalisierungen hätten sich zu bestimmten Zeitpunkten der Interaktionen hypothetisch anschließen können und welche Konsequenzen zeigen diese hypothetischen Betrachtungen auf?

Die erste Forschungsfrage ermöglicht einen Blick auf Verallgemeinerungsprozesse, die sich in der Interaktion zu realisieren scheinen. Mithilfe der Abduktionstheorie nach Meyer (2021) lassen sich verschiedene Arten von Generalisierungen (Mitchelmore, 1994; Tall, 1991) rekonstruieren. Zusätzlich wird die Allgemeinheit der Abstrakta in den Blick genommen. Auf Grundlage der ausgewählten Theorien lässt sich eine mögliche Entwicklung der Allgemeinheit von Gesetzen und den darin verankerten Abstrakta nachzeichnen. So erhält man Einblicke in Verallgemeinerungsprozesse, die Schüler:innen wie Luisa in einer solchen Interaktion vollziehen könnten.

Die zweite Forschungsfrage schaut nicht mehr auf die scheinbar in der Interaktion realisierten Generalisierungen. Ein Interaktionsverlauf ist stets variabel: Zu jedem Zeitpunkt hätte sich die Interaktion auch anders weiterentwickeln können. Durch die Betrachtung von Szenarien, die sich an bestimmten Punkten der realen Interaktion hätten anschließen können, können weitere Schwierigkeiten und Hürden bei Verallgemeinerungsprozessen mitbetrachtet werden, ohne dass diese sich in der Interaktion realisiert haben müssen.

In den folgenden Abschnitten wird zunächst immer begründet expliziert, welchen Begriff der Autor in der Szene als thematisch erachtet (s. Schritt 2). Anschließend werden jeweils die Ergebnisse der Analyseschritte 2 und 3 dargestellt. Die Abschnitte enden mit der Betrachtung von Analyseschritt 4 sowie den Erkenntnissen, die aus den realisierten und nicht realisierten Konsequenzen gezogen werden können. Die Antworten auf die Forschungsfragen werden auf die Schülerin Luisa bezogen, mit dem Ziel, die Frage „Was lernen wir hieraus über Schüler:innen, welche sich so wie sie äußern?" zu beleuchten.

4.6.1   Zum thematischen Begriff „Zahl Null"

Zunächst wird die folgende Sequenz bezüglich des thematischen Begriffs „Zahl Null" interpretiert, da sie vor dem Hintergrund des explizierten Erkenntnisinteresses von besonderer Bedeutung ist. Sowohl Luisa als auch die Interviewerin verwenden das Wort „Null" explizit. Die Interaktion entwickelt sich vordergründig um diesen Begriff herum. In der Interviewsituation wird Luisa aufgefordert, ihr Verständnis „der Zahl <u>Null</u>" (T1) offenzulegen. Nachdem Luisa drei verschiedene Aspekte aufgezählt hat („die Null kann man nicht sehen", T2, „weil die total klein ist", T4 und „wenn die Eins dazu kommt wird die total groß [...] weil das dann Zehn ist", T6, T8) fallen ihr zunächst keine weiteren Aspekte ein (T18). Hier setzt der ausgewählte Transkriptausschnitt an:

21	I	und wenn du dir mal vorstellen würdest, ich komm von einem fremden Planeten und ich hab noch nie was von der Null gehört. wie würdest du mir denn die Null erklären´
22	Luisa	dass die <u>soo</u> *(malt mit dem Finger einen Kreis in die Luft)* ein Kreis is-
23	I	*(nickt)* mhm-
24	Luisa	und dass die auch ganz schön klein ist- *(zeigt mit Zeigefinger und Daumen einen kleinen Abstand zwischen diesen Fingern an).*
25	I	klein, wie meinst du das´
26	Luisa	also dass die .. nicht <u>so</u> *(breitet die Arme in der Luft über sich aus)* groß ist.
27	I	*(nickt)* aha. aber man könnte die Null ja auch so ganz groß aufmalen. *(malt mit dem Finger eine sehr große Null in die Luft)* und-

Zunächst malt Luisa in Turn 22 einen Kreis in die Luft, was darauf hindeuten könnte, dass sie dies mit dem thematischen Begriff „Zahl Null" verbindet. Dies lässt sich als eine mathematische Situation deuten, die sie dem Begriff als zugehörig anerkennt. Ihre anschließenden Äußerungen lassen sich als weitere mathematische Situation deuten, die sie mit dem Begriff „Zahl Null" verknüpft haben könnte. Sie sagt: „und dass die auch ganz schön klein ist" (T24) sowie: „also dass die. nicht <u>so</u> groß ist" (T26), was sie beides durch Gesten begleitet. Daraufhin äußert die Interviewerin: „aber man könnte die Null ja auch so ganz groß aufmalen" (T27), was sie wiederum mit einer Geste begleitet. Dieser, in

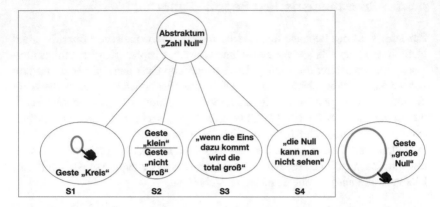

Abb. 4.11 Abstraktum „Zahl Null" und verknüpfte mathematische Situationen sowie eine potenziell neue mathematische Situation

der Interaktion neu auftauchende Gegenstand, könnte für Luisa nun eine neue mathematische Situation darstellen. Abb. 4.11 zeigt die rekonstruierten mathematischen Situationen, die Luisa mit dem Begriff „Zahl Null" verbinden könnte bzw. die sie ihrem Abstraktum „Zahl Null" als zugehörig anerkennen könnte[3]. Es werden in der Interaktion keine Anzeichen dafür deutlich, dass es sich bei diesen mathematischen Situationen um Anerkennungen auf Grundlage von disjunktiven Generalisierungen handelt, da Luisa sie in schneller Abfolge und sehr flexibel abruft. Daher werden sie alle als S_i dargestellt, die mit einem Abstraktum verknüpft sind. Die potenziell neue mathematische Situation wird vorerst danebenstehend dargestellt.

An dieser Stelle wird zunächst kurz der Blick vom Transkript abgewendet und es werden hypothetisch alle Möglichkeiten (im Rahmen der Theorie von Generalisierung und Abstrahierung) betrachtet, die sich anschließen könnten. Es lassen sich drei mögliche Szenarien ausmachen: Wenn der neue Interaktionsgegenstand, die groß in die Luft gemalte Null, eine mathematische Situation darstellt, die Luisa nicht dem thematischen Begriff „Null" verbindet, kann sich (1) ein Generalisierungsprozess anschließen oder (2) die mathematische Situation direkt als nicht zugehörig eingestuft werden. Hinweise auf einen beginnenden Generalisierungsprozess könnten ein Zögern oder eine Unsicherheit im Ausdruck sein.

---

[3] Das Verhältnis der Begriffe „Begriff" und „Abstraktum" wird in Abschn. 4.2 dieses Beitrages beschrieben. Die Betrachtung des Abstraktums „Zahl Null" ist Folge der Betrachtung des als thematisch angesehenen Begriffs „Zahl Null".

Äußerungen wie „das ist dann keine Null mehr" o. ä. wären hingegen Anzeichen dafür, dass die mathematische Situation nicht als zugehörig angesehen wird. Zeigt sich keine dieser beiden Möglichkeiten, so könnte dies ein Anzeichen dafür sein, dass (3) Luisa den neuen Interaktionsgegenstand (die durch eine Geste darge-stellte große Null, T26) bereits als zugehörig anerkannt hat, d. h. dass er für Luisa scheinbar keine neue mathematische Situation darstellt.

28	Luisa	*(nickt)* ja. is ja egal wie groß man die aufmalt. aber die is eigentlich ganz klein. *(I nickt)* sonst is sie richtig klein.
29	I	achso.
30	Luisa	und dann sieht man die auch nich. gar nich.

Der Blick auf das Transkript zeigt, dass Luisa in Turn 28 weder zögert noch Unsicherheiten zeigt und den Interaktionsgegenstand auch nicht als nicht zugehörig erachtet. Anzeichen einer kognitiv anspruchsvollen Abänderung ihres Abstraktums lassen sich nicht erkennen. Gleiches gilt für eine Prüfung oder den Wunsch einer Bestätigung durch die Interviewerin. Ihre Reaktion lässt sich eher als direkt und souverän beschreiben. An dieser Stelle trifft also mögliches Szenario (3) am ehesten zu: Es scheint sich um eine mathematische Situation zu handeln, die Luisa schon zuvor als zugehörig zum Abstraktum „Zahl Null" angesehen hat. In der Szene hat sich demnach gezeigt, dass Luisa bereits viele verschiedene als zugehörig anerkannte Situationen flexibel abrufen und miteinan-der in Verbindung setzen kann. In Abb. 4.11 kann also die Verbindung vom Abstraktum „Zahl Null" zur mathematischen Situation „Geste ‚große Null'" ergänzt werden und die Situation als S_5 eingeordnet werden. Durch das souverän wirkende Einordnen in das Abstraktum zeigt sich, dass dieses schon ausgeprägt ist. Ansonsten wäre vermutlich mehr ein weniger konsequentes Handeln zu erwar-ten und es ließen sich zumindest Ansätze eines Überdenkens oder Zweifelns am Abstraktum beobachten.

4.6.2 Zum thematischen Begriff „Plusrechnen mit Null"

In der Vorbereitung auf das Spiel und das Ausfüllen der Tabelle stellt die Inter-viewerin die Frage „welche Besonderheiten gibt es, beim Plusrechnen mit der Null'" (T39). An dieser Stelle wird daher das „Plusrechnen mit der Null" als thematischer Begriff betrachtet, da er sowohl von der Interviewerin als auch von Luisa explizit genannt wird und dieser Begriff eine zentrale Rolle in der Interaktion spielt. Da in der gesamten Interaktion nur die Addition zweier Summanden thematisiert wird, wird im Folgenden nicht immer explizit erwähnt, dass es sich um zwei Summanden handelt.

39	I	soo. jetzt hab ich dir ja schon gesagt, es kommt noch eine Frage aus der Mathematik, und, um die geht es eigentlich- dazu brauchen wir auch das Spiel- .. ich stell dir die Frage einfach mal, und vielleicht weiß du schon eine Antwort. *(langsamer und betont)* welche <u>Besonderheiten</u> gibt es, beim <u>Plus</u>rechnen mit der Null´
40	Luisa	*(leise)* beim Plusrechnen mit der Null. *(4 sec) (lauter)(lächelnd)* also wenn ich jetzt <u>eins</u> plus null mache, dann, ergibt das ja <u>eins</u>.
41	I	mhm- ..
42	Luisa	weil die Null ja, .. eigentlich nix <u>is</u>. ..
43	I	wie meinst du das´
44	Luisa	also, dass die Null, … eigentlich <u>null</u>, ne´ *(gestikuliert mit ihren Händen vor sich in der Luft)* das da-, die Null is so <u>gar nix</u>.
45	I	*(nickt)* mhm-
46	Luisa	also dass dann gar nix da is. .. also wenn ich jetzt ein Steinchen habe und null Steinchen dazutue. dann bleibt ja eins übrig. .. weil die Null man ja nicht sehen kann.
47	I	achs<u>o</u>.
48	Luisa	und das, und das Steinchen, was ich dann dazutue kann man dann ja auch nicht sehen. weil ich ja eben gar keins dazu <u>tue</u>. weil es ja <u>null</u> is.
49	I	mhm-.. ok-, <u>und</u> funktioniert das auch bei andern Zahlen oder nur bei der Eins´ ..

Auf die Frage der Interviewerin (T39) antwortet Luisa mit der Nennung eines Beispiels, was sich wiederum als Preisgabe einer mathematischen Situation, die sie zu diesem thematischen Begriff als zugehörig anerkennt, deuten lässt. Neben der Nennung eines reinen Zahlenbeispiels (T40) umschreibt sie eine Handlung des Hinzufügens (T46). Dies könnte darauf hindeuten, dass sie auch handlungsgebundene mathematische Situationen als zum Begriff „Plusrechnen mit Null" zugehörig anerkennt. Anhand dieser beiden Äußerungen kann vermutet werden, dass Luisa sich auf die Zahl Eins als ersten Summanden bezieht.

An dieser Stelle lassen sich noch keine genauen Aussagen darüber treffen, wie allgemein das Gesetz ist, in welchem Luisas Abstraktum zum thematischen Begriff „Plusrechnen mit Null" verankert ist. Es lassen sich aber Aussagen darüber treffen, wie allgemein es mindestens gefasst sein muss, damit die genannten mathematischen Situationen als zugehörig anerkannt werden können. Das Gesetz lässt mindestens mathematische Situationen der Form $1M + 0 = 1M$ zu, wobei M zumindest Steinchen zulässt, möglicherweise aber auch andere Materialien, mit denen man handeln kann. M muss nicht zwangsweise besetzt sein[4].

An dieser Stelle scheint Luisa ein Gesetz zur gefragten Besonderheit zu assoziieren (Abduktion) und gibt hierzu ein Beispiel an (T40). Das genannte Beispiel kann wie in Abb. 4.12 als Deduktion dargestellt werden.

Luisas Begründung für dieses Gesetz zeigt sich in ihrer Äußerung „weil die Null ja, .. eigentlich nix is. .." (T42) bzw. in „weil die Null man ja nicht sehen kann" (T46) und „weil ich ja eben gar keins dazu tue." (T48).

In Turn 49 wird Luisa mit einer für sie potenziell neuen mathematischen Situation konfrontiert. Die Interviewerin fragt: „[...] undfunktioniert das auch bei andern Zahlen oder nur bei der Eins´". Es lassen sich hier wieder die drei möglichen Szenarien ausmachen: Wenn die Betrachtung von Eins verschiedener Zahlen eine mathematische Situation darstellt, die Luisa nicht dem thematischen Begriff „Plusrechnen mit Null" verbindet, kann sich (1) ein Generalisierungsprozess anschließen oder (2) die mathematische Situation wird direkt als nicht zugehörig eingestuft. Szenario (1) hieße, dass die Eins als erster Summand bis zur Betrachtung der neuen mathematischen Situation, als zentrale Eigenschaft des Abstraktums „Plusrechnen mit Null" angesehen wurde und das Gesetz nicht allgemeiner als das oben rekonstruierte Gesetz war. In der Betrachtung dieses

Fall:	$1 + 0 =$
Gesetz:	Wenn ich $1M + 0$ rechne, dann stellt der unveränderte erste Summand die Summe dar.
Resultat:	Das Ergebnis der Aufgabe ist 1.

Abb. 4.12 Rekonstruierte Deduktion beim Plusrechnen mit Null mit möglichem Gesetz

---

[4] An dieser Stelle sei darauf hingewiesen, dass die formale Notation lediglich zur Verbesserung der Lesbarkeit genutzt wird und in dieser Form von Grundschülern bzw. -schülerinnen nicht zu erwarten ist.

Szenarios zeigt sich die Wichtigkeit der Nachfrage der Interviewerin. Ein Gene-ralisierungsprozess kann durch eine Nachfrage ausgelöst werden, die auf eine Auseinandersetzung mit potenziell neuen mathematischen Situationen abzielt. Auch in der Betrachtung von Szenario (2) zeigt sich die besondere Rolle der Nachfrage der Interviewerin. Durch das explizite Ausschließen der mathema-tischen Situation durch Luisa würde der Fokus auf die geringe Allgemeinheit des Gesetzes gelenkt. Die Interaktion könnte sich daran anschließend so weiter-entwickeln, dass der Lernenden durch die Darbietung weiterer mathematischer Situationen oder die Explizierung von Gesetzen eine rekonstruktive Generalisie-rung ermöglicht wird. Trifft keines der beiden Szenarien zu, so könnte dies ein Anzeichen dafür sein, dass (3) Luisa den neuen Interaktionsgegenstand bereits als zugehörig anerkannt hat, d. h. dass er für Luisa scheinbar keine neue mathemati-sche Situation darstellt. In diesem Fall wäre das Gesetz, in dem das Abstraktum verankert ist, bereits wesentlich allgemeiner als das oben Rekonstruierte.

49	I	mhm-.. ok-, und funktioniert das auch bei andern Zahlen oder nur bei der Eins′ ..
50	Luisa	das funktioniert auch bei anderen Zahlen.
51	I	warum′
52	Luisa	weiel ... die Null-, also wenn ich jetzt zehn plus null mache dann isses ja immer noch zehn. *(I nickt)* .. weil die Null eigentlich zu jeder Zahl passt.

In Turn 50 sagt Luisa zunächst nur, dass es auch bei anderen Zahlen funk-tioniert. Das Gesetz scheint also in jedem Fall allgemeiner gefasst, als es oben rekonstruiert wurde. An dieser Stelle lässt sich vermuten, dass auch hier Szenario (3) zutrifft. Auf Nachfrage nennt sie in Turn 52 noch eine weitere Beispielaufgabe, $10 + 0 = 10$, und schließt ihre Äußerung mit: „weil die Null eigentlich zu jeder Zahl passt". Abb. 4.13 zeigt eine mögliche Deduktion, die Luisa an dieser Stelle vollzogen haben könnte.

Luisas Äußerung lässt sich so deuten, dass sie mathematische Situationen in denen eine ihr bekannte Zahl als erster Summand steht, als zum thematischen Begriff zugehörig anerkennt. Ihr Gesetz lässt also mathematische Situationen der Form $n + 0 = n$ zu, wobei n ihr bekannte Zahlen sind. Da Luisa oben schon handlungsgebundene mathematische Situation als zugehörig anerkennt, könnte das Gesetz also auch alle mathematischen Situationen der Form $nM + 0 = nM$ zulassen (nM steht hierbei für die Anzahl n eines Materials M, wobei M nicht besetzt sein muss). Auch wenn Luisa ihre Regel für das Plusrechnen mit Null

Fall:	$10 + 0 =$
Gesetz:	Wenn ich $nM + 0$ rechne, dann stellt der unveränderte erste Summand die Summe dar.
Resultat:	Das Ergebnis der Aufgabe ist 10.

Abb. 4.13 Rekonstruierte Deduktion beim Plusrechnen mit Null mit möglichem allgemeinerem Gesetz

nach Aufforderung anders expliziert, „man kann die Null nicht sehen." (T60) und „wenn man eins plus Null rechnet, dann gibt's die Null nich" (T68), steht dies nicht im Widerspruch zu dem rekonstruierten Gesetz, da sie sich nicht gegenseitig ausschließen. Auch hier zeigt sich die besondere Rolle der Nachfrage der Interviewerin, ohne die eine genauere Betrachtung der Gesetze und darin verankerten Abstrakta nicht möglich gewesen wäre.

Im Anschluss an das Würfelspiel, weit über 10 min später, wird der Fokus wieder auf das Plusrechnen mit Null gelenkt. Inwiefern der Begriff „Plusrechnen mit Null" für Luisa zu Beginn der folgenden Sequenz thematisch ist, lässt sich nicht eindeutig klären. Da sie jedoch im Laufe der Interaktion die Aufgabe $4 + 0$ verbalisiert und notiert, scheint der Begriff zumindest nicht fernzuliegen. Die Interviewerin bittet Luisa, die zum protokollierten Spielverlauf passenden Rechenaufgaben in die Tabelle einzutragen. Hierbei geht Luisa nicht chronologisch vor. Sie füllt zunächst Zeile 4 und Zeile 5 selbstständig aus. In Zeile 6 (Standpunkt 4, Würfelzahl 0, neuer Standpunkt 4) stockt Luisa. Die Würfelzahl 0 wird im Folgenden durch das Zeichen ☐ dargestellt (Würfelseite ohne Punkte). Hier zeigt sich möglicherweise wieder eine Auseinandersetzung mit einer potenziell neuen mathematischen Situation. Die drei möglichen Szenarien sind in diesem Fall Folgende: Wenn die Auseinandersetzung mit Tabellenzeile 6 und dem Zeichen ☐ für Luisa eine mathematische Situation ist, die (noch) nicht mit dem thematischen Begriff „Plusrechnen mit Null" in Zusammenhang steht, kann sich (1) ein Generalisierungsprozess anschließen oder (2) die mathematische Situation direkt als nicht zugehörig eingestuft. Trifft keines dieser beiden Szenarien zu, so könnte dies ein Anzeichen dafür sein, dass (3) Luisa diese mathematische Situation bereits als zugehörig anerkannt hat. In Szenario (1) ließe sich in der Interaktion ein allgemeineres Gesetz als das oben rekonstruierte Gesetz zum „Plusrechnen mit Null" rekonstruieren oder es würde Anzeichen für eine disjunktive Generalisierung geben. In Szenario (2) würde die mathematische Situation nicht mit dem „Plusrechnen mit Null" in Verbindung gesetzt werden, was ein Hinweis darauf sein könnte, dass für Luisa in der Interaktion ein anderer Begriff thematisch ist. Szenario (3) hätte als Konsequenz, dass im vorherigen Verlauf der Interaktion bereits ein Generalisierungsprozess stattgefunden hat, da hier eine sehr spezielle und an neues (einzigartiges) Material geknüpfte mathematische Situation betrachtet wird, mit dem sie sich zuvor noch nicht auseinandergesetzt haben kann. Da es in den vorangegangenen Turns keine Anzeichen für eine rekonstruktive Generalisierung bezüglich des Abstraktums „Plusrechnen mit Null" gegeben hat, liegt es nahe, dass eine expansive Generalisierung stattgefunden haben könnte. Das wiederum ließe nur den Schluss zu, dass Luisas Gesetz, in dem das Abstraktum verankert ist, bereits wesentlich allgemeiner ist als das bisher rekonstruierte.

80	I	erklär mir mal, was du grade denkst.
81	Luisa	also. *(langsam)* <u>vier-</u> *(zeigt auf die 4 in der ersten Spalte)*
82	I	mhm-
83	Luisa	.. hm. plus <u>vier-</u> *(zeigt auf „4" in der dritten Spalte, schaut zu I und dann wieder auf das Papier) (5 sec) (schneller)* vier plus null. *(leiser)* also- *(beginnt zu schreiben: „4")*
84	I	mh´ jetzt hast du dich grade umentschieden. warum´
85	Luisa	weil, das ja vier ergeben müssen. *(I nickt) ... (Luisa schreibt weiter: „+0=") (8 sec)*
86	I	*(nickt)* mhm-
87	Luisa	*(auf „0" in der Rechnung zeigend)* dann ist da jetzt ne <u>Null,</u> *(hinter das Gleichheitszeichen zeigend)* und da dann noch ne Vier. *(schreibt: „4")*

Luisas Zögern und die Formulierung „vier [...] hm. plus <u>vier-</u>" (T81, T83) kann so gedeutet werden, dass sie die Auseinandersetzung mit Tabellenzeile 6 noch nicht als mathematische Situation sieht, die für sie direkt mit dem „Plusrechnen mit Null" in Verbindung steht. Die fünf Sekunden lange Pause und die anschließende Korrektur „vier plus null" (T83) kann als Anzeichen für das Vollziehen einer Generalisierung gedeutet werden. Daher wird Szenario (1) als plausibel angesehen. Hier könnte eine rekonstruktive Generalisierung stattfinden, die dazu führt, dass das mit „Plusrechnen mit Null" verknüpfte Gesetz neben Aufgaben der Form $nM + 0$ auch Aufgaben der Form $nM + \square$ zulässt. Dies führt dazu, dass sich die Darstellungsoptionen des Begriffs „Plusrechnen mit Null" weiten bzw. das Abstraktum „Plusrechnen mit Null" mit mehr mathematischen

Phänomen:	Das Ergebnis der Addition ist 4 und die 4 taucht schon in Spalte 1 auf.
Gesetz:	Wenn ich $nM +\square$ bzw. $nM + 0$ rechne, dann stellt der unveränderte erste Summand die Summe dar.
Fall:	Ich rechne $4 + 0$.

Abb. 4.14 Hypothetisch betrachtete Generierung einer Abduktion mit Andeutung der Allgemeinheit des Gesetzes

Situationen verknüpft werden kann. Eine Abduktion, die Luisa vollzogen haben könnte, wird in Abb. 4.14 rekonstruiert. Da hier hypothetisch eine Generierung der Abduktion betrachtet wird, keine explizite Veröffentlichung, wird gleichzeitig von dem Phänomen auf Gesetz und Fall geschlossen. Der Schlussstrich wird daher direkt nach dem Phänomen gezogen (Meyer, 2015). Ihrer Äußerung „weil, das ja vier ergeben müssen" (T85) lässt sich als erklärungsbedürftiges Phänomen deuten. Sie schließt demnach aus der Tatsache, dass die erste Zahl der Rechnung und das Ergebnis übereinstimmen, darauf, dass es sich um ein ‚Plusrechnen mit Null" handelt.

Diese Deutung erhärtet sich im weiteren Transkriptverlauf, insbesondere in Luisas anschließenden Auseinandersetzungen mit sehr ähnlichen mathematischen Situationen. Bspw. betrachtet Luisa Tabellenzeile 8 (Standpunkt 6, Würfelzahl 0, neuer Standpunkt 6) und bezeichnet diese zunächst als „komisch" (T88), äußert aber im Anschluss direkt „[…] ich mag nämlich solche Aufgaben mit Nulln." (T92). Aufbauend auf der obigen Deutung ließe sich hier eine expansive Generalisierung rekonstruieren. Das Gesetz, in dem das Abstraktum „Plusrechnen mit Null" verankert ist, ist nun allgemein genug, sodass die neue mathematische Situation $6+\square$ ohne weitere Abänderung des Abstraktums als zugehörig anerkannt werden kann. In der sich anschließenden Auseinandersetzung mit Tabellenzeile 2 (Standpunkt 1, Würfelzahl 0, neuer Standpunkt 1), die sie zunächst übersprungen hatte, nimmt Luisa zudem direkt Bezug auf die vorherige Aufgabe $6+\square$, „wie hier unten bei der sechs" (T104), was die Zugehörigkeit zu einem gemeinsamen Abstraktum nahelegt. Dass Luisa die Reihenfolge der Bearbeitung selbst bestimmt und Zeile 2 zunächst nicht bearbeiten wollte oder konnte, sie nun jedoch problemlos ausfüllen kann, bestärkt die Deutung einer abgeschlossenen rekonstruktiven Generalisierung im Interaktionsverlauf zusätzlich.

Direkt im Anschluss kann in Turn 106 wieder eine mathematische Situation ausgemacht werden, die für Luisa potenziell neu ist: die Auseinandersetzung mit der ersten Zeile der Tabelle (Standpunkt „Start", Würfelzahl 1, neuer Standpunkt 1). Auch diese Tabellenzeile hatte Luisa zunächst ausgelassen. Diese Szene schließt sich direkt an die Betrachtung der Tabellenzeilen 8 und 2 an. Daher wird auch diese Szene hinsichtlich des thematischen Begriffs „Plusrechnen mit der Null" betrachtet. Es lassen sich wieder drei verschiedene Szenarien betrachten. (1) Die Auseinandersetzung mit der Tabellenzeile 1 führt zu einem Generalisierungsprozess, (2) die mathematische Situation wird direkt als nicht zugehörig eingestuft oder (3) Luisa hat diese mathematische Situation bereits als zugehörig zum Abstraktum „Plusrechnen mit Null" anerkannt. Konsequenz aus Szenario (1) wäre, dass sich entweder eine rekonstruktive Generalisierung rekonstruieren lassen könnte und Luisas Gesetz, in dem das Abstraktum „Plusrechnen mit Null" verankert ist, noch nicht so allgemein wäre, dass diese mathematische Situation als zugehörig anerkannt werden kann. Alternativ wäre eine expansive Generalisierung rekonstruierbar, was hieße, dass das Gesetz schon wesentlich allgemeiner wäre als das oben Rekonstruierte. Retrospektiv lässt sich in diesem Szenario (1) das Auslassen der ersten Tabellenzeile so deuten, dass Luisa diese mathematische Situation zunächst direkt als nicht zum Abstraktum „Plusrechnen mit Null" zugehörig angesehen haben könnte. Hierin zeigt sich die Wichtigkeit eines Zurückkommens auf zuvor betrachtete mathematische Situationen. Konsequenz aus Szenario (2) wäre, dass Luisa keine Plusaufgabe zu dieser Tabellenzeile formuliert bzw. formulieren kann. Aufseiten einer Lehrkraft wäre es in diesem Szenario wichtig, zunächst zu klären, welcher Begriff für den Lernenden gerade thematisch ist, d. h. zu prüfen, ob die Schwierigkeiten durch eine zu geringe Allgemeinheit des Gesetzes entstehen oder durch die Fokussierung eines ganz anderen thematischen Begriffs. Die Lehrkraft kann an dieser Stelle natürlich nicht logische Schlüsse ihrer Schüler:innen während des laufenden Unterrichts rekonstruieren, um so Rückschlüsse auf die Allgemeinheit von Gesetzen zu ziehen. Vielmehr ist der Hinweis an dieser Stelle so zu verstehen, dass während der Unterrichtsplanung schon Fragen konzipiert werden, die Aufschluss über die Allgemeinheit der stundenrelevanten Gesetze der Schüler:innen geben könnten. Szenario (3) ist sehr unwahrscheinlich, da es sich um eine an konkretes Material gebundene mathematische Situation handelt, die Luisa zunächst vermeintlich übergangen hat. Aus diesem Grund werden keine Konsequenzen aus Szenario (3) betrachtet.

106	Luisa	aber das da ist schwer. *(zeigt auf die erste Zeile mit Standpunkt „Start",* *gewürfelter Zahl „1", neuem Standpunkt „1") ..*
107	I	warum′
108	Luisa	*(auf die Zeile in der Tabelle zeigend)* weil, <u>Start</u> .. plus eins .. *(lächelt, I grinst)* gleich eins.
109	I	und was müsste dann da st-, für ne Zahl stehn, damit die Aufgabe stimmt′
110	Luisa	<u>Null.</u>
111	I	wieso′
112	Luisa	weil .. das, die ja das, da- dann eins ergeben muss und da steht auch ne Eins. *(zeigt auf die Würfelzahl 1)*
113	I	*(nickt)* dann probier das mal, ob das dann klappt′
114	Luisa	*(schreibt „0" neben das Wort „Start")* dann tu ich hier mal kurz ne Null hin. *(I lacht kurz auf) (schreibt: „0+1=1")*

Luisas Äußerung „aber das da ist schwer" (T106) könnte anzeigen, dass sie an dieser Stelle zunächst kurz unsicher ist und sie diese mathematische Situation nicht direkt als zum Abstraktum „Plusrechnen mit Null" zugehörig anerkennt. Da sie schlussendlich eine Additionsaufgabe mit „0" als Summand notiert (T114), ist Szenario (1) am naheliegendsten. Die Betonung des Wortes „Start" in Turn 108 könnte anzeigen, dass dies einen besonderen Stellenwert für sie hat. Sie liest (mit kurzen Pausen) die Zeile analog zu den vorher betrachteten Zeilen vor und ersetzt „Start" (T108) auf Nachfrage durch „Null" (T110). Interessant ist ihre Begründung hierfür, die sich als Veröffentlichung einer Abduktion folgendermaßen rekonstruieren lässt: Das erklärungsbedürftige Phänomen könnte der Inhalt der ersten Tabellenzeile sein, den sie entsprechend der vorher betrachteten Tabellenzeilen als Rechenaufgabe formuliert (T108). In Turn 112 lassen sich Anzeichen für die Veröffentlichung eines abduzierten Gesetzes finden. Luisa sagt, dass es „dann eins ergeben muss und da steht auch ne Eins. *(zeigt auf die Würfelzahl 1)*" (T112). Es scheint, als ob sie gleichzeitig Bezug auf beide Seiten der Rechnung nimmt, was in dem Gesetz in Abb. 4.15 zum Ausdruck kommt.

Dieses Gesetz ist eine allgemeinere Form des oben rekonstruierten Gesetzes „Wenn ich $nM+\square$ bzw. $nM + 0$ rechne, dann stellt der unveränderte erste Summand die Summe dar". Der von 0 verschiedene Summand kann für Luisa nun an erster oder zweiter Stelle stehen, da sie die Reihenfolge der Summanden gar nicht betrachtet, sondern lediglich die Gleichheit eines Summanden mit dem Ergebnis fokussiert. In gewisser Weise würde sie dann hier schon Ansätze eines Variablenverständnisses zeigen. Da Luisa in Turn 83 (und Folgenden) sowie in

Phänomen:	Start + 1 = 1
Gesetz:	Wenn ich eine Plusaufgabe mit Null berechne, dann kommt das Ergebnis schon als Summand vor.[5]
Fall:	Start steht für 0.

Abb. 4.15 Öffentliche Plausibilisierung einer Abduktion zum Plusrechnen mit Null

Turn 112 sehr ähnliche Begründungen für ihre gewählte Additionsaufgabe äußert und sich keine Anzeichen für eine rekonstruktive Generalisierung finden lassen, könnte man diese Szene als expansive Generalisierung deuten. Luisas Gesetz und das Abstraktum „Plusrechnen mit Null" wären demnach schon nach der oben rekonstruierten rekonstruktiven Generalisierung so allgemein gewesen, dass sie die Auseinandersetzung mit Tabellenzeile 1 nun durch eine expansive Generalisierung als zum Abstraktum „Plusrechnen mit Null" zugehörige mathematische Situation anerkennen kann.

115	I	und dann funktioniert das trotzdem′
116	Luisa	hm. *(nickt)*
117	I	egal ob die Null vorne oder hinten steht′
118	Luisa	ja.
119	I	mhm′ meinst du denn das klappt immer′
120	Luisa	*(nickt)* hm.
121	I	warum′
122	Luisa	weil .. die Null ist ja einfach unsichtbar. einfach so. die is ja total klein. *(zeigt einen kleinen Abstand mit Daumen und Zeigefinger)* die sieht man ja gar nicht.

Im Kontrast zu Luisas Begründung steht die Nachfrage der Interviewerin, „egal ob die Null vorne oder hinten steht′" (T117). Diese Äußerung lässt die Interpretation zu, dass bei der Interviewerin das Abstraktum „Plusrechnen mit Null" auch im Gesetz der Kommutativität der Addition verankert ist und ihr Abstraktum es demnach problemlos zulässt, die Situation als zugehörig anzuerkennen. Obwohl die Interviewerin und Luisa scheinbar beide das „Plusrechnen

mit Null" als thematisch ansehen, zeigen sich durch sehr verschiedene rekon-
struierbare Gesetze große Unterschiede in ihren Abstrakta. Diese Unterschiede
scheinen in der Interaktion nicht zum Gesprächsinhalt zu werden. Luisas Reaktion
könnte zwar als oberflächlich zustimmend beschrieben werden, dass sie aber der
Argumentation der Interviewerin folgt und eine Änderung ihres oben rekonstruierten Gesetzes stattfindet, lässt sich in ihren Einwortäußerungen (T118, T120)
und ihrer Begründung in Turn 122 nicht sehen. Zudem ist anzumerken, dass sich
die Interaktion in dieser Szene analog zur vorher betrachteten Szene (T49–T52)
entwickelt und Luisa die Frage interaktionsbedingt direkt bejaht haben könnte.

Die Analyse hinsichtlich stattfindender Generalisierungsprozesse zeigt hier
auf, dass die Interviewerin und Luisa die betrachteten Situationen ggf. auf unterschiedlichen Wegen bzw. durch unterschiedliche Gesetze als zugehörig zum
thematischen Begriff „Plusrechnen mit Null" anerkennen.

Abschließend wird im Folgenden noch ein Blick auf die Auseinandersetzung
mit dem Minusrechnen geworfen:

137	I	*(langsam und betont)* welche Besonderheiten gibt es, wenn man minus Null rechnet. ..
138	Luisa	*(langsam)* minus Null. ..*(etwas schneller)* wenn man eins, minus null, dann ergebns ja auch eins. *(grinst)*
139	I	wieso das denn´
140	Luisa	ääh *(5 sec)* weil, also du hast einen *(zeigt einen Finger)* .. null tust, null tust du weg. .. *(I nickt)* und die Null gibt's da ja gar nicht *(zuckt mit den Schultern und schlägt die Hände auf)* ..
141	I	mhm-
142	Luisa	und darum bleiben es ja dann immer noch eins.
143	I	mhm-
144	Luisa	egal ob es plus oder minus ist. die Null gibt es da einfach gar nicht.

In dieser Szene führt die Interviewerin den thematischen Begriff „Minusrechnen mit Null" in die Interaktion ein. Dies geschieht analog zu Turn 39, wo sie den
Begriff „Plusrechnen mit Null" thematisch gemacht hat. Es liegt daher nahe, dass
für die Interviewerin der Begriff „Minusrechnen mit Null" nun thematisch ist.
Vor diesem Hintergrund ist Luisas Äußerung „egal ob es plus oder minus ist. die
Null gibt es da einfach gar nicht." (T144) besonders interessant. Es scheint, als
wäre für sie das „Rechnen mit Null" thematisch und nicht nur das „Minusrechnen

mit Null". Betrachtet man das oben rekonstruierte Gesetz, „Wenn ich eine Plus-aufgabe mit Null berechne, dann kommt das Ergebnis schon als Summand vor.", aus dieser Perspektive, so könnte es noch wesentlich allgemeiner sein. Denk-bar ist, dass ihr Abstraktum „Rechnen mit Null" in einem Gesetz verankert ist, wie „Wenn ich mit Null rechne, dann ist das Ergebnis die von Null verschie-dene Zahl in der Aufgabe". Bei der Betrachtung von Subtraktionsaufgaben ist dieses Gesetz sehr hilfreich, da nicht über Kommutativität argumentiert wird und es somit auch bei der Subtraktion gilt. Ein Lernhindernis könnte es hingegen bei der Betrachtung von Multiplikations- und Divisionsaufgaben sein. In diesem Fall könnte man von einer Übergeneralisierung sprechen. So hätten rekonstruk-tive Generalisierungen dazu geführt, dass das Gesetz, in dem das Abstraktum verankert ist, so allgemein geworden ist, dass es auf mathematische Situationen angewandt werden kann, die im rein mathematischen Sinne nicht zugehörig sind.

4.7   Fazit

Die theoretische Betrachtung der Begriffe „Generalisieren" und „Abstrahieren" in diesem Beitrag hat gezeigt, dass die Theorien von Mitchelmore (1994) und Tall (1991) als einander ergänzend angesehen werden können. Durch die Zuhilfenahme der Abduktionstheorie nach Meyer (2021, 2015) konnten diese Theorieelemente bei der Interpretation des Transkriptes dazu genutzt werden, Verallgemeinerungsprozesse zu rekonstruieren. Sie konnten so einen Einblick in diese Lernprozesse in einer realen Interaktion ermöglichen. Der bewusst eng gewählte lehr-/lerntheoretische Orientierungsrahmen und der daraus resultierende konkrete Analyserahmen haben dazu geführt, dass bei der Analyse sehr fokussiert gearbeitet werden konnte. Insbesondere die Unterscheidung der verschiedenen Generalisierungsprozesse hat sich als wertvoll erwiesen, da so eine wesentlich detailliertere Betrachtung ermöglicht wurde. So konnten durch die Rekonstruk-tion von expansiven Generalisierungen Aussagen über die Allgemeinheit von Gesetzen bzw. den darin verankerten Abstrakta getroffen werden, die bei einer ausschließlichen Betrachtung von rekonstruktiven Generalisierungen nicht mög-lich gewesen wären. Bei der Betrachtung von Verallgemeinerungsprozessen sollte daher nicht nur auf sich möglicherweise weiterentwickelnde Gesetze fokussiert werden, sondern insbesondere auch auf die mathematischen Situationen (Resul-tate in den Abduktionen), die bereits durch abduzierte Gesetze abgedeckt wären, durch ein Individuum vorher jedoch noch nicht betrachtet wurden. Eine disjunk-tive Generalisierung konnte in dem vorliegenden Transkript nicht rekonstruiert werden. Dennoch darf die Möglichkeit einer disjunktiven Generalisierung bei der

Betrachtung von Verallgemeinerungsprozessen nicht außer Acht gelassen werden, da sie im späteren Lernverlauf auftretende Schwierigkeiten erklären könnte.

Im Rahmen der Analyse hat sich sowohl in den hypothetischen Betrachtungen als auch den tatsächlich in der Interaktion rekonstruierbaren Verallgemeinerungsprozessen gezeigt, wie anspruchsvoll es ist, Aussagen über die Allgemeinheit eines Gesetzes bzw. des darin verankerten Abstraktums zu treffen. Mathematisches Handeln beruht auf Gesetzen, die qua Abduktion, Deduktion oder Induktion generiert, angewandt oder geprüft werden. Sie werden jedoch häufig nicht expliziert. Die in der Analyse als mit einem Begriff in Verbindung stehend angesehenen mathematischen Situationen können dann jedoch wenigstens Aufschluss darüber geben, wie allgemein ein Gesetz mindestens ist. Erst in der detaillierten Analyse lassen sich weitere Hypothesen darüber aufstellen, wie allgemein ein Gesetz ist bzw. welche mathematischen Situationen Lernende möglicherweise ohne weitere Abänderungen eines Abstraktums als zugehörig anerkennen könnten.

Die Analyse hinsichtlich des thematischen Begriffs „Zahl Null" zeigt, dass es Luisa (bezüglich dieses Begriffs) möglich zu sein scheint, viele verschiedenartige mathematische Situationen als zugehörig anerkennen zu können. Dies könnte als Ausdruck eines sehr ausgebildeten Begriffsverständnis gewertet werden, zumal die Lernende in der Lage dazu ist, die den Begriff prägenden Gesetze in neuen Situationen zu verwenden.

Bezüglich des thematischen Begriffs „Plusrechnen mit Null" ist als Ergebnis der Analyse die Nachzeichnung der Entwicklung des Gesetzes, in welchem das Abstraktum „Plusrechnen mit Null" verankert ist, hervorzuheben. Die Lernende agiert zunächst so, als ob sie auf Grundlage des Gesetzes „Wenn ich $1M + 0$ rechne, dann stellt der unveränderte erste Summand die Summe dar", handelt[5]. Im weiteren Transkriptverlauf wird deutlich, dass dieses Gesetz nun allgemeiner zu sein scheint und die Form „Wenn ich $nM + \square$ bzw. $nM + 0$ rechne, dann stellt der unveränderte erste Summand die Summe dar" haben könnte. Die Veränderung des Gesetzes und damit auch des Abstraktums, könnte durch eine rekonstruktive Generalisierung zu erklären sein. Die allgemeinste Form des Gesetzes, die rekonstruiert werden konnte, lautet: „Wenn ich plus Null rechne, dann kommt das Ergebnis schon als Summand vor". In der Analyse zeigt sich, dass die Lernende weitere expansive Generalisierungen vollzogen haben könnte, was diesen hohen Grad an Allgemeinheit des Gesetzes wiederum unterstreichen würde.

---

[5] An dieser Stelle sei noch einmal darauf hingewiesen, dass das Gesetz zu diesem Zeitpunkt schon wesentlich allgemeiner sein könnte, hierfür bloß noch keine Indizien in der Interaktion zu finden sind.

In der Unterrichtswirklichkeit ist eine solche Rekonstruktion aufseiten der Lehrperson in Echtzeit und für mehrere Lernende gleichzeitig unvorstellbar. Hierin deutet sich die Bedeutung der Explizierung von Gesetzen an, die auch im Realunterricht fokussiert werden könnte und Aufschluss über die Art der durch Lernende gebildeten Abstrakta geben würde. Die Explizierung von Gesetzen lässt sich nur selten im Alltag bzw. im Mathematikunterricht der unteren Jahrgangsstufen beobachten (Meyer, 2021). Vielmehr handelt es sich um eine typische mathematische Tätigkeit, die z. B. später im Lernprozess beim Beweisen eine tragende Rolle spielt. Das Erkennen von möglicherweise stattfindenden rekonstruktiven Generalisierungen, aber auch von expansiven Generalisierungen im Unterrichtsgeschehen, bietet die Möglichkeit explizite Formulierungen von Gesetzen einzufordern und mit den Schülern bzw. Schülerinnen gemeinsam zu erkunden, wie allgemeingültig ein Gesetz ist. Hierdurch können weitere Generalisierungsprozesse angeregt werden, die wiederum weitere zu betrachtende Gesetze hervorbringen können. Die Nutzung von Aufgabenformaten, die auf das Ausloten von Grenzen der Allgemeinheit von Gesetzen ausgelegt sind, und die Formulierung von Fragen im Unterrichtsgespräch, die hierauf abzielen, können weitere Anknüpfungspunkte für die Explizierung von Gesetzen liefern.

Bei der Explizierung von Gesetzen werden auch Übergeneralisierungen erkennbar, die nur wenn sie erkannt werden, produktiv in den Lernprozess eingebunden werden können. Hypothetische Betrachtungen, wie sie in der Analyse vorgenommen wurden, und die Betrachtung ihrer Konsequenzen können bei der Vorbereitung adäquater mathematischer Situationen, die rekonstruktive Generalisierung ermöglichen und anregen sollen bzw. Übergeneralisierungen aufzeigen, helfen.

Literatur

Akinwunmi, K. (2012). *Zur Entwicklung von Variablenkonzepten beim Verallgemeinern mathematischer Muster.* Wiesbaden: Vieweg+Teubner. https://doi.org/10.1007/978-3-8348-2545-2.

Blumer, H. (1981). Der methodologische Standort des Symbolischen Interaktionismus. In Arbeitsgruppe Bielefelder Soziologen (Hrsg.), *Alltagswissen, Interaktion und gesellschaftliche Wirklichkeit* (Bd. 1, S. 80–146). Opladen: Westdeutscher. https://doi.org/10.1007/978-3-663-14511-0_4.

Bruner, J. S. (1974). *Entwurf einer Unterrichtstheorie.* Berlin: Berlin Verlag.

Fischer, A., Hefendehl-Hebeker, L. & Prediger, S. (2010). Mehr als Umformen: Reichhaltige algebraische Denkhandlungen im Lernprozess sichtbar machen. *Praxis der Mathematik in der Schule, 52*(33), 1–7.

Garfinkel, H. (1967). *Studies in Ethnomethodology*. New Jersey: Prentice-Hall.

Harel, G. & Tall, D. (1991). The General, the Abstract, and the Generic in Advanced Mathematics. *For the Learning of Mathematics, 11*(1), 38–42.

Krumsdorf, J. (2015). *Beispielgebundenes Beweisen*. Verfügbar unter: https://nbn-resolving. de/urn:nbn:de:hbz:6-09209761924.

Kunsteller, J. (2018). *Ähnlichkeiten und ihre Bedeutung beim Entdecken und Begründen. Sprachspielphilosophische und mikrosoziologische Analysen von Mathematikunterricht.* Wiesbaden: Springer. https://doi.org/10.1007/978-3-658-23039-5.

Linguee Dictionary (2020a). Abstraction. In *Linguee.com Dictionary*. Verfügbar unter: https://www.linguee.com/english-german/translation/abstraction.html.

Linguee Dictionary (2020b). Generalization. In *Linguee.com Dictionary*. Verfügbar unter: https://www.linguee.com/english-german/translation/generalization.html.

Maisano, M. (2019). *Beschreiben und Erklären beim Lernen von Mathematik. Rekonstruktion mündlicher Sprachhandlungen von mehrsprachigen Grundschulkindern.* Wiesbaden: Springer. https://doi.org/10.1007/978-3-658-25370-7

Meyer, M. (2009). Abduktion, Induktion – Konfusion. Bemerkungen zur Logik interpretativer (Unterrichts-)Forschung. *Zeitschrift für Erziehungswissenschaften, 2*(09), 302–320. https://doi.org/10.1007/s11618-009-0067-1.

Meyer, M. (2015). *Vom Satz zum Begriff. Philosophisch-logische Perspektiven auf das Entdecken, Prüfen und Begründen im Mathematikunterricht.* Wiesbaden: Springer. https://doi. org/10.1007/978-3-658-07069-4.

Meyer, M. (2021). *Entdecken und Begründen im Mathematikunterricht. Von der Abduktion zum Argument* (2. Aufl.). Berlin: Springer. https://doi.org/10.1007/978-3-658-32391-2.

Mitchelmore, M. & White, P. (2000). Development of Angle Concepts by Progressive Abstraction and Generalisation. *Educational Studies in Mathematics, 41*(3), 209–238. https://doi.org/10.1023/A:1003927811079.

Mitchelmore, M. & White, P. (2007). Abstraction in Mathematics Learning. *Mathematics Education Research Journal, 19*(2), 1–9. https://doi.org/10.1007/BF03217452.

Mitchelmore, M. (1994). Abstraction, Generalisation and Conceptual Change in Mathematics. *Hiroshima Journal of Mathematics Education, 2*, 45–57.

Peschek, W. (1988). Untersuchungen zur Abstraktion und Verallgemeinerung. In W. Dörfler (Hrsg.), *Kognitive Aspekte mathematischer Begriffsbildung* (S. 127–190). Wien: Hölder-Pichler-Tempsky.

Prediger, S. (2015). Theorien und Theoriebildung in didaktischer Forschung und Entwicklung. In R. Bruder, L. Hefendehl-Hebeker, B. Schmidt-Thieme & H.-G. Weigand (Hrsg.), *Handbuch der Mathematikdidaktik* (S. 443–462). Berlin: Springer. https://doi.org/10. 1007/978-3-642-35119-8_24.

Rey, J. (2021). *Experimentieren und Begründen. Naturwissenschaftliche Denk- und Arbeitsweisen beim Mathematiklernen.* Wiesbaden: Springer. https://doi.org/10.1007/978-3-658-35330-8.

Skemp, R. (1971). *The Psychology of Learning Mathematics*. Harmondsworth: Penguin Books.

Söhling, A.-C. (2017). *Problemlösen und Mathematiklernen. Zum Nutzen des Probierens und des Irrtums.* Wiesbaden: Springer. https://doi.org/10.1007/978-3-658-17590-0.

Tall, D. (1991). The Psychology of Advanced Mathematical Thinking. In D. Tall (Ed.), *Advanced Mathematical Thinking* (pp. 3–21). Dordrecht: Kluwer Academic Publishers. https://doi.org/10.1007/0-306-47203-1_1.

Voigt, J. (1984). *Interaktionsmuster und Routinen im Mathematikunterricht. Theoretische Grundlagen und mikroethnographische Falluntersuchungen.* Weinheim: Beltz.

White, P. & Mitchelmore, M. (2010). Teaching for Abstraction: A Model. *Mathematical Thinking and Learning, 12*(3), 205–226. https://doi.org/10.1080/10986061003717476.

Verschiedene Facetten der Zahl Null als ein Netz von Ähnlichkeiten – Eine qualitative Analyse eines Interviews

5

Jessica Kunsteller

Zusammenfassung

In diesem Beitrag wird angestrebt die Szene mit Luisa durch Rückgriff auf Elemente der Sprachspielphilosophie von Ludwig Wittgenstein (1889–1951) zu betrachten. Außerdem werden fachliche und fachdidaktische Sichten in Bezug auf die Zahl Null unter diesem Aspekt in den Blick genommen. Wittgensteins Sprachspielphilosophie ist bereits in der Mathematikdidaktik etabliert (u. a. Bauersfeld, 1995; Dörfler, 2013; Meyer, 2015). In diesem Artikel wird vorrangig Wittgensteins Ähnlichkeitsbegriff Familienähnlichkeiten genutzt. Dieser Begriff wurde in Kunsteller (2018) herausgearbeitet und für die Mathematikdidaktik bereitgestellt.

5.1 Einleitung

In der Mathematikdidaktik und ihren Bezugsdisziplinen werden Ähnlichkeiten in verschiedenen Zusammenhängen eine herausragende Bedeutung zugesprochen (s. u. a. Nolder, 1991, S. 106; English & Sharry, 1996, S. 139 f.; Aßmus & Förster, 2013, S. 51). So betont z. B. Polya (1949):

J. Kunsteller (✉)
Institut für grundlegende und inklusive mathematische Bildung, Universität Münster, Münster, Deutschland
E-Mail: jessica.kunsteller@exchange.wwu.de

„Man kann sich kaum eine absolut neue Aufgabe vorstellen, die jeder früher gelösten Aufgabe unähnlich ist und keinerlei Beziehungen zu ihr aufweist; wenn aber eine
solche Aufgabe existieren könnte, so würde sie unlösbar sein." (S. 154)

Polya schlägt zur Lösung einer neuen Aufgabe das Heranziehen einer „früher
gelösten Aufgabe" (Polya, 1949, S. 145) vor. Hoffmann (1999) bemerkt, dass
es eine „creatio ex nihilo" (S. 288) nicht geben könne. Unter Bezugnahme auf
Polyas Zitat lässt dies die Vermutung anstellen, dass Mathematiklernen ohne das
Erkennen und Nutzen von ähnlichen vormals gelösten Aufgaben unmöglich sei.
Demzufolge kämen Ähnlichkeiten eine konstitutive Rolle beim Lernen zu. Das
Ergebnis einer Aufgabe wie $52 + 4$ könnte etwa durch das Herstellen von Ähnlichkeiten zu einer „früher gelösten Aufgabe" (Polya, 1949, S. 154) wie $2 + 4$
bestimmt werden. Es könnten z. B. Ähnlichkeiten verwendet werden, da die Summanden in beiden Aufgaben die gleichen Einerstellen aufweisen, sodass darauf
geschlossen werden kann, dass auch die der Summen übereinstimmen.[1] Darüber
hinaus wird die Bedeutung von Ähnlichkeiten im Kontext von Metaphern und
Analogien hervorgehoben. So betont z. B. Nolder (1991), dass Ähnlichkeiten
eine bedeutende Rolle im Zusammenhang mit Metaphern zukommen: „[…] the
human predilection for asserting likeness, which is at the heart of the metaphoric process." (S. 106). Eine solche Ähnlichkeit kann z. B. bei dem Begriff *Sehne*
beschrieben werden. In der Geometrie rekurriert der Ausdruck *Sehne* auf die Verbindung zweier Punkte auf einem Kreis (bzw. einer Kurve), wohingegen er sich
in der Medizin vereinfacht ausgedrückt auf die Verbindung von Knochen bezieht.
Ähnlichkeiten bestehen z. B. darin, dass sie die Eigenschaft „verbindendes Element zweier Komponenten sein" (Kunsteller, 2018, S. 18) teilen. Die Psychologin
Vosniadou (1989) beschreibt Ähnlichkeiten in Verbindung mit dem analogical
reasoning sogar als definitorisches Charakteristikum: „The defining characteristic
of analogical reasoning is *similarity* [Kursivsetzung, J. K.] in underlying structure." (S. 417). Ähnlichkeiten können bei einer Analogie wie 2 : 4 :: 8 : 16
(gelesen als: 2 verhält sich zur 4 genauso wie 8 zu 16) bspw. darin gesehen
werden, dass sich die zweite Komponente bei beiden Punktepaaren durch die
Multiplikation mit zwei der ersten Komponente ergibt. Eine weitere Ähnlichkeit
besteht darin, dass die Komponenten Zweierpotenzen darstellen.

---

[1] Die beschriebene Ähnlichkeit wird in der Literatur u. a. als *Analogieaufgabe* bezeichnet
(z. B. Padberg & Benz, 2011, S. 98; s. u. a. Kunsteller, 2018, S. 38 f.). Polyas (1949) Ausdruck „früher gelösten Aufgabe" (S. 154) sich darüber hinaus auch auf Ähnlichkeiten, die
z. B. auf der Übereinstimmung des Operationszeichens „+" beruhen, sodass Ähnlichkeiten
zwischen den Aufgaben in der Kollektion von Objekten genutzt werden.

Die angeführten Beispiele verdeutlichen die Bedeutung von Ähnlichkeiten für mathematische Lehr- und Lernprozesse. In diesem Beitrag wird Wittgensteins Ähnlichkeitsbegriff in Anlehnung an Kunsteller (2018) dargelegt (s. Abschn. 5.2) und zur Analyse der ausgewählten Szene herangezogen (s. Abschn. 5.4). Ziel ist es, zu zeigen, in welcher Hinsicht Luisa Ähnlichkeiten nutzt und welche Bedeutung diese im Lernprozess haben, sodass daraus Konsequenzen abgeleitet werden können.

5.2 Der Ähnlichkeitsbegriff nach Wittgenstein

Im Rahmen seiner Sprachspielphilosophie betrachtet Ludwig Wittgenstein ebenfalls Ähnlichkeitsbeziehungen. Diesen Begriff hat er in seinem Spätwerk, den Philosophischen Untersuchungen, dargelegt. Vor der Darlegung von Wittgensteins Ähnlichkeitsbegriff wird zunächst sein Begriff „Sprachspiel" erörtert.

In seinem Frühwerk, dem Tractatus Logico Philosophicus strebt Wittgenstein an das Wesen der Sprache zu eruieren, indem er versucht die Sprache in seine kleinsten Elementarteile zu zerlegen. Dieser Versuch misslingt Wittgenstein, weswegen er sich in seinen Spätwerken von diesen Gedanken distanziert (Fann, 1971, S. 59). Auf dieser Grundlage entwickelt er einen neuen Begriff, das *Sprachspiel*.[2] Wittgenstein definiert diesen Begriff jedoch nicht, sondern verleiht ihm durch seinen Gebrauch Bedeutung. Dabei führt er eine Auswahl von Beispielen für Sprachspiele an (u. a. PU § 1, PU § 2, PU § 5, PU § 23, usw.):

„Befehlen, und nach Befehlen handeln [...]
    Eine Hypothese aufstellen und prüfen [...]
    Ein angewandtes Rechenexempel lösen [...]
    Bitten, Danken, Fluchen, Grüßen, Beten." (PU §23)

Das Sprachspiel „Ein angewandtes Rechenexempel lösen" wird etwa realisiert, wenn eine Aufgabe wie $5 + 3$ gelöst wird. Solche Aufgaben sind typisch für die Grundschule. Im Verlauf der Schulzeit wird das Sprachspiel „Ein angewandtes Rechenexempel lösen" erweitert, wenn etwa die Gleichung $5 + x = 8$ nach x aufgelöst werden soll. Die Bedeutung des Sprachspiels und somit auch des Wortpaars „Rechnung lösen" wird nun breiter gefasst bzw. wird es breiter gespielt. Wittgenstein erläutert dies wie folgt:

---

[2] Der Begriff *Sprachspiel* wird hier kurz erläutert, da er grundlegend für Wittgensteins Ähnlichkeitsbegriff ist. Für ausführlichere Ausführungen zum Begriff *Sprachspiel*, s. Kunsteller (2018, S. 52–55).

„Die Bedeutung eines Wortes ist sein Gebrauch in der Sprache. Und die Bedeutung eines Namens erklärt man manchmal dadurch, daß man auf seinen Träger zeigt." (PU §43)

Durch die Gebrauchsbedeutung verdeutlicht Wittgenstein, dass die Bedeutung eines Wortes und somit auch das damit verbundene Sprachspiel durch seinen Gebrauch bestimmt wird. In einer Analysisvorlesung wird der Ausdruck *Kurve* im Zusammenhang mit Funktionen wie $f : x \mapsto x^2$ verwendet. Auch durch das Zeigen auf den beispielhaften Verlauf der Funktion wird dem Begriff Kurve an der Stelle Bedeutung verliehen. In anderen Kontexten rekurriert der Ausdruck *Kurve* etwa auf den Verlauf einer Straße.[3] Wie die kurze Betrachtung zeigt, bezieht sich der Sprachspielbegriff auf sprachliche, aber auch nonverbale Äußerungen und ist demzufolge situationsabhängig. Auch der Ausdruck „Null" wird in verschiedenen Kontexten verwendet: Wie das einleitende Beispiel von Marc verdeutlicht (s. Kap. 1), werden „null Autos" im Kontext von der Abwesenheit von Autos verwendet. Wenn eine Person jedoch davon spricht, dass sie eine „Null" im Fach Mathematik sei, so wird der Ausdruck „Null" vermutlich in einem anderen Kontext verwendet, also ein anderes Sprachspiel rekurriert. Ebenso wird der Ausdruck „Null" z. B. im Zusammenhang mit Dezimalzahlen bzw. Maßzahlen oder in der Programmiersprache anders verwendet (s. Kap. 1), bzw. wird auf ein anderes Sprachspiel verwiesen.

Neben der Gebrauchsbedeutung nutzt Wittgenstein auch weitere Begriffe, wie etwa den Ähnlichkeitsbegriff, den er u. a. am Zahlbegriff erläutert:

„Und ebenso bilden z. B. die Zahlenarten eine Familie. Warum nennen wir etwas ‚Zahl'? Nun etwa, weil es eine – direkte -Verwandtschaft mit manchem hat, was man bisher Zahl genannt hat; [...]" (PU §67)

Welche Ähnlichkeiten können z. B. zwischen den Zeichen $\sqrt{2}, 5, \pi$, *2 km* beschrieben werden? Die Zeichen $\sqrt{2}, 5, \pi$ lassen sich allesamt als reelle Zahlen beschreiben. *2 km* kann unter dem Maßzahlaspekt der natürlichen Zahlen (Padberg & Benz, 2011, S. 14) gefasst werden, sodass demnach eine Ähnlichkeit zur Zahl „5" vorliegt. Weiterhin kann eine Ähnlichkeit zwischen *2 km* und $\sqrt{2}$ beschrieben werden, insofern beide Zeichen die Zahl „2" aufweisen. Solche Ähnlichkeiten bezeichnet Wittgenstein als *Familienähnlichkeiten*:

---

[3] Das hier angeführte Beispiel kann auch als Metapher einsortiert werden (Kunsteller, 2018). Mit Jostes, Rey & Meyer gesprochen kann hier auch die Rede von einem „Teekesselchen" sein (s. Kap. 2).

„Ich kann diese Ähnlichkeiten nicht besser charakterisieren als durch das Wort ‚*Familienähnlichkeiten*' [Kursivsetzung, J. K.]; denn so übergreifen und kreuzen sich die verschiedenen Ähnlichkeiten, die zwischen den Gliedern einer Familie bestehen: Wuchs, Gesichtszüge, Augenfarbe, Gang, Temperament, etc. etc. - Und ich werde sagen: die ‚Spiele' bilden eine Familie." (PU §67)

Familienangehörige weisen sowohl charakterliche als auch äußerliche Ähnlichkeiten zueinander auf, z. B. durch die Haar- und/oder Aufgabenfarbe. Wittgenstein äußert nun, dass die genannten Zahlenbeispiele hinsichtlich der Bedeutung oder ihrer Gestalt ebenso Ähnlichkeiten aufweisen (PU § 67). In dem zitierten Paragraphen führt er an, dass auch Spiele[4] eine Familie bilden und hierdurch Ähnlichkeiten zueinander aufweisen. Er vergleicht in dem Zusammenhang verschiedene Spiele miteinander (PU § 66). Welche Ähnlichkeiten lassen sich z. B. zwischen dem Wasserball und Backgammon feststellen? Beide bringen einen Gewinner oder einen Verlierer hervor. Es gibt offizielle Spielregeln, die beide Spiele jeweils festlegen. Außerdem können beide Spiele zur Unterhaltung dienen, aber auch im Wettkampf gespielt werden. Es können jedoch auch Unterschiede beschrieben werden, etwa darin, dass das eine Spiel einen Ball und Tore benötigt und das andere auf einem Brett mit Würfeln gespielt wird. Diese kurze Gegenüberstellung zeigt, dass gemeinsame sowie auch unterscheidende Eigenschaften beschrieben werden können. Gleiches gilt auch für andere Spiele, zwischen denen sich ebenso eine Vielzahl an Ähnlichkeiten beschreiben lässt.[5] Wittgenstein spricht im Zuge des Beschreibens von Ähnlichkeiten zwischen Spielen von einem „Netz von Ähnlichkeiten" (PU § 66):

„Und das Ergebnis dieser Betrachtung lautet nun: Wir sehen ein kompliziertes Netz von Ähnlichkeiten, die einander übergreifen und kreuzen. Ähnlichkeiten im Großen und Kleinen." (PU §66)

Dieses „Netz von Ähnlichkeiten" (PU § 66) lässt sich gemäß Kellerwessel (2009, S. 126) schematisch, wie in Abb. 5.1 präsentiert, darstellen (Abb. 5.1).[6]

---

[4] Der Spielbegriff bildet laut Stegmüller (1978) das „Hauptillustrationsbeispiel" (S. 612) in Wittgensteins Sprachspielphilosophie. Die Handlungen mit Spielen sind demnach ein Beispiel für seinen Sprachspielbegriff. Gleiches gilt für die angeführten Zahlenbeispiele.

[5] Für weitere Beispiele, auch mathematischer Natur, s. Kunsteller (2018).

[6] Dieses Netz wurde vielfach schematisch abgebildet (z. B. Bambrough, 1961; Wennerberg, 1998; Glock, 2010). Solche Schemata wurden vielfach kritisiert und dahingehend elaboriert. Eine Kritik besteht z. B. darin, dass durch solche Schemata eine Festlegung vom Ähnlichkeitsbegriff suggeriert würde (z. B. Wennerberg, 1998). Von einer Festlegung von Sprache hat Wittgenstein sich in den Philosophischen Untersuchungen abgewandt, sodass eben darin

Auf der horizontalen Achse sind diverse Spiele abgebildet (*Spiel 1, Spiel 2,* usw.). Diesen Spielen sind Eigenschaften zugesprochen (z. B. *ABCD, ABCE,* etc.). Hinsichtlich dieser Eigenschaften können Ähnlichkeiten zwischen den einzelnen Spielen beschrieben werden. Bspw. ähneln die *Spiele 2* und *4* einander, da sie die Eigenschaften *A, C* und *E* teilen. Die *Spiele 2* und *3* ähneln einander hingegen hinsichtlich der Eigenschaften *A, B* und *E*. Wann verhalten sich Spiele ähnlich zueinander? Hallett (1977) betont an der Stelle:

> „[...] there is no fixed list of family [similarity, J. K.] characteristics, nor fixed number required for admission, nor sharp border for the individual characteristics themselves." (S. 150)

Hallett folgend gibt es keine verbindliche Auflistung an Eigenschaften, die erfüllt sein müssen, um von einer Ähnlichkeit zwischen Spielen sprechen zu können. Spiele sind demnach ähnlich, wenn sie sich mehrere betrachtete[7] Eigenschaften oder gar eine einzige betrachtete Eigenschaft teilen. Dies gilt nicht nur für die betrachteten Spiele und Zahlen (PU § 67), sondern auch für das Handeln mit Begriffen (Teuwsen, 1988, S. 57; Kunsteller, 2018, S. 63). Denn Stegmüller (1978) folgend bildet der Spielbegriff das „Hauptillustrationsbeispiel" (S. 612) in Wittgensteins Sprachspielphilosophie und lässt sich auf andere Begriffe übertragen (Teuwsen, 1988, S. 57). Damit lassen sich, wie bereits anhand der Zahlenbeispiele und dem Begriff Kurve verdeutlicht wurde, auch Wörter sowie mathematische Begriffe als Spiele fassen, die Ähnlichkeiten zueinander aufweisen. So verhalten sich z. B. die Begriffe Median und arithmetisches Mittel

Eigenschaften von Spielen	Nummer des Spiels					
	1	2	3	4	5	...
	ABCD	*ABCE*	*ABDE*	*ACDE*	*BCDE*	...

Abb. 5.1 Schematische Darstellung des „Netzes von Ähnlichkeiten" (PU § 66) in Anlehnung an Kellerwessel (2009) und Kunsteller (2018)

---

die Kritik an den Schemata liegt (für eine ausführlichere Erklärung s. Kunsteller, 2018, S. 55–69).

[7] In Abhängigkeit von dem bzw. der Betrachter:in werden Eigenschaften individuell einem Spiel zugeordnet. Deshalb sei hier in Anlehnung an Kunsteller (2018) von „betrachteten Eigenschaften" gesprochen.

ähnlich zueinander, insofern sie beide in der Statistik ihre Funktion als Lage-parameter haben und sich somit z. B. durch die Eigenschaft „Parameter in der Statistik sein" ähneln. Ebenso können Ähnlichkeiten zwischen verschiedenen Ver-wendungsweisen der Zahl Null beschrieben werden: In den bereits angeführten Beispielen zum Ausdruck Null wurde erläutert, dass die Verwendungsweisen mit dem Begriff verschieden sind. Trotz dieser Verschiedenheit sind sie durch Ähnlichkeiten gekennzeichnet: Im Kontext von „null Autos" wird auf die Abwe-senheit von Autos rekurriert. Eine Dezimalzahl wie $0,205$ enthält zweimal das Zeichen 0. Bei einer Darstellung dieser Zahl in der Stellenwerttafel (0 Einer, 0 Hunderter) bezeichnen diese beiden Nullen Stellen in der Stellenwerttafel die keine Elemente bzw. eine Abwesenheit von Elementen an diesen Stellen aufwei-sen. Vergleichbar dazu sind bei null Autos keine Stellen in der Stellenwerttafel mit einem Element besetzt, sodass Ähnlichkeiten hinsichtlich der Abwesenheit von Elementen beschrieben werden können. Ebenso kann der Ausspruch „Ich bin eine Null im Fach Mathematik" auf eine Abwesenheit von Können oder Wis-sen hinweisen, sodass hier Ähnlichkeiten in Bezug auf das Nicht-Vorhandsein von etwas beschrieben werden können. Wie diese kurze Erläuterung zeigt, ist die Verwendung der betrachteten mathematischen Begriffe durch Ähnlichkeiten gekennzeichnet bzw. wird ähnlich mit diesen gespielt. In Kunsteller (2018) wurde herausgearbeitet, dass Entdeckungs- und Begründungsprozesse von Lernenden durch das Nutzen zahlreicher Ähnlichkeiten geprägt sind. Dabei wurde der Ähn-lichkeitsbegriff in Anlehnung an Wittgenstein zur Analyse von Lernprozessen bereitgestellt (Kunsteller, 2018). Hierbei hat die Autorin verschiedene Arten von Ähnlichkeiten herausgearbeitet. In Abschn. 5.4 wird dieser Ähnlichkeitsbegriff mitsamt den verschiedenen Arten zur Beschreibung und somit zum Verstehen von Luisas Lernprozessen verwendet. Vorab werden diese Arten anhand von Beispielen erläutert.

5.3 Methoden und Methodologie

Zur Auswertung des empirischen Datenmaterials wird wie in den anderen Beiträ-gen auf die Grundlagen der Interpretativen Forschung zurückgegriffen, welche auf den theoretischen Annahmen des Symbolischen Interaktionismus und der Ethnomethodologie fußen (Voigt, 1984; Jungwirth, 2003).[8] In Anlehnung an die ethnomethodologische Perspektive wird von einer „interpretierten Wirklichkeit"

---

[8] Für eine ausführliche Betrachtung der Methoden und Methodologie in Bezug auf die Nut-zung von Wittgensteins Sprachspielphilosophie sei auf Kunsteller (2018) hingewiesen.

(Meyer, 2007, S. 109) ausgegangen. D. h., dass die Interviewerin und Luisa sich im Interview gegenseitig ihre Deutungen anzeigen und diese interpretieren. Auf Grundlage dieser Interpretationen stellt die Forscherin ebenfalls Interpretationen der einzelnen Äußerungen an:

> „Die Äußerungen und Handlungen sind indexikaler Natur, d. h. prinzipiell vage und mehrdeutig [...]. Der Beobachter/Interpret interpretiert sie nach der gleichen Methode wie die Beteiligten, nach der *dokumentarischen Methode der Interpretation*: Er fasst bestimmte Ausdrücke als Dokumente eines dahinterliegenden Musters [hier: des Nutzens von Ähnlichkeiten, J. K.] auf, bezieht sich dabei auf den situativen Kontext, in dem die Ausdrücke eingebettet sind." (Voigt, 1984, S. 81)

Die Szene mit Luisa wird gemäß der „Methode der primär gedanklichen Vergleiche" (Jungwirth, 2003, S. 193) nach Voigt (1984) interpretiert, welche in Kap. 2 bereits ausgiebig dargelegt wurde. Im Hinblick auf die hier eingenommene theoretische Brille sei kurz auf den zweiten Schritt hingewiesen. Im zweiten Schritt wird eine Aussage mit den „Augen eines Fremden" (Voigt, 1984, S. 112) betrachtet, sodass eine Fülle von Deutungen generiert werden kann. Dieser Schritt bezweckt, unter Einbezug der hier eingenommenen theoretischen Brille, dass die Forscherin nicht nur Ähnlichkeiten zur Mathematik in die Äußerung deutet, sondern auch Ähnlichkeiten herstellt, die andere fachfremde Personen in die Äußerung hineinsehen würden (Kunsteller, 2018, S. 95). In der Analyse wird demzufolge Luisas Nutzung von Ähnlichkeiten analysiert. Es werden entsprechend Ähnlichkeiten beschrieben, die sich als solche in ihrem Handeln zeigen, sodass Luisas Handeln demnach so gedeutet werden kann, dass sie Ähnlichkeiten nutzt. Ob Luisa sich über deren Verwendung bewusst ist, dazu können an dieser Stelle keine Aussagen getroffen werden. Im nachfolgenden (s. Abschn. 5.4) werden ausschließlich die Deutungshypothesen dargelegt.

5.4 Empirie – Analyse von Ähnlichkeiten

Im Folgenden wird die Nutzung von Ähnlichkeiten in verschiedenen Situationen des betrachteten Interviews erläutert. Dazu werden drei, der in Kunsteller (2018) herausgearbeiteten Arten von Ähnlichkeiten verwendet:[9]

- Ähnlichkeiten phonetischer Art
- Ähnlichkeiten (schrift-)bildlicher Art
- Ähnlichkeiten semantischer Art

Diese Arten von Ähnlichkeiten werden nachfolgend entlang der ausgewählten Sequenzen erörtert und zur weiteren Analyse der Ähnlichkeiten verwendet. In den einzelnen Sequenzen werden Eigenschaften bzw. Facetten der Null herausgearbeitet, damit diese sequenzübergreifend auf die Verwendung von Ähnlichkeiten untersucht werden können. Mittels der Analyse der verwendeten Ähnlichkeiten werden die verschiedenen Eigenschaften der Null, die anhand von Luisas Handeln beschrieben werden können und somit als Nutzung von Ähnlichkeiten interpretiert werden können, ausgearbeitet. Weiterhin wird verdeutlicht, inwiefern diese Eigenschaften miteinander verbunden sind. Zur Betrachtung der Situationen wurde das Transkript in die folgenden Sequenzen eingeteilt, die sich an den Deutungshypothesen aus Abschn. 2.3 orientieren, aber anders sequenziert sind:

- Sequenz 1: Man kann die Null nicht sehen und sie ist total klein (T1–4)
- Sequenz 2: Das Zeichen Null in Kombination mit dem Zeichen 1(T5–15)
- Sequenz 3: Vergleich der Zahl Null und einem Kreis (T17–30)
- Sequenz 4: Betrachtung des Würfels (T31–38)
- Sequenz 5: Plusrechnen mit der Null und Rechnen mit Steinchen (T39–52)
- Sequenz 6: Aufgaben mit der Hand zeigen (T88–105)

Sequenz 1: Man kann die Null nicht sehen und sie ist total klein (T1–4)
Wie bereits in Abschn. 2.3 thematisiert wurde, werden in den ersten vier Turns zwei Eigenschaften der Null von Luisa angesprochen. Die Null ist etwas, was man nicht sehen kann und sie ist „total klein" (T4). In Abschn. 2.3 wird sich die Frage gestellt, ob die Null Luisa folgend zählbar oder nicht zählbar ist, da auch wenn sie „total klein" (T4) ist, sie mit einem Mikroskop sichtbar und somit

---

[9] Die anderen Arten (s. Kunsteller, 2018) werden nicht betrachtet, da mit diesen Arten vorrangig Ähnlichkeiten zwischen Schlüssen beschrieben werden.

zählbar wäre. Der Frage nach der Kardinalität wird ebenso wie in Abschn. 2.3 im Weiteren nachgegangen. Eine weitere Deutung wäre, dass Luisa die Zahl Null in Relation zu anderen Zahlen setzt, die sie kennt. In der ersten Klasse wird üblicherweise der Zwanzigerraum in den Blick genommen, wenngleich Luisa auch größere Zahlen kennt (T125). Vor dem Hintergrund, dass Lernende im ersten Schuljahr Größer-Kleiner-Relationen bestimmen, wie $0 < 20$ oder $0 < 1$, so ist die Zahl Null kleiner als die größte und kleinste Zahl im Zwanzigerraum. Dieser Lesart entsprechend ist die Zahl Null im Vergleich zu anderen Zahlen „total klein" (T4).

Sequenz 2: Das Zeichen Null in Kombination mit dem Zeichen 1 (T5–15)
Zu Beginn der zweiten Sequenz spricht Luisa eine weitere Eigenschaft der Null an:

6	Luisa	aber wenn die Eins dazu kommt wird die total groß.

Das Verb „dazu kommt" (T6) kann so interpretiert werden, dass dem Zeichen 0 eine Zehnerpotenz hinzugefügt wird, sodass das Zeichen 10 entsteht. Aus fachlicher Sicht könnte dies rechnerisch wie folgt ausgedrückt werden: $1 \cdot 10^1 + 0 \cdot 10^0$. Bezogen auf die Stellenwerttafel würde demnach in der Zehnerspalte ein Element hinzukommen. Sie verbindet die Null entsprechend mit einer anderen Zahl und verleiht ihr so eine neue Bedeutung. Durch die Vereinigung der Zahl 0 mit der Zahl 1 entsteht also die Zahl 10, die nun von Luisa als „total groß" (T6) attribuiert wird. Mit Wittgenstein gesprochen könnte man sagen, dass sie die Verwendung der Zahl Null bzw. das Sprachspiel mit der Zahl Null nun umfassender wird bzw. umfassender gespielt wird. Daraus resultierend kann der Null nun auch die kontrastierende Bedeutung zur ersten Sequenz zugesprochen werden. Die Null wird somit nicht mehr alleinstehend, sondern in Verbindung mit einer anderen Zahl betrachtet, wodurch die Bedeutung erweitert wird und somit auch das Sprachspiel umfassender wird.

Luisa stellt in dieser Äußerung Ähnlichkeiten zwischen den Zahlen 0 und 10 her. In Anlehnung an Wittgenstein verhalten sich Begriffe oder Worte ähnlich zueinander, wenn sie mindestens eine Eigenschaft teilen. Die Zahlen 0 und 10 verhalten sich ähnlich zueinander, da sie beide das Schriftbild 0 teilen. Ähnlichkeiten, die sich auf das (Schrift-)Bild oder andere ikonische Elemente beziehen werden in Anlehnung an Kunsteller (2018) als *Ähnlichkeiten (schrift-)bildlicher Art* bezeichnet. Solche können auch in dem oben angeführten Beispiel zwischen den Rechnungen $52 + 4$ und $2 + 4$ beschrieben werden, insofern beide Rechnungen sich die (Schrift-)Bilder 2, + und 4 teilen. Aus fachlicher Sicht können weitere Ähnlichkeiten beschrieben werden: Wird die bloße Zahl Null in die Stellenwerttafel eingetragen, so ist an keiner Stelle ein Element vorhanden, wie bei der Einerstelle: $0 \cdot 10^0$. Demzufolge können Ähnlichkeiten hinsichtlich der Bedeutung beschrieben werden, da sowohl die Einerstelle bei der Zahl 10 als auch der Zahl 0 kein Element in der Stellenwerttafel aufweisen. Ähnlichkeiten, die hinsichtlich der Wortbedeutung beschrieben werden können, werden in Anlehnung an Kunsteller (2018) als *Ähnlichkeiten semantischer Art* bezeichnet. Ein anderes Beispiel hierfür sind z. B. die Verben „mal" und „multiplizieren". Insofern beide Verben sich auf die Multiplikation beziehen, können Ähnlichkeiten semantischer Art zwischen eben diesen beschrieben werden.

Sequenz 3: Vergleich der Zahl Null und einem Kreis (T17–30)
In der dritten Sequenz vergleicht Luisa die Zahl Null mit einem Kreis:

22	Luisa	dass die <u>soo</u> *(malt mit dem Finger einen Kreis in die Luft)* ein Kreis is-

Luisas Äußerung kann so gelesen werden, dass sie Ähnlichkeiten zwischen der Gestalt der Zahl Null und einem Kreis vornimmt. Gemäß Luisas Äußerung verhalten sich ein Kreis und die Zahl Null ähnlich zueinander, da ein aufgemalter Kreis und die Zahl 0 sich durch ihre äußeren Erscheinungsbilder ähneln. Anders ausgedrückt teilen sie die Eigenschaft „rund sein", sodass zwischen einem Kreis und der Zahl 0 Ähnlichkeiten (schrift-)bildlicher Art beschrieben werden können. Sie teilen aber keine Ähnlichkeiten in Bezug auf die Bedeutung, da ein Kreis eine geometrische Form darstellt und Null eine Zahl bezeichnet. Dieser Deutung entsprechend richtet Luisa ihr Augenmerk nun auf die äußere Darstellung der Zahl Null (s. Abschn. 2.3). Sie erweitert somit das Sprachspiel im Unterschied zur ersten (nicht-sichtbar und klein) und zweiten Sequenz (groß), in dem sie eine andere Facette des Begriffs in den Blick nimmt.

Sequenz 4: Betrachtung des Würfels (T31–38)
Anschließend äußert Luisa wie in der ersten Sequenz, dass die Zahl Null „richtig klein" (T28) ist und dass man sie „gar nich" (T30) sehen kann. Nachdem die Interviewerin das Spiel erklärt hat, schaut Luisa sich den Würfel an, woraufhin die folgende Sequenz einsetzt:

32	Luisa	*(nimmt den Würfel in die Hand und zeigt auf die Seite ohne Punkte)* da sind null.
33	I	wieso´
34	Luisa	weil überhaupt keine St- Sachen sind.
35	I	mhm. *(nickt)*
36	Luisa	*(dreht den Würfel und zeigt auf die zweite Seitenfläche ohne Punkte)* und da auch. .. *(dreht ihn erneut und zeigt wieder auf die erste Seite ohne Punkte)* da auch- . *(dreht ihn erneut und zeigt wieder auf die zweite Fläche ohne Punkte)* da auch. .. und, es gibt die Zwei *(zeigt zwei Finger)* zweimal, die Eins zweimal, die Null zweimal- .. und, es gibt überhaupt keine Drei´ *(lächelt)*

Luisa zeigt in Turn 32 auf die Seite des Würfels, auf der keine Punkte bzw. Augenzahlen sind und äußert, dass es null seien. Luisa verwendet an der Stelle den Plural, sodass vermutet werden kann, dass auf der Seite des Würfels null Punkte bzw. keine Punkte sind, anders als es bei üblichen auf Spielwürfeln ist. Dies führt sie in Turn 34 weiter aus. Auch in dem Turn verwendet sie den Plural und spricht davon, dass keine „St- Sachen" (T34) da seien. Der Ausdruck „St-Sachen" (T34) könnte auf die Punkte rekurrieren bzw. auf die Abwesenheit der Punkte. Entsprechend dieser Interpretation können Ähnlichkeiten semantischer Art zwischen „da sind null." (T32) und „keine St- Sachen" (T34) beschrieben werden, da sich beide Äußerungen auf die Abwesenheit der Punkte beziehen. In Turn 36 untersucht Luisa den Würfel in Bezug auf die Augenzahlen der einzelnen Seitenflächen. Zwischen Turn 34 und 36 können Ähnlichkeiten semantischer Art beschrieben werden, da Luisa in Turn 34 in Kombination mit dem Ausdruck „da auch. .." (T36) dreimal auf die Seitenflächen deutet, auf denen keine Punkte bzw. Augenzahlen sind. Ihr Handeln kann so gedeutet werden, dass Sie Ähnlichkeiten zwischen diesen Seitenflächen herstellt, welche die Eigenschaft teilen „keine Punkte haben". Die Augenzahlen zwei und drei gibt sie durch die entsprechende Anzahl an Punkte an. In Abhängigkeit von der Anzahl der Punkte, gibt Luisa demnach den Wert der Augenzahl aus. Für die Null bedeutet dies, dass sie durch die Abwesenheit von Punkten bestimmt wird. Dieser Lesart entsprechend besitzt sie keine Kardinalität. Diese Verwendungsweise der Zahl Null im Zusammenhang mit dem besonderen Spiel-Würfel scheint widersprüchlich zur ersten Sequenz sowie den Turns 28 und 30, in denen Luisa die Null als klein und nicht-sichtbar attribuiert und somit die Frage nach der Kardinalität offenlässt (s. Abschn. 2.3). Die Null wird in den Turns 32 bis 36 jedoch in einem anderen Kontext, und zwar im Zusammenhang mit dem Spiel-Würfel betrachtet, sodass mit Wittgenstein gesprochen ein anderes bzw. dazu ähnliches Sprachspiel mit der Zahl Null gespielt wird. Während sie der Null zu Beginn die genannten Eigenschaften zuschreibt, so können ihr in einem anderen Kontext andere Eigenschaften zugesprochen werden, da das Sprachspiel erweitert wird oder in einem weiteren Kontext gespielt wird. Aus fachlicher Sicht mag dies schwierig sein. In Bezug auf das Begriffsverständnis wird hier jedoch deutlich, wie komplex und facettenreich die Zahl Null ist und einer gesonderten Thematisierung im Unterricht bedarf.

Sequenz 5: Plusrechnen mit der Null und Rechnen mit Steinchen (T39–52)
In Turn 39 fragt die Interviewerin Luisa, ob es Besonderheiten im Kontext mit der Addition der Null gebe, woraufhin Luisa (T40–44) wie folgt antwortet:

40	Luisa	[...] also wenn ich jetzt <u>eins</u> plus null mache, dann, ergibt das ja <u>eins</u>.
41	I	mhm- ..
42	Luisa	weil die Null ja, .. eigentlich nix <u>is</u>. ..
43	I	wie meinst du das′
44	Luisa	also, dass die Null, ... eigentlich <u>null</u>, ne′ *(gestikuliert mit ihren Händen vor sich in der Luft)* das da-, die Null is so <u>gar nix</u>.

Luisa gibt als Beispiel die Addition mit eins an. Die Zahlen fungieren hier als Rechenzahlen (s. Abschn. 2.3), sodass der Null erneut eine neue Bedeutung zukommt und sie nun in einem anderen Kontext verwendet wird (s. Abschn. 2.3). In den Worten Wittgensteins wird das Sprachspiel mit der Zahl Null erweitert. Es weist hierdurch Ähnlichkeiten zu den bereits thematisierten Facetten des Sprachspiels aus den vorherigen Sequenzen auf: Luisas Äußerung, dass „die Eins dazu kommt" (T6) wurde in der zweiten Sequenz so interpretiert, als ob sie die Zahlen 1 und 0 miteinander verbindet und daraus die Zahl 10 erzeugt, sodass aus mathematischer Sicht eine Addition vorgenommen wird $(1 \cdot 10^1 + 0 \cdot 10^0)$. Demnach können Ähnlichkeiten semantischer Art zwischen der zweiten Sequenz und der fünften Sequenz beschrieben werden, da beide Male eine Addition im weiteren Sinn durchgeführt wird. Außerdem können Ähnlichkeiten zur ersten und vierten Sequenz beschrieben werden: Hinsichtlich der Verwendung von Ausdrücken, die eine Negation ausdrücken wie „nicht" (T2) „gar nich" (T30) „keine" (T34) und „nix" (T42, T44) können Ähnlichkeiten semantischer bzw. phonetischer Art beschrieben werden. In der ersten Sequenz und in Turn 30 beziehen sich diese Ausdrücke darauf, dass man die Null nicht sehen kann. In der vierten Sequenz bezieht sich die Verwendung von „keine" (T34) der obigen Lesart folgend eher auf das (Nicht-)Abzählen von Augenzahlen des Spiel-Würfels, was eher einer kardinalen Betrachtung entspricht. Der Ausdruck „nix" (T42, T44) in der fünften Sequenz deutet darauf hin, dass es um die Null als Rechenzahl geht (s. Abschn. 2.3), welche als neutrales Element in der Addition dient. Daran schließen die folgenden Äußerungen an:

46	Luisa	[…] also wenn ich jetzt ein Steinchen habe und null Steinchen dazutue. dann bleibt ja eins übrig. .. weil die Null man ja nicht sehen kann.
47	I	achso.
48	Luisa	und das, und das Steinchen, was ich dann dazutue kann man dann ja auch nicht sehen. weil ich ja eben gar keins dazu tue. weil es ja null is.

Luisa illustriert die vormalige Rechnung nun an einem Beispiel, sodass der Ausdruck „null Steinchen" (T46) hier als Rechenzahl fungiert. Sie nutzt wieder den Ausdruck „nicht" (T48), sodass Ähnlichkeiten semantischer und phonetischer Art zu den Turns 2, 30, 34, 42 und 44 beschrieben werden können, denn die Negationen in den Turns 6 und 48 beziehen sich vermutlich auf die Nicht-Sichtbarkeit (T2, T30) sowie die Nicht-Abzählbarkeit von Elementen (T34, T42, T44). Außerdem können Ähnlichkeiten phonetischer und semantischer Art zwischen den Ausdrücken „dazutue" (T46, T48) und „dazukommt" (T6) beschrieben werden. Denn in den Turns werden die Verben durch die Addition von Objekten (Steinchen) bzw. Hinzufügen eines Zehners im Stellenwertsystem verwendet. In den Turns 46 bis 48 verbindet Luisa drei Verwendungen der Zahl Null: die Nicht-Sichtbarkeit, die kardinale Betrachtung und die Null als Rechenzahl anhand des (Nicht-)Abzählens von Steinchen. Dies wird daran deutlich, wie sie das Ergebnis ihrer Rechnung stützt: Sie beteuert, dass man die dazukommenden Steinchen nicht sehen kann und dass diese folglich auch im Ergebnis nicht sichtbar sind. Dass die Null nicht im Ergebnis vorkommt, wird entsprechend durch die Nicht-Sichtbarkeit von Elementen an Steinchen und somit auch der Nicht-Zählbarkeit dieser verdeutlicht. Anhand dieser Ausführung wird demnach deutlich, dass die verschiedenen Betrachtungen oder auch Sprachspiele im Kontext vom Steinchenzählen miteinander zusammenhängen.

Sequenz 6: Aufgaben mit der Hand zeigen (T88–105)

Ausgehend von der Situation, dass der Standpunkt 6 in dem Spiel gewählt wurde und Luisa eine Null würfelt, entsteht vermutlich die folgende Situation:

92	Luisa	[...] ich mag nämich solche Aufgaben mit <u>Nulln</u>.
93	I	warum´
94	Luisa	ehm- .. weiel, bei denen isses so- ... da mach ich einfach- *(gestikuliert mit ihrer Hand)* .. also, <u>sechs</u>- *(zeigt sechs Finger und betrachtet sie. I nickt)* ... und null weg. *(deutet erneut auf die sechs Finger)*

Luisa äußert zunächst, dass sie „Aufgaben mit Nulln" (T92) mag, was dafür-spricht, dass sie bislang keine Schwierigkeiten mit der Null hatte (s. Abschn. 2.3). Luisa verdeutlicht zunächst die Rechnung $6 + 0$ mit ihren Händen, sodass sechs Finger die Zahl 6 repräsentieren. Im Unterschied zur fünften Sequenz wählt sie nun keine Steinchen, um ihre Rechnung zu veranschaulichen, sondern die eigenen Finger. Fraglich ist, warum sie den Ausdruck „weg" (T94) verwendet, der eher auf eine Subtraktion hindeutet. Womöglich hat sie sich hier vertan, was der Aufregung der Interviewsituation geschuldet sein kann. Die Addition bzw. Subtraktion mit Null demonstriert Luisa, indem sie noch einmal auf ihre sechs Finger deutet. Die Null hat hierdurch keinen Repräsentanten wie z. B. die Zahl 6 und wird durch das wiederholte Hindeuten dokumentiert. Unabhängig davon, ob sie nun eine Addition oder Subtraktion ausdrückt, werden die Zahlen 6 und 0 hier als Rechenzahlen verwendet, sodass Ähnlichkeiten semantischer Art zur fünften Sequenz in Bezug auf das Rechnen mit der Null beschrieben werden können. Anschließend notiert Luisa weitere Rechnungen in die Tabelle und notiert dabei auch $1 + 0 = 1$. An dieser Stelle fragt die Interviewerin, wie Luisa auf das Ergebnis kommt:

99	Luisa	weil <u>Eins</u>- *(zeigt mit einer Hand einen Finger)* .. ne <u>Null</u> dazu, dann kommen ja, ne, keine d,dazu- *(deutet auf die restlichen vier ‚eingeklappten' Finger)* .. also, nee- mach ich, lieber <u>so</u> einen, weil ja, weil die Null ja gar nicht <u>gibt</u>. *(zeigt mit der anderen Hand einen halben Finger, indem sie einen Finger zeigt, der halb eingeklappt ist, schaut I an und lächelt, I lacht)* trotzdem tu ich einen halben <u>nach oben</u>.

Wie in Turn 92 und 94 kann Luisas Äußerung so gedeutet werden, als würde sie die Rechnung mit ihren Fingern illustrieren. Gemäß dieser Deutung wird die

Zahl 1 durch einen Finger repräsentiert und bei der Zahl 0 wird zunächst kein Finger „dazu-" (T 99) oder „weg" (T 94) getan, ähnlich zu den Interpretationen der Rechnungen 6 + 0 bzw. 6 − 0. An der Stelle können erneut Ähnlichkeiten semantischer Art zur fünften Sequenz beschrieben werden, da die Zahlen 1 und 0 als Rechenzahlen verwendet werden. Ebenso wie in der zweiten und fünften Sequenz verwendet sie das Verb „dazukommen", sodass Ähnlichkeiten phonetischer und semantischer Art beschrieben werden können, denn auch in den beiden Sequenzen wird das Verb für eine Addition im weiteren Sinne verwendet. Im Unterschied zu Turn 94 demonstriert Luisa das Rechnen mit der 0, indem sie auf die eingeklappten Finger verweist, um vermutlich zu verdeutlichen, dass kein Finger hinzukommt. Daran anknüpfend schafft Luisa ein neues Zeichen für die Zahl 0, womöglich, „weil [es, J. K.] die Null ja gar nicht gibt" (T94) und sie dadurch keinen eigenen Repräsentanten als Finger besitzt. Sie drückt die Null nun durch einen „halben [Finger, J. K.] nach oben" (T94) aus. Mit Wittgenstein gesprochen wird das Sprachspiel[10] hier umfassender, in dem mit der Rechenzahl 0 repräsentiert durch Finger als Anschauungsmittel nun anders gespielt wird. Das Sprachspiel wird erweitert, insofern die Null nun ein neues (Schrift-)Bild („halben [Finger, J. K.] nach oben" (T94)) erhält, die Bedeutung aber gleichbleibt. In Turn 68 hatte sie bereits die Aufgabe 1 + 0 gerechnet und angemerkt, dass „wenn man eins plus null rechnet, dann gibt's die Null nich"(T68). Auch an anderen Stellen während des Interviews weist Luisa auf die Nicht-Existenz der Zahl Null immer wieder hin (T42, T44, T46, T64, T66), sodass Ähnlichkeiten phonetischer und semantischer Art zu den entsprechenden Sequenzen beschrieben werden können. Des Weiteren merkt Luisa oftmals an, dass man die Null nicht sehen kann (T2, T30, T48, T60). Aufgrund der großen Anzahl an Thematisierungen scheinen die Nicht-Existenz und die Nicht-Sichtbarkeit der Zahl Null für Luisa wichtige Eigenschaften dieser Zahl zu sein. Durch die Schaffung des Repräsentanten wird die Zahl in der Rechnung nun ‚sichtbar' und ist als äußere Hülle bzw. (Schrift-Bild) in der Fingersprache existent, wenngleich sie im Ergebnis nicht auftaucht (T102). Die Bedeutung der Eigenschaft „ist nicht zählbar" bleibt jedoch unverändert, sodass Ähnlichkeiten semantischer Art zur vormaligen Rechnung 6 + 0 in der anderen ‚Fingersprache', dem Zählen von Punkten auf dem Spiel-Würfel (vierte Sequenz) sowie zu dem Rechnen mit den Steinchen in der fünften Sequenz beschrieben werden können. Hier wird erneut deutlich, wie komplex der Begriff der Null ist, insbesondere im Vergleich mit zählbaren Rechenzahlen. Bereits in den anderen Sequenzen wurde herausgestellt, wie

---

[10] In Anlehnung an Dörflers (2013) Rezeption zu Wittgensteins Überlegungen zur Mathematik kann hier auch von einem *Zeichenspiel* gesprochen werden.

komplex die Eigenschaften der Zahl Null sind, die Luisa anspricht. Hätte dieses Gespräch im Klassenverbund stattgefunden, so hätten Luisas Mitschüler:innen vermutlich Schwierigkeiten gehabt sie zu verstehen, etwa in Bezug auf die Kreation eines neuen Zeichens. Aufgrund der Mehrdeutigkeit von Zeichen (Voigt, 1990) hätten die Lernenden das neue (Schrift-)Bild („halben [Finger, J. K.] nach oben" (T94)) z. B. auch als eine halbe Eins, im Sinne einer Dezimalzahl verstehen können.

5.5 Fazit

In diesem Beitrag wurde angestrebt die Zahl Null sowohl aus fachlicher bzw. fachdidaktischer sowie aus empirischer Sicht (Interviewsituation mit einer Erstklässlerin) mittels Wittgensteins Sprachspielbegriff sowie seinem Ähnlichkeitsbegriff zu analysieren. Dabei wurde einleitend bereits herausgestellt, dass die Zahl Null aus fachlicher und fachdidaktischer Sicht in verschiedenen Kontexten bzw. Sprachspielen genutzt wird. Weiterhin wurde deutlich, dass diese Nutzungsweisen, wie z. B. „0 Autos" und die Dezimalzahl 0,205 sich durch Ähnlichkeiten kennzeichnen. Die Analyse zeigt, dass auch die Erstklässlerin den Begriff in verschiedenen Kontexten nutzt und damit ins Gespräch bringt. Sie zeigt zudem, dass der Zahl Null eine Vielzahl von Eigenschaften zugesprochen wird, welche sich auf verschiedenen Ebenen vollziehen: dem (Schrift-)Bild, der Worthülse und der Semantik. Hierdurch konnten Deutungen generiert werden, die über das gesprochene Wort hinausgehen, wie etwa die Betrachtung von Ähnlichkeiten zwischen der Form eines Kreises, welche die Lernende in der Luft nachzeichnet, und der Zahl Null. Mithilfe des dargelegten Ähnlichkeitsbegriffs in Anlehnung an Wittgenstein und den damit einhergehenden verschiedenen Arten von Ähnlichkeiten konnten die folgenden Eigenschaften herausgearbeitet werden:

- Sie ist eine kleine Zahl (Sequenz 1).
- Sie ist unsichtbar (Sequenz 1, 5, 6).
- Sie ist in Kombination mit dem Zeichen 1 als Zahl 10 ein Stellenwert (Sequenz 2) und eine große Zahl (Sequenz 2).
- Ihre äußere Form ähnelt einem Kreis (Sequenz 3).
- Sie ist nicht zählbar (Sequenz 4, 5, 6).
- Sie kann durch die Abwesenheit von etwas repräsentiert werden (Sequenz 4, 5, 6).
- Sie dient als neutrales Element in der Addition (Sequenz 5).

• Sie kann durch die Schaffung eines Sonderzeichens repräsentiert werden, ohne
dass ihre Bedeutung verändert wird (Sequenz 6).

Auf den ersten Blick konkurrieren vereinzelte Facetten wie „Sie ist klein"- „Sie
ist groß" miteinander. Die eingehende Analyse zeigte aber, dass der Begriff in
verschiedenen Kontext verwendet bzw. auf veränderte Sprachspiele rekurriert,
wodurch sich die verschiedenen Bedeutungen erklären. Weiterhin wurde deutlich,
dass der Begriff trotz dieser verschiedenen Sprachspiele durch Ähnlichkeiten und
Unterschiede gekennzeichnet ist. Mit Wittgenstein gesprochen vollziehen sich
sowohl aus fachlicher als auch empirischer Sicht verschiedene Sprachspiele mit
der Zahl Null, die sich durch ein „Netz von Ähnlichkeiten" (PU § 66) und
Unterschieden kennzeichnen. Dieses Netz an Ähnlichkeiten und Unterschieden
in Einklang zu einem tragfähigen Begriffsverständnis zur Null zu bringen, birgt
besondere Herausforderungen an den Mathematikunterricht. Dass die Null für
viele Lernende Probleme mit sich bringt, zeigen z. B. Forschungsarbeiten, die
sich mit der Null im Kontext von Dezimalzahlen beschäftigen (z. B. Wollenweber, 2018; Heckmann, 2005). Dabei arbeitet z. B. Wollenweber (2018) heraus,
dass Lernende bei der Deutung der „Zwischen- und Endnullen" (Wollenweber,
2018) (z. B. 0,205 und 0,25) Schwierigkeiten haben und diese als gleichwertig
betrachten. In Kap. 1 wird ausgeführt, dass die Null in der Mathematikdidaktik
kontrovers diskutiert wird. Die hier angeführte Analyse bestärkt die Forderung
danach, dass dem Begriff mehr Beachtung geschenkt werden sollte. Wenngleich
in diesem Beitrag nur die Äußerungen einer Schülerin in den Blick genommen
wurden, ist durchaus denkbar, dass auch andere Lernende hierzu ähnliche oder
auch verschiedene Eigenschaften der Zahl Null in den Blick nehmen. Denn z. B.
Luisas Vergleich der Zahl Null mit einem Kreis oder auch die Verbindung mit
der Zahl 1 demonstrieren, worauf einst Bauersfeld verwies, dass „kein Lehrer vor der Kreativität seiner Schüler sicher" (zitiert nach Neth & Voigt 1991,
S. 108) sei. Sollten Kinder etwa ähnliche Äußerungen wie Luisa im Unterricht
kundtun, erscheint es fraglich bzw. als sehr anspruchsvoll, dass andere Kinder
Ähnlichkeiten zwischen den verschiedenen Eigenschaften herstellen und in einen
Zusammenhang bringen können. Dies birgt die Gefahr, dass ähnliche Äußerungen
zur Zahl Null in Form von verschiedenen Sprachspiele nebeneinanderstehen und
nicht als umfassendes Sprachspiel aufgefasst werden können. Gerade an solchen
Stellen wird die fachliche bzw. fachdidaktische Kompetenz von Lehrkräften benötigt, welche die Ähnlichkeiten zwischen den Äußerungen wahrnimmt, sie sortiert
und miteinander verbindet. Denn gerade die Verknüpfung der ähnlichen Äußerungen birgt ein Potenzial, welches es auszuschöpfen gilt, sodass die Lernenden
eine umfassende und tragfähige Vorstellung zur Zahl Null entwickeln können.

Literatur

Aßmus, D. & Förster, F. (2013). ViStAD – Erste Ergebnisse einer Video-Studie zum analogen Denken bei mathematisch begabten Grundschulkindern. *mathematica didactica, 36*, 45–65. https://doi.org/10.18716/ojs/md/2013.1110

Bambrough, R. (1961). Universals and Family Resemblances. *Proceeding of the Aristotelian Society, 61*, 207–222. https://doi.org/10.1093/aristotelian/61.1.207.

Bauersfeld, H. (1995). „Language Games" in the Mathematics Classroom: Their Function and their Effects. In H. Bauersfeld & P. Cobb (Eds.), *The Emergence of Mathematical Meaning. Interaction in Classroom Cultures* (pp. 271–292). Hillsdale, NJ: Lawrence Erlbaum.

Dörfler, W. (2013). Bedeutung und das Operieren mit Zeichen. In M. Meyer, E. Müller-Hill & I. Witzke (Hrsg.), *Wissenschaftlichkeit und Theorieentwicklung in der Mathematikdidaktik. Festschrift zum sechzigsten Geburtstag von Horst Struve* (S. 165–182). Hildesheim: Franzbecker.

English, L. D. & Sharry, P. V. (1996). Analogical reasoning and the development of algebraic abstraction. *Educational Studies in Mathematics, 30*, 135–157. https://doi.org/10.1007/BF00302627

Fann, K. T. (1971). *Die Philosophie Ludwig Wittgensteins.* München: Paul List.

Glock, H.-J. (2010). *Wittgenstein Lexikon* (2. Aufl.). Wissenschaftliche Buchgesellschaft: Darmstadt.

Hallett, G. (1977). *A Companion to Wittgenstein's „Philosophical Investigations".* Ithaca, NY: Cornell University Press. https://doi.org/10.7591/9781501743405

Heckmann, K. (2005). Von Euro zu Cent zu Stellenwerten. Zur Entwicklung des Dezimalbruchverständnisses, *mathematica didactica, 28*(2), 71–87. https://doi.org/10.18716/ojs/md/2005.1044

Hoffmann, M. (1999). *Problems with Peirce's Concept of Abduction. Foundations of Science, 4*(3), 271–305. https://doi.org/10.1023/A:1009675824079

Jungwirth, H. (2003). Interpretative Forschung in der Mathematikdidaktik – ein Überblick für Irrgäste, Teilzieher und Standvögel. *Zentralblatt für Didaktik der Mathematik, 35*(5), 189–200. https://doi.org/10.1007/bf02655743

Kellerwessel, W. (2009). *Wittgensteins Sprachphilosophie in den „Philosophischen Untersuchungen". Eine kommentierte Ersteinführung.* Frankfurt: Ontos. https://doi.org/10.1515/9783110328509

Kunsteller, Jessica (2018). *Ähnlichkeiten und ihre Bedeutung beim Entdecken und Begründen. Sprachspielphilosophische und mikrosoziologische Analysen von Mathematikunterricht.* Heidelberg: Springer. https://doi.org/10.1007/978-3-658-23039-5

Meyer, M. (2007). *Entdecken und Begründen im Mathematikunterricht. Von der Abduktion zum Argument.* Hildesheim: Franzbecker.

Meyer, M. (2015). *Vom Satz zum Begriff. Philosophisch-logische Perspektiven auf das Entdecken, Prüfen und Begründen im Mathematikunterricht.* Wiesbaden: Springer. https://doi.org/10.1007/978-3-658-07069-4

Neth, A. & Voigt, J. (1991). Lebensweltliche Inszenierungen. Die Aushandlung schulmathematischer Bedeutungen an Sachaufgaben. In H. Maier & J. Voigt (Hrsg.), *Interpretative Unterrichtsforschung* (S. 79–116), Köln: Aulis.

Nolder, R. (1991). Mixing Metaphor and Mathematics in Secondary Classroom. In K. D. Shire (Hrsg.), *Language in Mathematical Education* (pp. 105–113). Philadelphia: Open University Press.

Padberg, F. & Benz, C. (2011). *Didaktik der Arithmetik. Für Lehrerausbildung und Lehrerfortbildung* (4. Aufl.). Heidelberg: Springer.

Polya, G. (1949). *Schule des Denkens. Vom Lösen mathematischer Probleme.* Bern: Francke.

Stegmüller, W. (1978). *Hauptströmungen der Gegenwartsphilosophie* (Bd. 1). Stuttgart: Kröner.

Teuwsen, R. (1988). *Familienähnlichkeit und Analogie. Zur Semantik genereller Termini bei Wittgenstein und Thomas von Aquin.* Freiburg: Alber.

Voigt, J. (1984). *Interaktionsmuster und Routinen im Mathematikunterricht. Theoretische Grundlagen und mikroethnographische Falluntersuchungen.* Weinheim: Beltz.

Voigt, J. (1990): Mehrdeutigkeit als wesentliches Moment der Unterrichtskultur. In G. Becker (Hrgs.), *Beiträge zum Mathematikunterricht 1990* (S. 305–308). Bad Salzdetfurth: Franzbecker.

Vosniadou, S. (1989). Analogical Reasoning as a Mechanism in Knowledge Acquisition: a Developmental Perspective. In S. Vosniadou & A. Ortony (Eds.), *Similarity and Analogical Reasoning* (pp. 413–438). Cambridge, England: Harvard University Press. https://doi.org/10.1017/CBO9780511529863.020

Wennerberg, H. (1998). Der Begriff der Familienähnlichkeit in Wittgensteins Spätphilosophie. In E. Savigny (Hrsg.), *Ludwig Wittgenstein. Philosophische Untersuchungen* (S. 41–70). Berlin: Akademie. https://doi.org/10.1524/9783050050393.41

Wollenweber, T. (2018). Den Nachkommastellen auf der Spur. Operative Erkundungen mit Gewichten an der Balkenwaage. *Fördermagazin Grundschule, 2018*(4), 15–18.

Wittgenstein, L. (PU). *Philosophische Untersuchungen (PU)* (Werksausg., Bd. I, 1984). (G. E. Anscombe, G. H. von Wright, & R. Rhees, Hrsg.) Frankfurt a. M.: Suhrkamp.

Luisas Bedeutung der Null – ein Sprachspiel inferentialistisch betrachtet

6

Michael Meyer

Zusammenfassung

Entsprechend inferentialistischer Betrachtungen lässt sich ein Begriffsverständnis danach fassen, welche Berechtigungen Lernende nutzen, um einen Begriff anzuwenden bzw. mit welchen sie einen Begriff anwenden und welche Folgerungen sie hieraus ziehen. In diesem Beitrag wird der Versuch unternommen, über die Rekonstruktion des inferentialistischen Gebrauches der Null ein argumentativ strukturiertes Begriffsverständnis zu rekonstruieren, wie es von Luisa öffentlich wird. Hierzu werden die in der Interaktion hervorgebrachten Argumente dahingehend verglichen, welche Berechtigungen und welche Festlegungen Luisa zum argumentativen Gebrauch des Begriffs „Null" trifft und wie diese Aspekte zusammenspielen.

6.1 Einleitung

Die Rede vom „Begriff" ist mehrdeutig (Seiler, 2001). Zunächst kann grob unterschieden werden zwischen einem Wort und einer dahinterliegenden (kontextbezogenen) Bedeutung. Ein solches Begriffswort und die dazugehörige Begriffsbedeutung vereinen sich dann im „Begriff". Im Mathematikunterricht gilt es für die Schüler:innen, diverse Begriffe zu lernen. Was eine Zahl, eine lineare Funktion, ein Rechteck oder etwa der Zufall ist, welche Eigenschaften mit diesen Worten zu verbinden sind und welche nicht, sind nur einige Elemente

M. Meyer (✉)
Institut für Mathematikdidaktik, Universität zu Köln, Köln, Deutschland
E-Mail: michael.meyer@uni-koeln.de

© Der/die Autor(en), exklusiv lizenziert an Springer Fachmedien Wiesbaden GmbH, ein Teil von Springer Nature 2023
M. Meyer (Hrsg.), *Geschichten zur 0*, Kölner Beiträge zur Didaktik der Mathematik, https://doi.org/10.1007/978-3-658-42120-5_6

eines Lernprozesses. Entsprechend existiert eine große Anzahl an Arbeiten in der Mathematikdidaktik, die sich mit diesem Thema beschäftigen:
Aus einer stoffdidaktischen Perspektive heraus beschreibt Vollrath (2001) u. a. verschiedene Differenzierungen und Kategorisierungen von Begriffen. Um das aktuelle Verstehen eines Begriffs und dessen Bildung seitens der Lernenden zu rekonstruieren, haben sich ebenfalls verschiedene Perspektiven in der Mathematikdidaktik herausgebildet. Hierzu lässt sich etwa die Theorie des „Abstraction in context" (Dreyfus & Kidron, 2014) bzw. die auch hierauf aufbauende Betrachtung von Konstrukten (Schnell, 2014), das epistemologische Dreieck (Steinbring, 2000), das semiotische Dreieck (Peirce, CP 2.228 bzw. Hoffmann, 1999) bzw. die semiotischen Lernprozesskarten (Schreiber, 2006) zählen. Jeweils wird versucht, über das Nutzen theoretischer Ansätze mehr über den aktuellen Begriffsinhalt von Lernenden zu erfahren, als es ohne möglich wäre. Die Liste an Möglichkeiten zur Rekonstruktion der Verstehensprozesse von Begriffen ist also lang. Mit diesen Möglichkeiten geht auch immer eine spezifische Auffassung davon einher, was unter einem Begriff zu verstehen ist. Einigen Ansätzen soll im Folgenden nachgegangen werden. Sie werden präsentiert, um davon ausgehend verschiedene Merkmale von Begriffen herauszuarbeiten. Anschließend wird hierauf aufbauend ein Begriffsverständnis präsentiert, welches die verschiedenen Aspekte beinhaltet und sich bereits zur Rekonstruktion von Schüler:innenäußerungen bewährt hat (u. a. Meyer, 2015).

6.2   Ansätze zur Rekonstruktion von Begriffsbildungen bzw. Begriffsbildungsprozessen

Die im Folgenden präsentierten Schemata zur Rekonstruktion von Begriffsausprägungen stellen nur einen kleinen Ausschnitt potenziell diskutierbarer Möglichkeiten dar. Sie werden präsentiert, um das Konstrukt „Begriff" für die nachfolgende Analyse des Verständnisses der Null ausgehend von den Äußerungen der Schülerin Luisa ausführlicher aufzeigen zu können:

Zwischen Wort und Bedeutung – de Saussure
De Saussure (1967) fokussiert die Unterscheidung zwischen dem Begriffswort bzw. der Begriffsbezeichnung (Bezeichnendes) und der Begriffsbedeutung (Bezeichnetes) (s. Abb. 6.1). Als Bezeichnetes lassen sich dabei nicht nur reale Gegenstände, sondern auch gedankliche Konstrukte verstehen. Die Bezeichnungen sind nach de Saussure sozial beeinflusst, weshalb wir von einer (nahezu) einheitlichen Begriffssprache sprechen können.

Abb. 6.1 De Saussures
Dyade von Bezeichnendem
und Bezeichnetem (1967,
S. 78)

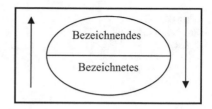

Abb. 6.2 Das
epistemologische Dreieck
von Steinbring (2000, S. 34)

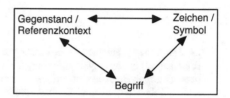

Zwischen Gegenständen, Bezeichnungen und Kontexten – Steinbring
Dass die Bezeichnungen nicht nur sozial bedingt sind, sondern zudem der Kontext einer Situation von großer Bedeutung ist, bringt Steinbring (u. a. 2000) auch schematisch zum Ausdruck. Mit seinem epistemologischen Dreieck markiert er die Eckpunkte Gegenstand/Referenzkontext, Zeichen/Symbol und Begriff (s. Abb. 6.2).

Im Unterschied zur Betrachtung von de Saussure (1967) lassen sich zwei Aspekte feststellen: Die Bedeutung des Kontextes bei einer Begriffsbildung wird als dritte Relatstelle (für die Entwicklung der Bezeichnungen und der Bedeutungen) schematisch hervorgehoben. Der Kontext hat also eine entscheidende Bedeutung für das Verständnis eines Begriffs. Zudem wird explizit von einem Begriff (statt von einem „Bezeichneten") gesprochen. Dieser Begriff steht hier in Beziehung zu einem Referenzkontext und einem Zeichen.

Zwischen Objekt und Interpretation – Peirce
Peirce bringt zur Spezifizierung des Bezeichneten die Differenzierung von „Interpretant" und „Objekt" ein (s. Abb. 6.3). Bezeichnungen werden gewählt, um bereits eine Bedeutung an sich auszudrücken, während ein:e Hörer:in diese Bedeutung nicht notwendig zuschreiben muss. Hierbei spielt der Kontext bzw. Hintergrund („ground") eine wesentliche Rolle:

Abb. 6.3 Die
Zeichentriade (Peirce, CP
2.228)

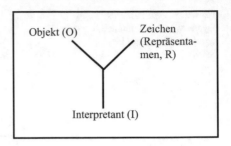

Objekt (O)   Zeichen
                                (Repräsenta-
                                men, R)

Interpretant (I)

„A sign, or representamen, is something which stands to somebody for something in
some respect or capacity. It addresses somebody, that is, creates in the mind of that
person an equivalent sign, or perhaps a more developed sign. That sign which it creates I call the interpretant of the first sign. The sign stands for something, its object.
It stands for that object not in all respects, but in reference to a sort of idea, which I
have sometimes called the ground of the representamen." (Peirce, CP 2.228)

Ein Beispiel: Im Chemie- bzw. im Mathematikunterricht hat das Wort „Glei-
chung" eine jeweils spezifische Bedeutung (Reiners & Struve, 2011). Wenn im
Chemieunterricht dieses Wort in seinem eher mathematischen Sinne verwendet
wird, so wären Missverständnisse zwischen dem Interpretanten („Gleichung" als
Reaktionsgleichung) und dem Objekt („Gleichung" als mathematische Beziehung
zweier Ausdrücke) möglich. Vergleichbar kann das Wort „Winkel" allein je nach
Verwendungskontext im Mathematikunterricht dieses Problem hervorrufen: Als
Flächenstück (Winkelfeld), als Drehmaß oder als System von zwei Halbgeraden.
In der deutschsprachigen Mathematikdidaktik nutzt Schreiber (u. a. 2006) die Zeichentriade von Peirce (s. Abb. 6.3, u. a. CP 2.228), um Bedeutungsaushandlungen
von Schülern bzw. Schülerinnen in einer Chat-Situation zu rekonstruieren.

Die bisherigen Betrachtungen verdeutlichen verschiedene Aspekte im Kontext des Begriffslernens. So lassen sich bspw. Begriffsinhalt (bzw. -bedeutung),
Begriffswort (bzw.-bezeichnung), Kontext der Begriffsverwendung, Interpretationen und Objekte unterscheiden.

6.3   Begriffsausprägung im Sprachspiel Mathematik

Die in diesem Beitrag genutzte Perspektive auf die Begriffsbildung von Luisa
baut auf den Philosophien von L. Wittgenstein und R. Brandom auf. Mit seinen
Betrachtungen zu „Sprachspielen" bietet Wittgenstein ein pragmatisches Verständnis zum Verstehen und Nutzen von Sprache und der damit verbundenen

Bedeutungsverleihung an. In der Mathematik wurden diese Betrachtungen bereits einige Male zur Beschreibung der Begriffsbildungen von Lernenden auch im Mathematikunterricht (u. a. Meyer, 2015; Sfard, 2000) bzw. zur Reflektion von theoretischen Interaktionsprozessen (u. a. Bauersfeld, 1995) verwendet. In diesem Abschnitt wird zunächst die inferentialistische Betrachtung nach Brandom ausgehend von der Sprachspielphilosophie Wittgensteins vorgestellt, um anschließend die Analysemethode auf dieser Grundlage zu erläutern.

6.3.1 Gebrauchsbedeutung im Sprachspiel

Die pragmatische Sicht auf Sprachverwendung und Begriffsbildung ist dadurch bedingt, dass Wittgenstein das Begriffsverständnis allein auf den Begriffsgebrauch in und mit der Sprache zurückführt:

> „Man kann für eine *große* Klasse von Fällen der Benützung des Wortes ‚Bedeutung' – wenn auch nicht für *alle* Fälle seiner Benützung – dieses Wort so erklären: Die Bedeutung eines Wortes ist sein Gebrauch in der Sprache." (Wittgenstein, PU, §43)

Es gibt keine Objekte ohne eine dahinterliegende Bedeutung und diese Bedeutung wird in der Interaktion durch den Gebrauch der Worte verdeutlicht. Der Gebrauch ist wiederum abhängig von dem Kontext, in dem dieser stattfindet, also dem Sprachspiel. Wittgenstein unterscheidet dabei den Begriff des „Gebrauches" deutlich von dem der „Benennung":

> „Das Benennen ist noch gar kein Zug im Sprachspiel, – so wenig, wie das Aufstellen einer Schachfigur ein Zug im Schachspiel. Man kann sagen: Mit dem Benennen eines Dings ist noch nichts getan. Es hat auch keinen Namen, außer im Spiel. Das war es auch, was Frege damit meinte: ein Wort habe nur im Satzzusammenhang Bedeutung." (Wittgenstein, PU, §49)

Wenn nun auf den Gebrauch von Worten (in Sätzen und im Kontext) in der Sprache geachtet wird, um die jeweilige Bedeutung eines bzw. einer Lernenden für ein Wort zu erfassen, so ist es insbesondere auch die Art des Gebrauches, die wichtig wird:

> „Wenn die Bedeutung eines Wortes sein Gebrauch ist, dann können wir auch sagen, daß die Bedeutung eines Wortes die Art und Weise ist, wie mit ihm in einem Sprachspiel kalkuliert wird. ‚Ich sagte, die Bedeutung eines Wortes sei die Rolle, die es

im Kalkül der Sprache spiele' (ich verglich es einem Stein im Schachspiel). Und denken wir nun daran, wie mit einem Wort, sagen wir z. B. ‚rot' kalkuliert wird. Es wird angegeben, an welchem Ort sich die Farbe befindet, welche Form, welche Größe der Fleck oder der Körper hat, der die Farbe trägt, ob sie rein oder mit andern vermischt, dunkler oder heller ist, gleich bleibt oder wechselt, etc., etc. Es werden Schlüsse aus den Sätzen gezogen, sie werden in Abbildungen, in Handlungen übersetzt, es wird gezeichnet, gemessen und gerechnet.'" (Brand, 1975, S. 148; Zitat im Zitat: Wittgenstein, PG, S. 67)

Bei der Behandlung von Zahlen im Unterricht dienen diese zunächst vor allem der Erfassung von Anzahlen. Hiermit können Lernende rechnen. Der Umgang mit den Zahlwörtern ändert sich jedoch, wenn Zahlen als Ordinalzahlen betrachtet werden. Nun lassen sich die Operationen nicht mehr derart einfach anwenden. Auch reicht ein Verstehen des Kardinalzahlaspektes nicht mehr aus, wenn in der Sekundarstufe I negative Zahlen eingeführt werden. Jede dieser Änderungen der Gebrauchsweisen bringt eine Änderung des Sprachspiels mit sich. In den sich verändernden Sprachspielen können die gleichen Zeichen auf unterschiedliche Weise gebraucht werden und dieser Gebrauch bestimmt die jeweilige Bedeutung. Ein gut ausgeprägter Zahlbegriff bedarf aber der verschiedenen Verständnisse, sprich Gebrauchsweisen, die in Wittgensteins Worten durch „Familienähnlichkeiten" (s. hierzu Kunsteller & Meyer, 2014) miteinander verwoben sind:

„Und ebenso bilden z. B. die Zahlarten eine Familie. Warum nennen wir etwas ‚Zahl'? Nun etwa, weil es eine – direkte – Verwandtschaft mit manchem hat, was man bisher Zahl genannt hat; und dadurch, kann man sagen, erhält es eine indirekte Verwandtschaft zu anderem, was wir auch so nennen. Und wir dehnen unseren Begriff der Zahl aus, wie wir beim Spinnen eines Fadens Faser an Faser drehen." (Wittgenstein, PU, §67)

Bedeutungen von Wörtern können sich entsprechend verändern, sich entwickeln und ausdehnen. Im Laufe der Zeit etablieren sich auf diese Weise Zusammenhänge zwischen den einzelnen Bedeutungen. Am Beispiel des Begriffs „arithmetischer Mittelwert" wurde dies von Meyer (2013) bereits herausgearbeitet.

Die Kontextabhängigkeit des Wortgebrauchs im Sprachspiel wird in dem folgenden Zitat von Schmidt sehr deutlich:

„Language is a universal medium – thus it is impossible to describe one's own language from outside: We are always and inevitably within our own language [...]. Knowledge appears as knowing, and knowing is always performed in language games. Language as languaging or playing a language game is equal to constituting meaning and, thus, constituting objects. There are no objects without meaning, and meaning is constituted by a special use of language within a respective language game." (Schmidt, 1998, S. 390)

Wittgenstein selbst bleibt seiner Philosophie treu und definiert den Begriff Sprachspiel nicht, sondern belässt es bei Beschreibungen wie den obigen bzw. dem Angeben von Beispielen und Beschreibungen (u. a. „Ein angewandtes Rechenexempel lösen", „Befehlen und nach Befehlen handeln", ..., Wittgenstein, PU, § 23). Anders formuliert: Wittgenstein definiert das Sprachspiel, indem er ein Sprachspiel verwendet. Es ist auf die Besonderheiten in dem von ihm präsentierten Sprachspiel zu achten, welche den Begriff als solchen formen.

Die bisherigen Betrachtungen zeigen ein sehr vielfältiges Bild des Begriffs „Begriff". Den (Begriffs-)Wörtern wird eine Bedeutung nur innerhalb eines Sprachspiels verliehen und diese Sprachspiele sind situativ an den jeweiligen Kontext gebunden:

> „Das Wort ‚Sprachspiel' soll hier hervorheben, daß das Sprechen der Sprache ein Teil ist einer Tätigkeit, oder einer Lebensform." (Wittgenstein, PU, § 23)

Die Lebensform kann ein:e Schüler:in im Mathematikunterricht sein oder ein:e Schüler:in außerhalb desselben. Die Betrachtung von Wittgensteins Sprachspielansatz zeigt, dass die Bedeutung eines Wortes einzig auf den geregelten, öffentlich werdenden Gebrauch dieses Wortes zurückgeführt wird. Mit diesem Verständnis ermöglicht er eine rein interaktionistische Sicht auf Begriffsbildungsprozesse, die für den bzw. die interpretative:n Unterrichtsforscher:in ein großer Vorteil ist, insofern er bzw. sie sich auf die Oberfläche des gesprochenen Wortes beziehen kann.

Im obigen Zitat von Brand werden bereits Schlüsse thematisch: Im Sprachspiel werden Schlüsse gezogen, wodurch die Bedeutung von Worten deutlich wird. Der alleinige Gebrauch von Wörtern vermag an sich wenig über die Bedeutung eines Begriffs in seiner Gänze aussagen. Die Beziehungen in und mit denen dieser Gebrauch erfolgt, sind jedoch wesentlich. Mathematisch ausgedrückt: Ein ausgebildetes Begriffsverständnis fokussiert weniger die Verwendung einer Definition bzw. die Verwendung von Sätzen, sondern vielmehr die diese Sätze konstituierenden Beweise:

> „Einen mathematischen Begriff zu ‚besitzen', erfordert, mehr Beziehungen zu kennen und mehr über den Umgang mit diesem Begriff zu wissen, als in der Definition ausgedrückt wird. [...] Beweise sind ein vorzügliches Mittel dazu, die innere Struktur von Begriffen zu explizieren sowie Begriffe miteinander zu vernetzen und damit den Bedeutungsgehalt von Begriffen zu entwickeln." (Fischer & Malle, 1985, S. 189 f.)

Ein konstitutives Mittel von Beweisen ist die Verwendung von Regeln (andere bereits bewiesene Sätze): Wir nutzen Regeln, um von einem Schritt im Beweis zu einem anderen zu gelangen. Diese Regeln bestimmen, welche weiteren Schritte wir durchführen dürfen. Wittgenstein (PU, § 85) spricht von einer „Wegweiser"-Funktion von Regeln. Regeln dominieren das Begriffsverständnis zum einen auf eine mathematisch-inhaltliche Art. Zum anderen sind Regeln auch sozialer Natur: Neth und Voigt (1991) arbeiteten bspw. die „Vermathematisierung" heraus, wenn z. B. eine Lehrperson bei der Bearbeitung einer (deutungs-)offenen Alltagssituation einzelne Wörter, Formeln, Zeichen etc. etwa an der Tafel festhält (d. h. ihren Gebrauch reguliert), um die Deutungsvielfalt der Lernenden möglichst schnell und zielgerichtet auf die Mathematik zu kanalisieren. Solche Regeln sorgen für einen reibungslosen Handlungsfluss im Unterricht, indem sie den Handelnden bspw. anzeigen, welche Handlungen sie zu vollziehen haben oder innerhalb welcher Grenzen sie sich mit ihren Handlungen bewegen können. Regeln sind also konstitutiv für den Unterricht.

Oben wurde bereits thematisiert, dass sich die Bedeutung mathematischer Wörter insbesondere dann zeigt, wenn verschiedene Formen des Gebrauches dieser Wörter zusammengebracht werden, wenn also Sätze gebildet bzw. bewiesen werden. Diesen Aspekt weiterentwickelnd schreibt R. Brandom in seiner Theorie des Inferentialismus, dass das Begriffsverständnis nicht nur durch den Gebrauch der entsprechenden Wörter in Sätzen (s. o.), sondern insbesondere durch den Gebrauch der Wörter in Inferenzen bestimmt ist:

> „Das Begreifen eines *Begriffs*, der in einem solchen Vorgang des Explizitmachens verwendet wird, besteht im Beherrschen seines *inferentiellen* Gebrauchs: im Wissen (in dem praktischen Sinne, daß man unterscheiden kann, und das ist ein Wissen-*wie*), worauf man sich sonst noch festlegen würde, wenn man den Begriff anwendet, was einen dazu berechtigen würde und wodurch eine solche Berechtigung ausgeschlossen wäre." (Brandom, 2001, S. 22 f.)

Werden Wörter in Inferenzen verwendet, so können die Wörter in Regeln Schlüsse selbst regulieren, d. h. sie berechtigen uns zu Handlungen. Zugleich legen wir uns mit dem jeweiligen Gebrauch auf bestimmte Verwendungsweisen fest, sodass in folgenden Situationen vergleichbare Handlungen zu vollziehen sind. Verstehen wir bspw. Zahlen als Kardinalzahlen, so berechtigt uns dieses Verständnis, Anzahlen zu addieren. Ein Verständnis von Zahlen entsprechend des Kodierzahlaspektes berechtigt uns (zumindest rein fachlich betrachtet) nicht zu solchen Handlungen. Wenn wir Anzahlen von Dingen zusammenfassen (addieren), dann legen wir uns auf das kardinale Verständnis von Zahlen fest. Festlegungen werden durch Belege gerechtfertigt und andererseits stellen sie die Grundlage für weitere Schritte in einem Argument dar.

In der Mathematikdidaktik fand die Theorie Brandoms bereits einige Verwendung. Hußmann und Schacht (2009) verbinden den Inferentialismus mit der Theorie der „conceptual fields" von Vergnaud (1992). Schacht (u. a. 2012a, 2012b) rekonstruiert basierend auf Brandoms Ansatz verschiedene Typen von Festlegungen zur Beschreibung und Initiierung von Begriffsbildungsprozessen. Meyer vergleicht den Ansatz von Brandom auf der Grundlage der Analyse einer Szene aus dem Geometrieunterricht mit anderen Ansätzen der Begriffsbildung (2013) und nutzt ihn, um am Beispiel des arithmetischen Mittels den Zusammenhang zwischen Begriffsbildung und Begründungen für einen Begriffsbildungsprozess zu entwickeln (2015).

Die bisherigen Betrachtungen lassen sich wie folgt pointiert auf die später folgende Analyse der Szene von Luisa beziehen: Zunächst geht es bei der Analyse um die „Lebensform Schülerin Luisa". Es geht nicht konkret um Luisa, insofern diese kurze Zeit später wieder einen anderen Gedankengang verfolgen könnte (s. Spiegel & Selter, 2003). Gleichwohl ist das in dieser Situation bzw. in diesem Kontext etablierte Sprachspiel eines, welches auch von anderen Schülerinnen bzw. Schülern hätte gespielt werden können. Entsprechend soll etwas Generelles aus den Aussagen der Schülerin herausgezogen werden, was situationsspezifisch auch für Luisa gilt. Dieses wird bezogen auf den öffentlich werdenden Begriff der Zahl Null. Somit werden die Inferenzen zur und mit der Zahl Null rekonstruiert und hinsichtlich der Facetten „Berechtigung" und „Festlegung" analysiert, um den epistemischen Status von Aussagen im Kontext des Begriffs zu rekonstruieren. Im nächsten Abschnitt wird beschrieben, wie diese Rekonstruktion erfolgt.

6.3.2 Analyse der Inferenzen

Der inferentielle Gebrauch des Wortes „Null" steht im Fokus der hier durchgeführten Analyse von Luisas Äußerungen. Dieser Gebrauch vollzieht sich vorrangig in Begründungssituationen (s. obiges Zitat von Fischer & Malle), sodass es entsprechend gilt, die Argumente der Lernenden zu rekonstruieren. Hierzu wird das bereits etablierte Toulmin-Schema verwendet (s. z. B. Knipping, 2003; Krummheuer, 1995; Meyer, 2021; Schwarzkopf, 2000).

Das Toulmin-Schema besteht aus verschiedenen funktionalen Elementen, welche es in der Kombination ermöglichen sollen, Argumente zu rekonstruieren. Mit dem Wort „Datum" bezeichnet Toulmin (1996, S. 88) unbezweifelte Aussagen, von denen ausgehend der Schluss auf die „Konklusion" (Toulmin, 1996, S. 88.)

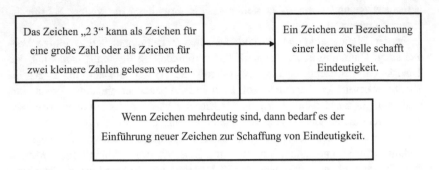

Das Zeichen „2 3" kann als Zeichen für eine große Zahl oder als Zeichen für zwei kleinere Zahlen gelesen werden.

Ein Zeichen zur Bezeichnung einer leeren Stelle schafft Eindeutigkeit.

Wenn Zeichen mehrdeutig sind, dann bedarf es der Einführung neuer Zeichen zur Schaffung von Eindeutigkeit.

Abb. 6.4 Beispiel für die Anwendung des Toulmin-Schemas

erfolgt. Die Konklusion kann als eine fragliche Behauptung verstanden werden, welche es mithilfe des Datums zu belegen gilt. Die „Regel" gibt den allgemeinen Zusammenhang zwischen dem Datum und der Konklusion an (Toulmin, 1996, S. 89). Sie beantwortet die Frage, warum wir von einem solchen Datum auf eine solche Konklusion schließen dürfen. Mit Abb. 6.4 sei ein Beispiel betrachtet.

Vor der Einführung der Null als Stellenwert wurden für nicht besetzte Stellen Auslassungen vorgenommen (s. Kap. 1). Auslassungen bergen jedoch Probleme (s. das Datum in Abb. 6.4). Das Datum zusammen mit der Regel berechtigt dazu, eine Folgerung zu treffen: Es bedarf eines weiteren Zeichens. Diese Festlegung erfährt ihre Berechtigung durch das Argument und kann in folgenden Schritten wiederum als Berechtigung dazu fungieren, neue Zeichen einzuführen (z. B. das Zeichen „0").

Das Argument-Schema von Toulmin ist eng mit dem Schema der Deduktion verbunden, wobei letzteres zumeist andere Bezeichnungen aufweist. Ein entscheidender Unterschied besteht in den weiteren funktionalen Bestandteilen, wovon hier noch eines relevant wird: die Stützung. Während bei einer Deduktion die Geltung einer angewendeten Regel nicht bezweifelt, sondern schlicht vorausgesetzt wird, muss dies bei einem Argument nicht sein. Die Regel könnte hinterfragt werden und müsste eine neue Berechtigung erfahren. Nun könnte ein neues Argument angebracht werden, bei dem die Regel zur Konklusion und somit zu einer Festlegung wird. Alternativ könnte die Berechtigung durch die Angabe eines Bereiches bzw. einer Situation erfolgen, aus der sich die Regel ergibt. Die Stützung würde dann die Anwendung der Regel berechtigen. Andererseits legen wir uns mit der Stützung wiederum fest auf ein Set von Regeln, welches wir überhaupt anwenden können bzw. dürfen. Die Regel zur Schaffung von Eindeutigkeit könnte bspw. auf ökonomische Hintergründe mathematischer Notationen zurückgeführt werden. Mit anderen Worten: Ausgehend von den öffentlich gewordenen Argumenten der Schülerin lässt sich die Einordnung von funktionalen Bestandteilen als „Festlegung" bzw. „Berechtigung" nur in Abhängigkeit von den jeweiligen Aussagen in den rekonstruierten rationalen Argumenten treffen.

6.3.3 Methodologische Bemerkungen

Die folgenden Analysen lassen sich – wie in Kap. 2 dieses Bandes beschrieben – dem interpretativen Paradigma zuordnen. In der nachfolgenden Analyse werden entsprechend die Deutungshypothesen der Interpretation aufgezeigt. Sollten alternative Interpretationen naheliegen, so werden diese zumindest teilweise ebenfalls expliziert.

Die vorgenommenen Schritte der Interpretation (s. Kap. 2) werden mit dem Argument-Schema von Toulmin ergänzt: Im letzten Schritt erfolgt also die Einordnung der Interpretationen in die funktionalen Bestandteile des Schemas. Sollten Bestandteile des Arguments anhand der expliziten Äußerung nicht direkt ausgefüllt werden können, so erfolgt deren Rekonstruktion entsprechend rationaler Gesichtspunkte: Welche Regel würde diesen Schritt ermöglichen? Welche Stützung würde die Regel absichern können und ist den Argumentierenden zugleich bekannt?

Anhand des rekonstruierten Argumentes werden dann die Berechtigungen und Festlegungen ermittelt: Welche Aussage wird über die Zahl Null getroffen und durch welche Belege erfährt sie ihre Berechtigung? Kann eine Festlegung rekonstruiert werden, welche die Anwendung von Regeln bestimmt, oder eine belegte Aussage, welche als potenzielle Festlegung für zukünftige Argumente genutzt werden kann?

6.4 Analyse des Begriffsverständnisses von Luisa zur Null

In den folgenden Rekonstruktionen geht es darum, über die Verwendung des Wortes „Null" in den Inferenzen der Schülerin Luisa ihr Begriffsverständnis zu rekonstruieren. Die Analyse wird dabei in verschiedene Sinnabschnitte entsprechend der unterschiedlichen Bedeutungsdifferenzen bzw. -ausprägungen unterteilt.

Das Interview startet mit folgender Interaktion:

1	I	*(beide stellen sich namentlich vor, einführende Worte)* gut. dann kommt jetzt die erste Frage an dich, die ich dir mitgebracht habe- *(etwas langsamer und betont)* <u>was</u> verstehst du unter der Zahl <u>Null´</u>, du darfst da etwas einfach <u>sagen</u> zu, oder du <u>malst</u> etwas auf, oder du schreibst etwas.
2	Luisa	die Null kann man nicht sehen´
3	I	<u>warum</u> nich´
4	Luisa	weil die total klein is´
5	I	*(lacht)*
6	Luisa	aber wenn die Eins dazu kommt wird die total groß.

Das „Nicht-Sehen-Können" der Null wird auf dessen Größe zurückgeführt: „Wenn Gegenstände sehr klein sind, so sind sie nicht sichtbar", könnte eine vermittelnde Regel lauten (s. Abb. 6.5). Diese Regel ist an sich keine mathematische Regel, sondern basiert auf einer Art Alltagserfahrung: Sehr kleine Objekte (Bakterien, ...) lassen sich nicht (mit bloßem Auge) erfassen. Luisa legt sich auf eine unbestimmte, aber eingeschränkte Größe der Null fest. Diese Einschränkung wird im Folgenden noch spezifiziert. Die Gültigkeit der Regel vorausgesetzt, berechtigt sie dieses Datum zur Festlegung der „Nicht-Sichtbarkeit" der Null. Sowohl die als empirisch einzuordnende Regel als auch die Größe des Objektes können ihrerseits weitergehend angezweifelt werden. Sie können also einer weitergehenden Begründung bedürfen.

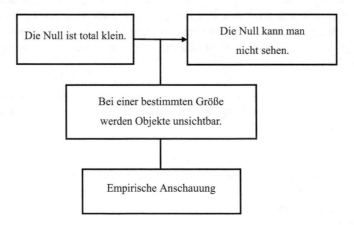

Abb. 6.5 Die kleine Null – Rekonstruktion eines ersten Arguments von Luisa

In Turn 6 spezifiziert Luisa die vorgenommene Einschränkung zur Sichtbarkeit der Null: Mit einer Eins zusammen wird die Null groß. Vordergründig lässt sich dies als Ausnahmebedingung zum obigen Argument lesen. Jedoch wird durch diesen Zusatz nicht die Konklusion, sondern das Datum eingeschränkt, da die Null nicht immer groß ist. Die Berechtigung für den Schluss würde verloren gehen. Es kommt also eher zu einem neuen Argument. Die vorherige Festlegung (empirische Anschauung) zu dem neuen Argument hinzuziehend, könnte nun wohl folgende Regel rekonstruiert werden: Wenn Objekte zu kleinen Objekten hinzukommen, dann werden die kleinen Objekte groß. Für diese Regel spricht auch die Nutzung des Wortes „werden", wodurch vermeintlich ein Prozess beschrieben wird.

6	Luisa	aber wenn die Eins dazu kommt wird die total groß.
7	I	ahaa.
8	Luisa	weil das dann die Zehn is.

Die Vergrößerung des Objektes wird dann jedoch auf die Eigenschaft zurückgeführt, dass das Hinzukommen der Eins zur Null eine 10 ergibt. Während zuvor noch eine eher empirische Berechtigung rekonstruiert wurde, scheint es sich nun um eine Mathematische zu handeln (s. Abb. 6.6).

Insofern der Umgang mit Dezimalzahlen für Lernende des ersten Schuljahres nicht bekannt sein muss (zumindest nicht explizit) und Schreibweisen wie „01" ebenso eher ungewöhnlich sind, lässt sich die im ersten Schritt des Argumentes verwendete Regel als tragfähig verstehen. Bei der zweiten Regel lässt sich ein vager, mehrdeutiger Gebrauch eines „Größer-Begriffs" erkennen: Ab einer gewissen Grenze (*größer* als diese) werden Zahlen *groß*. Wann diese Grenze erreicht ist, bleibt unklar.

Mit dieser Begründung scheint Luisa die Berechtigung im Umgang mit Zahlen und ihrer Größe (ob nun hinsichtlich ihrer Position, ihrer Mächtigkeit oder anderer Faktoren, daher auch das Fragezeichen in der Stützung) zu suchen. Das vormalig eher empirische gestützte Argument bzw. die empirische Berechtigung (s. Abb. 6.5) wird dadurch auch zu einem bzw. einer eher theoretischen (s. Abb. 6.6).

Ein vermeintliches Problem hinsichtlich der von ihr bisher verwendeten Berechtigungen erkennt Luisa vermutlich nicht, zumal weder ein Stocken in der Stimme noch andere Merkmale von Unsicherheit im Transkript zu verzeichnen

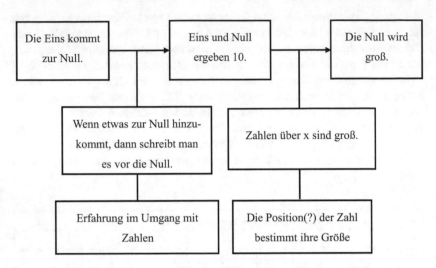

Abb. 6.6 Die große Null – Rekonstruktion eines zweiten Arguments von Luisa

sind. Optimistisch betrachtet könnte in den verschiedenen Berechtigungen eine Propädeutik der Differenz von Zahlenwert und Stellenwert erkannt werden.

Auf die Frage nach weiteren *Einfällen* (T17) zur Null zeichnet Luisa einen Kreis in die Luft (T22), wodurch das Zahlzeichen angedeutet sein könnte. Die Antwort in Turn 28 verdeutlicht, dass der Schülerin die Differenz von Zahlzeichen und Zahlwert bzw. der jeweiligen Größen derselben deutlich geworden ist: Groß oder klein sein bzw. zu werden, ist unabhängig von der Größe des Symbols. Während sich also bereits zuvor die Differenz zwischen den Berechtigungen erklären ließ, wird hierdurch ein vermeintliches Missverständnis zur bisherigen Festlegung geklärt: Die Verwendung von Größenbezeichnungen hat keinen ikonischen Hintergrund.

Zusammengefasst zeigt diese Szene, dass durch die Differenz in der Natur der Berechtigungen in den aufgezeigten Argumenten und die vermeintliche späte Konkretisierung der Festlegung begriffliche Unterschiede zur Null aufgezeigt wurden. Die bisher berücksichtigten Berechtigungen enthalten noch keine tiefer gehenden mathematischen Inhalte, sodass noch keine weitergehende Folgerung aus dem Begriff der Null herausgebildet werden kann.

Ab Turn 40 werden in dem Interview die „Besonderheiten" (T39) der Null beim Plusrechnen thematisch, welche ebenfalls zum Begriff der Zahl Null gehören:

39	I	soo. jetzt hab ich dir ja schon gesagt, es kommt noch eine Frage aus der Mathematik, und, um die geht es eigentlich- dazu brauchen wir auch das Spiel- .. ich stell dir die Frage einfach mal, und vielleicht weiß du schon eine Antwort. *(langsamer und betont)* welche <u>Besonderheiten</u> gibt es, beim <u>Plus</u>rechnen mit der Null′
40	Luisa	*(leise)* beim Plusrechnen mit der Null. *(4 sec) (lauter)(lächelnd)* also wenn ich jetzt <u>eins</u> plus null mache, dann, ergibt das ja <u>eins</u>.
41	I	mhm- ..
42	Luisa	weil die Null ja, .. eigentlich nix <u>is</u>. ..
43	I	wie meinst du das′
44	Luisa	also, dass die Null, ... eigentlich <u>null</u>, ne′*(gestikuliert mit ihren Händen vor sich in der Luft)* das da-, die Null is so <u>gar nix</u>.
45	I	*(nickt)* mhm-
46	Luisa	also dass dann gar nix da is. .. also wenn ich jetzt ein Steinchen habe und null Steinchen dazutue. dann bleibt ja eins übrig. .. weil die Null man ja nicht sehen kann.

Luisa betont die besondere Rolle der Null, insofern sie die Null im Kontext der Addition zunächst als „nix" (T42) und dann als „gar nix" (T44) bezeichnet: Kommen zu existenten Mengen keine Elemente dazu, so ändert sich nichts an der Menge. Der Zusatz in Turn 46 „weil die Null man ja nicht sehen kann" lässt sich mit den Worten aus der vorangegangenen Sequenz vergleichen. Zuvor war dies noch mit „total klein sein" assoziiert (u. a. T4), nun kommt es zur Verbindung mit „(gar) nix sein". Während das Hinzufügen von etwas total Kleinem vermutlich noch problematisch durch die damit einhergehende Veränderung des ersten Summanden (1) wäre, wird nun nichts hinzugefügt, sodass das Ergebnis auch fachlich nicht mehr fragwürdig ist (s. Abb. 6.7).

Im Vergleich zu vorher kommt es zu einer Änderung der hier (s. Abb. 6.7) verwendeten Berechtigung (zuvor: total klein, nun: (gar) nix). Dies scheint für Luisa kein weiteres Problem zu ergeben. Gleichwohl ergeben sich hierdurch mehr Möglichkeiten für die Nutzung des Begriffs und die Eindeutigkeit wird erschwert. Eine total kleine Menge ist eine existente Menge und eben nicht „(gar) nix".

Eine zweite Interpretation dieser Sequenz kann dieses Problem umgehen. Hierfür würde die Begründung „weil die Null man ja nicht sehen kann" (T46) nicht mehr als Alternative für das (festgelegte) Datum „Die Null ist (gar) nix." genutzt werden, sondern als Begründung, dass die Null nicht existiert. Die fehlende Existenz der Null wäre dann kein unbegründetes Datum mehr, sondern eine Festlegung aus der Berechtigung der Nicht-Sichtbarkeit der Null. Die fehlende

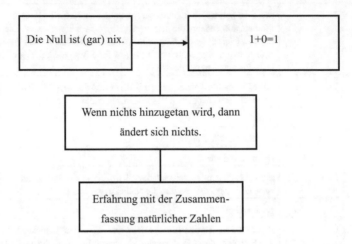

Abb. 6.7 Addition mit Null – Rekonstruktion eines dritten Arguments von Luisa

Sichtbarkeit der Null war bereits zuvor im Interview thematisch und wurde an dieser Stelle auch nicht angezweifelt, sodass für die Verwendung dieser Aussage als Berechtigung für weitere Schritte zumindest aus der bisherigen öffentlichen Interaktion heraus keine Widersprüche zu erwarten wären. Entsprechend dieser Interpretation wird zunächst das Argument in Abb. 6.8 rekonstruierbar.

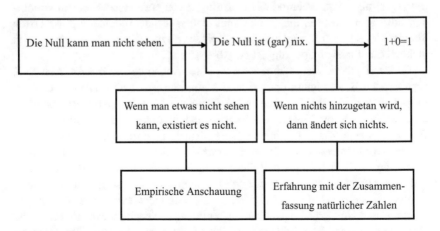

Abb. 6.8 Addition mit Null – Rekonstruktion eines vierten Arguments von Luisa

Diese Interpretation würde den Anschluss an das in Abb. 6.5 aufgezeigte Argument liefern, zumal dort auch von einer fehlenden Sichtbarkeit der Null die Rede war. Dort war es eine Festlegung, die aus der Berechtigung des „total klein Seins" der Null folgte. Diese Festlegung würde entsprechend dieser Rekonstruktion benutzt werden, um die fehlende Existenz folgern zu lassen. Problematisch wird dann nur die Verbindung der beiden Argumente, welche dazu führen würde, dass aus einem sehr kleinen Element kein Element wird. Diese Verbindung muss der Schülerin (noch) nicht bewusst sein.

Im Folgenden werden verschiedene Rechenregeln notiert und Rechnungen durchgeführt. Ab Turn 114 wird die Rechnung $0 + 1 = 1$, , also im Vergleich zu obigen Aufgaben die Betrachtung des Kommutativgesetzes, thematisch. Nachdem die Schülerin die Unabhängigkeit des Ergebnisses von der Position des Summanden Null („vorne oder hinten", T117) thematisiert, kommt es zu folgender Interaktion:

119	I	mhm´ meinst du denn das klappt immer´
120	Luisa	*(nickt)* hm.
121	I	warum´
122	Luisa	w̲e̲i̲l̲ .. die Null ist ja e̲i̲n̲fach unsichtbar. einfach so. die is ja total klein. *(zeigt einen kleinen Abstand mit Daumen und Zeigefinger)* die sieht man ja gar nicht.

An dieser Stelle werden verschiedene, bereits zuvor fokussierte Gründe angeführt, warum sich die entsprechende Summe herausstellte. Die Unsichtbarkeit der Null und die kleine Größe der Null gehen dabei scheinbar Hand in Hand, zumal sie nicht mehr in einen kausalen Zusammenhang gebracht werden. Die beiden Berechtigungen scheinen also austauschbar zu sein bzw. können durch das jeweils andere ersetzt werden.

Das Datum als Berechtigung zur Rechtfertigung einer Additionsregel beliebiger Zahlen mit der Null kann als austauschbar rekonstruiert werden (s. Abb. 6.9). Eine Beziehung zwischen der Unsichtbarkeit und dem „total klein sein" wird nicht thematisch – ähnlich so, wie es bereits zuvor der Fall war. Bei dem Austausch dieser Daten würde sich insbesondere die Regel des ersten Arguments ändern. Die Verbindung zwischen „klein sein" und „nix sein" wird leider nicht hinterfragt.

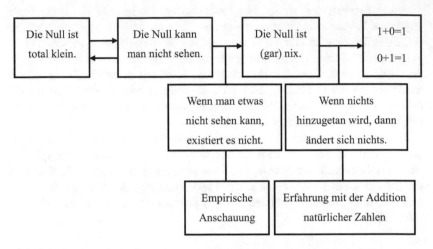

Abb. 6.9 Addition mit Null – Rekonstruktion eines fünften Arguments von Luisa

6.5   Fazit

In dem vorliegenden Beitrag wurde das Sprachspiel von der Interviewerin und Luisa auf der Grundlage inferentialistischer Betrachtungen und mithilfe des Toulmin-Schemas analysiert. Die Rekonstruktionen zeigen, dass es zunächst vorrangig die Größe des Objektes ist, welche Luisa festlegt und als Berechtigung für andere zu folgernde Aussagen nutzt. Die Null kann klein, aber auch groß sein, wodurch die Bedeutung der Null als Zahlenwert und als Stellenwert zum Ausdruck kommen könnte. Letztere Interpretation ist dadurch bedingt, dass die Schülerin von einem „groß werden" der Null spricht, wenn diese mit der 1 in der Zahl „10" in Kontakt kommt (T6).

In den weiteren Analysen zeigt sich insbesondere im Kontext der Addition, dass Luisa hier eine Grundvorstellung argumentativ anwendet: Wenn nichts hinzukommt, dann ändert sich eine Menge nicht (Grundvorstellungen Hinzufügen).

In den Analysen zur Addition zeigt sich eine gewisse Auswechselbarkeit der Null: Die scheinbare Wahl der Berechtigungen im letzten Argument (s. Abb. 6.9) deutet darauf hin, dass es eine gewisse Unsicherheit hinsichtlich der Berechtigungen für die im Argument vorgenommenen Festlegungen gibt. Während diese beiden Elemente im Zuge der Rekonstruktion des Beginns des Transkriptes (s. Abb. 6.5) noch in einer Relation zueinander standen, werden diese nicht mehr thematisch. Dies könnte zum einen als eine Gleichwertigkeit verstanden werden, insofern die „Nicht-Sichtbarkeit" durch das Argument als Berechtigung fungieren kann. Andererseits könnte dies als Indiz dafür gewertet werden, dass die Schülerin diese als eher empirisch einzuordnende Berechtigung als problematisch und weitergehend zu begründen ansieht. Der mathematisch-inhaltliche Argumentschritt und somit die eher mathematischen Berechtigungen werden nicht ausgetauscht.

Die Deutung von Unsicherheit wird auch im weiteren Verlauf des Transkriptes im Kontext der Subtraktion (und Addition) bestätigt. Hier heißt es zum einen „die Null gibt es da einfach gar nicht" (T144) bzw. „man sieht die eben nicht" (T155). Auch wird durch den gehobenen halben Finger (T99) wiederum ein Marker gesetzt, welcher als Ersatz für die zuvor genutzte Berechtigung „die [Null] is total klein" (T122) angesehen werden kann.

Zusammengefasst betrachtet, scheint es Luisa ein Problem zu bereiten, welche Berechtigung eine akzeptable Berechtigung ist. Insofern sie unterschiedliche Berechtigungen für ihre Folgerungen nutzt und diese auch dazu führen, dass der Interaktionsverlauf weitergeht, scheinen die Berechtigungen akzeptabel zu sein. Ein weiterer Ausbau ist nicht notwendig. Die von ihr argumentativ getroffenen Festlegungen hingegen sind darauf aufbauend eher unproblematisch. Ob es nun die eher empirische Natur der Berechtigung ist oder schlicht die fehlende Erfahrung beim Hinterfragen der vorliegenden Festlegungen, bleibt offen.

Wenn aus Berechtigungen argumentativ Festlegungen werden, so können diese Festlegungen (insofern sie nicht angezweifelt werden) auch nachfolgende Schritte berechtigen. Dies ist ein typisches Vorgehen in der Mathematik: Aus Prämissen werden Folgerungen, die dann wieder als Prämissen für weitergehende Folgerungen fungieren können. Dass sich die Beziehung zwischen den Prämissen nicht notwendig eine Äquivalenzbeziehung ergibt, sodass die Daten nicht unbedingt austauschbar sein müssen (s. Rekonstruktion in Abb. 6.9), muss ein:e Erstklässler:in natürlich nicht absehen können.

Literatur

Bauersfeld, H. (1995). „Language Games" in the Mathematics Classroom: Their Function and their Effects. In P. Cobb & H. Bauersfeld (Eds.), *The Emergence of Mathematical Meaning. Interaction in Classroom Cultures* (pp. 271–292). Hillsdale, NJ: Lawrence Erlbaum.

Brand, G. (1975). *Die grundlegenden Texte von Ludwig Wittgenstein*. Frankfurt a. M.: Suhrkamp.

Brandom, R. (2001). *Begründen und Begreifen. Eine Einführung in den Inferentialismus.* Frankfurt: Suhrkamp.

Dreyfus, T & Kidron, I. (2014). Introduction to Abstraction in Context (AiC). In A. Bikner-Ahsbahs & S. Prediger (Eds.), *Networking of Theories as a Research Practice in Mathematics Education* (pp. 85–96). New York: Springer. https://doi.org/10.1007/978-3-319-05389-9.

Fischer, R., & Malle, G. (1985). *Mensch und Mathematik. Eine Einführung in didaktisches Denken und Handeln.* Mannheim: B. I. – Wissenschaftsverlag.

Hoffmann, M. (1999). Problems with Peirce's Concept of Abduction. *Foundations of Science, 4*(3), 271–305. https://doi.org/10.1023/A:1009675824079.

Hußmann, S. & Schacht, F. (2009). *Toward an Inferential Approach Analyzing Concept Formation and Language Processes.* Lyon: CERME 6.

Knipping, C. (2003). *Beweisprozesse in der Unterrichtspraxis. Vergleichende Analysen von Mathematikunterricht in Deutschland und Frankreich.* Hildesheim: Franzbecker.

Krummheuer, G. (1995). The Ethnography of Argumentation. In P. Cobb, & H. Bauersfeld (Eds.), *The Emergence of Mathematical Meaning. Interaction in Classroom Cultures* (pp. 229–270). Hillsdale, NJ: Lawrence Erlbaum.

Kunsteller, J. & Meyer, M. (2014). Zur Rolle von Familienähnlichkeiten bei der Einführung der Potenzfunktionen. *Der Mathematikunterricht, 2,* S. 50–57.

Meyer, M. (2013). Begriffsbildung durch Entdecken und Begründen. In M. Meyer, E. Müller-Hill & I. Witzke (Hrsg.), *Wissenschaftlichkeit und Theorieentwicklung in der Mathematikdidaktik: Festschrift anlässlich des sechzigsten Geburtstages von Horst Struve* (S. 57–89). Hildesheim: Franzbecker.

Meyer, M. (2015). *Vom Satz zum Begriff. Philosophisch-logische Perspektiven auf das Entdecken, Prüfen und Begründen im Mathematikunterricht.* Wiesbaden: Springer. https://doi.org/10.1007/978-3-658-07069-4.

Meyer, M. (2021). *Entdecken und Begründen im Mathematikunterricht. Von der Abduktion zum Argument* (2. Aufl.). Berlin: Springer. https://doi.org/10.1007/978-3-658-32391-2.

Neth, A. & Voigt, J. (1991). Lebensweltliche Inszenierungen. Die Aushandlung schulmathematischer Bedeutungen an Sachaufgaben. In H. Maier & J. Voigt (Hrsg.), *Interpretative Unterrichtsforschung* (S. 79–116). Köln: Aulis.

Peirce, Ch. S., CP: *Collected Papers of Charles Sanders Peirce* (Bd. I–VI 1931–1935, Ch. Hartshorne & P. Weiß (Hrsg.); Bd. VII–VIII 1985, A. W. Burks (Hrsg.)), Cambridge: Harvard University Press (w.xyz – w gibt die Bandnummer, xyz die Nummer des Paragrafen an).

Reiners, Ch. S. & Struve, H. (2011). Gleichungen – Didaktische Implikationen aus der Sicht des Chemie- und Mathematikunterrichts. *PdN-Chemie, 60*(3), 35–40.

Saussure, F. de (1967). *Grundfragen der allgemeinen Sprachwissenschaft* (2. Aufl.). Berlin: de Gruyter. https://doi.org/10.1515/9783110870183.

Schacht, F. (2012a). *Mathematische Begriffsbildung zwischen Implizitem und Explizitem. Individuelle Begriffsbildungsprozesse zum Muster- und Variablenbegriff.* Wiesbaden: Vieweg+Teubner.

Schacht. F. (2012b). Rekonstruktion individueller Begriffsbildungsprozesse mit Festlegungen und Inferenzen. In M. Ludwig & M. Kleine (Hrsg.), *Beiträge zum Mathematikunterricht 2012* (S. 51–58). Münster: WTM.

Schmidt, S. (1998). Semantic Structures of Word Problems. In C. Alsina, J. M. Alvarez, B. Hodgson, C. Laborde & A. Pérez (Eds.), *ICME 8* (pp. 385–395). Sevilla: S.A.E.M. 'Thales'.

Schnell, S. (2014). *Muster und Variabilität erkunden. Konstruktionsprozesse kontextspezifischer Vorstellungen zum Phänomen Zufall.* Wiesbaden: Springer https://doi.org/10.1007/978-3-658-03805-2.

Schreiber, C. (2006). Die Peirce'sche Zeichentriade zur Analyse mathematischer Chat-Kommunikation. *Journal für Mathematik-Didaktik, 27*(3/4), 240–264. https://doi.org/10.1007/BF03339041.

Schwarzkopf, R. (2000). *Argumentationsprozesse im Mathematikunterricht. Theoretische Grundlagen und Fallstudien.* Hildesheim: Franzbecker.

Seiler, B. S. (2001). *Begreifen und Verstehen.* Darmstadt: Verlag Allgemeine Wissenschaft.

Sfard, A. (2000). Symbolizing Mathematical Reality Into Being – Or How Mathematical Discourse and Mathematical Objects Create Each Other. In P. Cobb, E. Yackel, & K. McClain (Eds.), *Symbolizing and Communicating in Mathematics Classroom. Perspectives on Discourse, Tools and Instrumental Design* (pp. 37–98). Mahwah, NJ: Lawrence Erlbaum.

Spiegel, H. & Selter, Ch. (2003). *Kinder und Mathematik. Was Erwachsene wissen sollten.* Seelze: Kallmeyer.

Steinbring, H. (2000). Mathematische Bedeutung als eine soziale Konstruktion – Grundzüge der epistemologisch orientierten mathematischen Interaktionsforschung. *Journal für Mathematik-Didaktik, 21*(1), 28–49. https://doi.org/10.1007/BF03338905.

Toulmin, S. E. (1996). *Der Gebrauch von Argumenten* (2. Aufl.). Weinheim: Beltz.

Vergnaud, G. (1992): Conceptual Fields, Problem-Solving and Intelligent Computer-Tools. In E. De Corte, M. Linn, H. Mandl & L. Verschaffel (Hrsg.), *Computer-Based Learning Environments and Problem-Solving* (S. 287–208). Berlin: Springer.

Vollrath, H.-J. (2001). *Grundlagen des Mathematikunterrichts in der Sekundarstufe.* Berlin: Springer. https://doi.org/10.1007/978-3-8274-2855-4.

Wittgenstein, L. (PG). *Philosophische Grammatik (PG)* (Werksausg., Bd. IV, 1984). (R. Rhees, Hrsg.) Frankfurt a. M.: Suhrkamp.

Wittgenstein, L. (PU). *Philosophische Untersuchungen (PU)* (Werksausg., Bd. I, 1984). (G. E. Anscombe, G. H. von Wright, & R. Rhees, Hrsg.) Frankfurt a. M.: Suhrkamp.

Die Sprechhandlung „beschreibendes Erklären" – Analyse des sprachlichen Handelns einer Schülerin beim Umgang mit der Zahl Null

Michael Meyer und Inken Derichs

Zusammenfassung

Die Sprache spielt in der Mathematik und insbesondere im Mathematikunterricht eine besondere Rolle: Sprechen ist eine Bedingung für den Austausch von Wissen, sodass kooperatives Handeln möglich wird. In dem vorliegenden Transkript kommt es zu einer Interaktion zwischen der Schülerin Luisa und einer Interviewerin über die Zahl Null bzw. über die Rolle der Null in Rechenoperationen. Die in einem Interview geforderten und daraufhin realisierten Sprechhandlungen lassen sich entsprechend der Funktionalen Pragmatik größtenteils als „Beschreibungen" und „Erklärungen" verstehen, wobei die Analyse zeigen wird, dass noch eine zusätzliche Besonderheit zu erkennen ist: Die Sprechhandlung „beschreibendes Erklären" wird rekonstruiert. Die Herausarbeitung dieser Handlungen erfolgt basierend auf einer interaktionistischen Perspektive durch theoriegeleitete Rekonstruktionen der empirischen Interviewrealität.

M. Meyer (✉)
Institut für Mathematikdidaktik, Universität zu Köln, Köln, Deutschland
E-Mail: michael.meyer@uni-koeln.de

I. Derichs
Köln, Deutschland

7.1   Einleitung

Die prominente Rolle der Sprache für das Mathematiklernen wird insbesondere durch die diversen Studien deutlich, die sich sowohl international als auch national mit diesem Thema auseinandersetzen. Sowohl im englischsprachigen (u. a. Secada, 1992) als auch im deutschsprachigen Raum (u. a. Heinze et al., 2007) zeigen Untersuchungen einen Zusammenhang zwischen der Güte der Sprachkompetenz und der Mathematikleistung auf (s. Überblick in Meyer & Tiedemann, 2017). Prediger, Wilhelm, Büchter, Gürsoy und Benholz (2015) weisen in ihren Untersuchungen zu den Zentralen Abschlussprüfungen in Klasse 10 nach, dass eher schwache Sprachkompetenzen in einem negativen Zusammenhang mit den Mathematikleistungen der Lernenden stehen. Auch internationale Vergleichsstudien verdeutlichen (insbesondere auch für Deutschland) Zusammenhänge zwischen Erst- bzw. Familiensprachen, die nicht der Unterrichtssprache entsprechen, und der Leistung der Lernenden in Mathematik (z. B. OECD, 2007). Das Beherrschen von Sprache kann also als Lernvoraussetzung im Mathematikunterricht betrachtet werden.

Die Rolle der Sprache als Lernvoraussetzung ergibt sich jedoch nicht nur durch Abschlussprüfungen, Vergleichsstudien o. ä. Wenn von der Null die Rede ist, so fällt auf, dass dieser Ausdruck keinen gegenständlichen Repräsentanten hat (s. Kap. 1). Es kann zwar gelingen, auf das Zeichen „0" zu zeigen oder auf eines zu verweisen, in der Hoffnung, dass eine Bedeutung für diesen Begriff vermittelt wird, es bedarf jedoch komplexer Handlungen mit Sprache, um die inhärente Bedeutung dieses Zeichens zu verbalisieren. Der Zusatz „komplex" ist bedingt durch den nicht möglichen Verweis auf einen realen Gegenstand. Ausdrücke wie „nichts" oder „keines" können dazu verhelfen, eine Bedeutung zum Interaktionsgegenstand werden zu lassen. Dennoch bedarf es bspw. eines Kontextes, in dem sich zuvor etwas Gegenständliches befand bzw. potenziell befinden kann. In der Schulmathematik finden sich einige solcher Begriffe (z. B. „Gerade", Struve, 1990), welche ohne Sprache (einschließlich Mimik und Gestik) kaum vermittelbar sind. Kurzum: Der Sprache kommt in der Mathematik – bereits fachlich bedingt als Lernvoraussetzung – eine besondere Rolle zu.

Paetsch, Felbrich und Stanat (2015) zeigen, dass es bei den Sprachkompetenzen insbesondere auf das Leseverstehen und den produktiven Wortschatz ankommt. Grammatikkompetenzen seien dabei eher weniger von Bedeutung. Meyer (2015) erzielt vergleichbare Ergebnisse bei der Analyse von Lernenden mit Migrationshintergrund hinsichtlich derer mathematisch-produktiver Tätigkeiten. Bei der Erarbeitung mathematischer Zusammenhänge durch die Lernenden erwies sich ein mit Pausen, Füllwörtern und sprachlichen Jokern (z. B. „Dings") versetzter Sprachgebrauch als signifikant produktiver hinsichtlich der interaktiv entwickelten Ergebnisse als eine eher versiertere, grammatikalisch ausgebildetere Sprache. Entsprechend entwickelte Meyer (2015) das Konzept der „Sprache unter kognitiver Belastung": Sprache sollte verwendet werden und muss nicht gut ausgebildet sein, um zu produktiven Ergebnissen beim Mathematiklernen zu kommen. Wenn es um die Erarbeitung mathematischer Zusammenhänge geht, dann kommt es in der Interaktion eher auf gegenseitiges Verstehen als auf sprachliche Eloquenz an. Sprache ist dabei nicht nur Lernvoraussetzung, sondern auch ein Lernmedium (d. h. mittels der Verwendung von Sprache wird Mathematik gelernt). Während bei ersterem die Forderungen an eine bestimmte Güte von Sprachverständnis von außen gesetzt werden (z. B. durch die im Schulbuch dargestellte Mathematik), wird bei zweitem vorrangig das gegenseitige Verstehen fokussiert (s. symbolischer Interaktionismus in Kap. 2).

Wird (bspw. im später thematischen Interview) über Gegenstände bzw. Objekte (z. B. die Zahl Null) gesprochen, so kann mit Wunderlich (1972) dieses Sprechen als menschliches Handeln angesehen werden. Hinsichtlich möglicher Handlungen mit Sprache wurden in der Linguistik verschiedene Konzepte entwickelt. Für diesen Beitrag sind „Sprechhandlungen" bzw. „Sprachhandlungen" relevant. Im Zuge der Sprechakttheorie (u. a. Bühler, 1934) werden Sprechhandlungen überwiegend als medial unspezifisch betrachtet. Im Zuge der Funktionalen Pragmatik (Ehlich & Rehbein, 1979) wird der Ausdruck „Sprechhandlung" auch mit Blick auf Texte verwendet, die aber ihrerseits medial mündlich und medial schriftlich realisiert sein können. Insofern in diesem Beitrag Transkripte von Interviewinteraktionen betrachtet werden, sind vorrangig medial mündliche (wobei hiermit auch körpergebundene Codesysteme wie Gestik und Mimik einbezogen sind) Handlungen zu analysieren. Entsprechend dieser Betrachtung werden im Folgenden die medial mündlichen Sprachhandlungen fokussiert und als Sprechhandlungen rekonstruiert (s. u. a. Ehlich, 2016). In der Linguistik wurden u. a. bereits die Sprechhandlungen „Berichten", „Beschreiben", „Erklären", „Erläutern" und „Instruieren" herausgearbeitet (u. a. Redder, 2008; Rehbein, 1984).

In Folgenden soll es jedoch nicht um Sprache im Allgemeinen gehen, sondern vielmehr um die Rekonstruktion ausgewählter Sprechhandlungen in einer Interviewszene. Die Sprechhandlungen wurden vor allem im Zuge der Funktionalen Pragmatik in die didaktische Diskussion eingebracht und von Maisano (u. a. 2019) in der und für die Mathematikdidaktik genutzt. In diesem Beitrag werden die Sprechhandlungen „Beschreiben" und „Erklären" thematisch, die zunächst entsprechend ihrer theoretischen Konzeption vorgestellt (s. Abschn. 7.2) und anschließend auf dieser Grundlage zur Analyse der Interviewszene angewendet (s. Abschn. 7.3) werden.

7.2   Die Sprechhandlungen Beschreiben und Erklären in der Funktionalen Pragmatik und darüber hinaus

Die **Funktionale Pragmatik** ist ein sprachtheoretisches Konzept, begründet in den 70er-Jahren durch Konrad Ehlich und Jochen Rehbein (Redder, 2008, S. 9). Ehlich und Rehbein betrachten Sprache als „gesellschaftlich entwickelte und gesellschaftlich verbindliche Form des Verkehrs zwischen Menschen" (Ehlich, 1975, S. 125). Da menschliches Handeln zweckbezogen ist (Ehlich & Rehbein, 1979, S. 541), lässt sich Sprache auch als Werkzeug betrachten (Gruber, 2012, S. 24). Dies wird besonders deutlich, wenn bspw. abstrakte mathematische Objekte (z. B. eine Gerade) erklärt werden sollen (Zweck). Verweise auf konkret vorhandene Gegenstände reichen nicht aus. Die Sprache als Werkzeug ermöglicht die Darstellung abstrakter Objekte (z. B. „auf beiden Seiten des Striches geht es unendlich lang ohne Kurve weiter"). Sprache erfährt folglich eine wichtige kognitive und aus mathematischer Sicht fachliche Funktion.

Nicht nur im Mathematikunterricht handeln Menschen mit Sprache (Redder, 2008, S. 9). Bei der Rekonstruktion des sprachlichen Handelns in Interaktionsprozessen finden sich bspw. Muster (Voigt, 1984). Diese Muster bedingen wiederum die Möglichkeit, sprachliche Handlungen einzuordnen sowie entsprechend zu analysieren. Sie können verschiedene Erscheinungsformen haben: Ehlich und Rehbein (1986) arbeiteten u. a. das Muster des Aufgabe-Stellens und Aufgabe-Lösens heraus. Aber auch die Sprechhandlungen des „Beschreibens" und „Erklärens" selbst lassen sich als solche Muster verstehen, zumal sie bestimmte Merkmale aufzeigen (sollten), die sie als diese Sprechhandlungen markieren. Was mit diesen beiden Sprechhandlungen zu verbinden ist und welche Merkmale sie beinhalten, wird in den folgenden Abschnitten (s. Abschn. 7.2.1 und 7.2.2) thematisiert.

7.2.1   Die Sprechhandlung Beschreiben

Das „Beschreiben" fokussiert die Wiedergabe äußerer Aspekte eines Sachverhalts bzw. eines Gegenstandes. Rehbein geht idealiter davon aus, dass dieser Sachverhalt nicht im gleichen Wahrnehmungsfeld von Sprecher:in und Hörer:in liegt (Rehbein 1984, S. 76): Der bzw. die Sprecher:in selektiert die Inhalte der Beschreibung und beginnt die Beschreibung mit einer Äußerlichkeit des zu beschreibenden Sachverhalts. Von diesem Punkt ausgehend, vollzieht der bzw. die Sprecher:in mit dem bzw. der Hörer:in einen „Gang durch den Vorstellungsraum" (Rehbein, 1984, S. 78). Der bzw. die Hörer:in bekommt so ein Bild in der

Vorstellung vermittelt. Idealerweise beginnt der bzw. die Sprecher:in mit einer für den bzw. die Hörer:in nachvollziehbaren Eigenschaft als Ausgangspunkt, um diese:n „abzuholen". Aufbauend können bspw. spezielle Elemente der Oberfläche (z. B. „Das Symbol der Null ist fast rund.") oder Zusammenhänge zwischen einzelnen Elementen (z. B. „Das Symbol der Null ist oben und unten stärker gebogen als an den Seiten.") beschrieben werden (Rehbein, 1984, S. 78 f.). Die Beschreibung findet ihren Abschluss, wenn der bzw. die Sprecher:in glaubt, den Sachverhalt ausreichend vorgestellt, also den Vorstellungsraum erzeugt zu haben (Rehbein, 1984, S. 80). Folgende Liste präsentiert typische sprachliche Mittel, die für Beschreibungen eingesetzt werden (Rehbein, 1984, S. 81 ff.) und um Beispiele zur später thematischen Interviewszene ergänzt sind:

- Präpositionalkonstruktionen (z. B. neben dem blauen Zwerg, hinter dem Feld 1, …),
- „Wenn(-dann)-Konstruktionen" im Sinne von Fokusbewegungen (z. B. Wenn man rechts hinter den Zwerg geht, dann sieht man …),
- Aufzählungen (z. B. Dort stehen eins, zwei, drei Zwerge und daneben liegt ein Würfel.) und
- Verknüpfungen (z. B. Zuerst stand ich auf Feld 1 und dann habe ich eine Drei gewürfelt und bin auf das vierte Feld vorgerückt)

Diverse Autoren bzw. Autorinnen beforschten die Sprechhandlung „Beschreiben" weitergehend: Hoffmann (1997, S. 131) formuliert einige Kategorien, um die Sprechhandlung „Beschreiben" inhaltlich zu klassifizieren. Hierzu zählt die Komplexität einer Beschreibung, welche u. a. die Aspekte Vollständigkeit und Genauigkeit beinhaltet. Zusätzlich werden bspw. die Kategorien „übergeordneter Zweck der Beschreibung", „Vorwissen" und „Interesse des Hörers" genannt (Hoffmann, 1997, S. 131). Die verschiedenen Kategorien sind abhängig von den sprachlichen, fachlichen und sozialen Kompetenzen des Sprechers bzw. der Sprecherin (s. auch Redder et al., 2013, S. 32). Es kann entsprechend nicht erwartet werden, dass ein:e Schüler:in des ersten Schuljahres, wie die später handelnde Luisa im Interview, eine vergleichbar vollständige Beschreibung abgibt wie eine Lehrperson. Somit können Beschreibungen in der Schule entsprechend verschiedene Qualitäten besitzen, wie es bereits in unterschiedlichen Untersuchungen (u. a. Maisano, 2019; Redder et al., 2013) zum Vorschein kam.

Maisano (2019, S. 247 f.) unterscheidet zwischen einer Sachverhaltsbeschreibung und einer Vorgehensbeschreibung und stellt fest, dass sich die von Rehbein (1984) herausgearbeiteten sprachlichen Mittel bei mathematischen Beschreibungen nicht unbedingt wiederfinden müssen.

Redder et al. (2013, S. 168 f.) führen zudem das Konzept der „funktionalen Beschreibungen" aus. Bei diesen Beschreibungen werden nicht nur direkt wahrnehmbare Merkmale thematisch, sondern bereits erste funktionale Zusammenhänge (Bedingtheiten) zwischen diesen Aspekten formuliert. Entsprechend findet sich hier eine gewisse Nähe zu der Sprechhandlung „Erklären", in welcher diese Zusammenhänge von zentraler Bedeutung sind (s. nachfolgender Abschn. 7.2.2).

7.2.2 Die Sprechhandlung Erklären

In der funktionalen Pragmatik versteht Rehbein (1984) die Sprechhandlung „Erklären" als eine Wiedergabe von inneren Zusammenhängen. Erklären zielt auf die Funktionsweise des Sachverhalts bzw. eines Gegenstandes ab (Redder et al., 2013, S. 32). Ein zentrales Merkmal vom Erklären soll ein Wissensgefälle sein: Der bzw. die Sprecher:in versucht, eine Lücke im Verständnis des Hörers bzw. der Hörerin zu schließen (u. a. Hohenstein, 2006; Kiel, 1999). Hierzu wird das zu Erklärende (Explanandum) so zerlegt, dass der bzw. die Hörer:in die funktionalen Zusammenhänge (gegeben durch das Explanans) versteht und in sein bzw. ihr eigenes Wissen einbauen kann (Hohenstein, 2006; Kiel et al., 2015). Das Wissen über den globalen funktionalen Zusammenhang einzelner Elemente entsteht dann durch die Reihung einzelner kausaler Zusammenhänge (Rehbein, 1984, S. 88).

Im schulischen Kontext werden Erklärungen von Lernenden in der Interaktion zumeist durch Lehrende eingefordert, sodass nur selten von einem realen Wissensgefälle gesprochen werden kann. Vielmehr wird darauf abgezielt, ein fiktives Wissensgefälle zu konstruieren, um die Sprechhandlung des Erklärens zu simulieren und so das Verständnis der Lernenden für die inneren Zusammenhänge zu erkennen (Hohenstein, 2006; Maisano, 2019).

Typische Merkmale bei der Realisierung der Sprechhandlung Erklären sind:

- „Wenn-dann-" oder „sodass-Konstruktionen" kausaler Art (z. B.: Wenn ich jetzt ein Steinchen habe und null Steinchen dazutue, dann bleibt ja eins übrig.),
- Konstruktionen mit Prozeduren, bei denen ein Gegenstand in einen Zusammenhang mit einem anderen gebracht wird (unabhängig davon, ob die Gegenstände lokal oder abstrakt sind, Grießhaber, 1999; z. B.: Wenn der Würfel eine Eins zeigt, dann darf ich auf dem Spielbrett ein Feld nach vorne gehen.) und

- Nebensatzkonstruktionen (z. B. Dies ist so, weil ...).

Erklärsituationen lassen sich hinsichtlich der Zweckorientierung (Welches Ziel verfolgt die Erklärung, bzw. welche Stellung nimmt das Erklären in Bezug zu den anderen Teilhandlungen ein?) unterscheiden: Zu den verfolgten Zielen lässt sich u. a. zählen, welcher Gegenstand oder Sachverhalt erklärt werden soll. In der Literatur finden sich entsprechend verschiedene Typen des Erklärens (Kiel, 1999; Kiel et al., 2015; Klein, 2009):

- Bei dem „Erklären-Was" geht es darum, Objekte bzw. Begriffe zu erklären: Was ist eine Mittelsenkrechte? Was ist eine bestimmte Zahl?, ...
- Das „Erklären-Wie" zielt auf das Erklären eines Prozess- oder Handlungsablaufes: Wie läuft die schriftliche Addition ab? Wie benutze ich den Divisionsalgorithmus?, ...
- Das Erklären von (ursächlichen) Zusammenhängen wird als „Erklären-Warum" bezeichnet. Der Zweck ist hier das „Explizieren des Zustandekommens eines Sachverhalts" (Klein, 1987, S. 23): Warum ist die Summe zweier ungerader Zahlen eine gerade Zahl?, ...

Kiel et al. (2015) unterscheiden verschiedene Dimensionen des Erklärens in der Interaktion, wobei die Autoren bzw. Autorinnen den Schwerpunkt auf das Erklären-Warum legen. Unterschieden werden:

- die strukturelle Dimension: Warum ist etwas so, wie es ist?
- die Verstehensdimension (Adressaten- bzw. Adressatinnenorientierung): Ist die Erklärung für meine:n Partner:in verständlich? Entspricht sie den Anforderungen des Adressaten bzw. der Adressatin?
- die inhaltliche Dimension: Welche inhaltlichen Aspekte müssen in der Erklärung verarbeitet sein, damit diese mathematisch adäquat ist? und
- die sprachliche Dimension: Welche sprachlichen Ausdrücke sind (bspw. aus inhaltlichen und verstehensorientierten Gründen) für die Erklärung sinnvoll?

Die vier Dimensionen verdeutlichen, dass eine Erklärung mehr beinhaltet als die reine Angabe von Gründen. Zusätzlich sollten die Anforderungen des Adressaten bzw. der Adressatin und ein adäquater fachlicher Inhalt fokussiert werden. Die sprachliche Darstellung (sprachliche Dimension) ist bedeutsam, um die mathematischen Objekte in ihrer Abstraktheit fachlich korrekt (inhaltliche Dimension) und für andere verständlich (Verstehensdimension) auszudrücken. Entsprechend überschneidet sich diese Dimension mit zwei anderen, fokussiert jedoch weniger den fachlichen und adressatenbezogenen Inhaltsaspekt, sondern schlicht dessen sprachliche Darstellung. Die angeführten Charakteristika verdeutlichen zudem eine gewisse Nähe zwischen dem Erklären und dem Beschreiben. Auch im Kontext des Beschreibens wurde bspw. ein fachlich adäquater, adressatenbezogener Ausdruck als Bestandteil der Sprechhandlung herausgearbeitet. Während sich die beiden Sprechhandlungen also einige Charakteristika teilen, liegt der wesentliche Unterschied zwischen ihnen im Zweck: Einerseits ist ein Vorstellungsbild zu erzeugen (Beschreiben) und andererseits eine Ursache anzugeben (Erklären). Dies verdeutlicht wiederum die starke Betonung der Zwecke in der Funktionalen Pragmatik. Diesem Fokus soll auch in der folgenden Analyse nachgekommen werden.

7.3   Analyse empirischer Sprechhandlungen

Im Folgenden werden die Sprechhandlungen von Luisa rekonstruiert. Dies erfolgt in der Regel in zwei Schritten: Zuerst wird betrachtet, welche Aufforderungen aus fachlicher Perspektive durch die Interviewerin an Luisa gestellt werden: Ist es eine Aufforderung nach einer Beschreibung oder einer Erklärung? Dann wird rekonstruiert, wie Luisa die Aufforderung interpretiert: Welche Sprechhandlung realisiert sie wie? Durch die abwechselnde Betrachtung sollen die für die jeweilige Sprechhandlung typischen Zwecke (die Geforderten und die Realisierten) hervorgehoben werden. Hierzu wird die „Methode der primär gedanklichen Vergleiche" (Jungwirth, 2003, S. 193) verwendet, wie sie bereits zu Beginn des Buches beschrieben wurde (s. Kap. 2).

In Turn 1 kommt es zu folgender Aufforderung der Interviewerin:

| 1 | I | *(beide stellen sich namentlich vor, einführende Worte)* gut. dann kommt jetzt die erste Frage an dich, die ich dir mitgebracht habe- *(etwas langsamer und betont)* <u>was</u> verstehst du unter der Zahl Null′, du darfst da etwas einfach <u>sagen</u> zu, oder du <u>malst</u> etwas auf, oder du schreibst etwas. |

Die Frage, was unter der Zahl Null zu verstehen ist, lässt sich als eine Aufforderung nach einer Begriffserklärung (Erklären-Was) verstehen. Es scheint weniger um die Form des Begriffs bzw. seine äußere Gestalt zu gehen, sondern eher darum, welche Eigenschaften die Null aufweist. Luisa kommt dieser Aufforderung wie folgt nach:

| 2 | Luisa | die Null kann man nicht sehen´ |

Die Aussage von Luisa, dass man die Null nicht sehen kann, lässt sich als ein Anzeichen dafür interpretieren, dass sie die Aufforderung der Interviewerin zunächst dahingehend deutet, dass eine Beschreibung gefordert ist. Luisa beschreibt die (nicht sichtbare) äußere Gestalt der Zahl. Sie fokussiert nicht innere Zusammenhänge, was für eine Erklärung wichtig wäre. Die Beschreibung selbst ist eher kurz. Die im vorherigen Abschn. 7.2 angeführten Merkmale einer Erklärung (Präpositionalkonstruktionen, ...) lassen sich nicht wiederfinden.

Die Formulierung als Frage, was sich daraus schließen lässt, dass Luisa ihre Stimme am Ende der Äußerung hebt, deutet darauf hin, dass sie sich ihrer Antwort unsicher ist. Etwas spekulativ könnte man vermuten, dass ihr die Differenz zwischen dem Geforderten (der geforderten Sprechhandlung) und ihrer Reaktion (der geäußerten Sprechhandlung) bewusst ist. Die hier rekonstruierte fehlende Passung zwischen geforderter und realisierter Sprechhandlung setzt sich in der folgenden Sequenz fort:

| 3 | I | warum nich´ |

Insofern Ursachen für die Nicht-Sichtbarkeit der Null gefordert werden, lässt sich die Frage der Interviewerin in Turn 3 wiederum als eine Aufforderung zu einer Erklärung im Sinne eines „Erklären-Warums" verstehen. Luisa scheint dieser Aufforderung nachzukommen:

4	Luisa	weil die total klein is´
5	I	*(lacht)*
6	Luisa	aber wenn die Eins dazu kommt wird die total groß.

Der Interaktionslogik folgend, gibt die Schülerin mit dem Verweis auf die geringe Größe einen Grund für die fehlende Sichtbarkeit der Null an. Dies lässt sich wiederum als Verweis auf die äußere Gestalt der Zahl interpretieren: Die Null ist nicht sichtbar, weil sie zu klein ist, um sichtbar zu werden. Mit dem Wort „weil" (T4) wird die Erklärung als Nebensatzkonstruktion begonnen. Entsprechend kann durchaus angenommen werden, dass der Schülerin Luisa die geforderte Sprechhandlung zumindest nicht unbekannt ist. Lernende leiten Fragen nach dem Warum häufig mit „weil" ein. Doch muss dieser Modalterm (Bayer, 1999, S. 94) nicht unbedingt auch inhaltlich eine entsprechende Sprechhandlung nach sich ziehen. Letzteres ist auch unabhängig davon, ob die Schüler:innen den Term bewusst und entsprechend des fachlichen Verständnisses nutzen (Meyer, 2021).

Entsprechend dieser Interpretation könnte nach Redder et al. (2013) auch von einer realisierten funktionalen Beschreibung gesprochen werden, denn inhaltlich wird zwar nur die äußere Gestalt beschrieben, diese wird jedoch mit einem anderen Merkmal, der äußeren Gestalt, in Beziehung gesetzt.

Eigentliches Ziel einer Erklärung wäre es, dass das zu Erklärende (das Explanandum) so in seine Bestandteile zerlegt wird, dass ein:e Hörer:in die funktionalen Zusammenhänge verstehen und in sein bzw. ihr eigenes Wissen einbauen kann (s. Abschn. 7.2). In einer Lernsituation ist ein solches „Einbauen", auch aufgrund der fehlenden Wissensdifferenz, prinzipiell nicht notwendig. In dieser speziellen Situation von Luisa wäre zwar eine solche Wissensdifferenz möglich (die Interviewerin kennt Luisas Verständnis der Zahl Null nicht), jedoch führt Luisa den Zusammenhang zwischen der kleinen Größe der Zahl und deren Unsichtbarkeit nicht weiter aus, sodass ein Verständnis, welches durch eine Erklärung erzeugt werden sollte, kaum erreicht werden kann. Entsprechend dieser theoretischen Betrachtung würde es sich also eher um eine funktionale Beschreibung als um ein Erklären-Warum handeln.

Dass Luisa womöglich ein inhaltliches Problem bei ihrer Erklärung wahrnimmt, könnte daran identifiziert werden, dass sie im Folgenden thematisiert, dass die Null nicht notwendig klein sein muss, sondern auch groß sein kann (T6). Auch hieran wird deutlich, dass es sich um die Beschreibung einer äußeren Gestalt handelt. Die Größe wird bei der folgenden Betrachtung des Zeichens zur Null wieder problematisiert. Jedoch wird dort das Zeichen der Null und nicht die Zahl selbst thematisch.

In Turn 21 lässt sich die wiederholte Aufforderung zu einer Begriffserklärung (Erklären-Was) erkennen:

| 21 | I | und wenn du dir mal vorstellen würdest, ich komm von einem fremden Planeten und ich hab noch nie was von der Null gehört. wie würdest du mir denn die Null erklären´ |

Die Wiederholung der Aufforderung kann als Indiz dafür gewertet werden, dass die Interviewerin mit der bisherigen Reaktion nicht zufrieden ist. Die Einbettung der Frage in eine fiktive Situation könnte zudem den Anlass geben, von einem als geteilt geltenden Wissen abzusehen, wodurch die Interviewerin eine Wissensdifferenz simulieren würde.

22	Luisa	dass die <u>soo</u> *(malt mit dem Finger einen Kreis in die Luft)* ein Kreis is-
23	I	*(nickt)* mhm-
24	Luisa	und dass die auch ganz schön klein ist- *(zeigt mit Zeigefinger und Daumen einen kleinen Abstand zwischen diesen Fingern an)*.
25	I	klein, wie meinst du das´
26	Luisa	also dass die .. nicht <u>so</u> *(breitet die Arme in der Luft über sich aus)* groß ist.
27	I	*(nickt)* aha. aber man könnte die Null ja auch so ganz groß aufmalen. *(malt mit dem Finger eine sehr große Null in die Luft)* und-
28	Luisa	*(nickt)* ja. is ja egal wie groß man die aufmalt. aber die is eigentlich ganz klein. *(I nickt)* sonst is sie richtig klein.
29	I	achso.
30	Luisa	und dann sieht man die auch nich. gar nich.

Die Äußerungen von Luisa lassen sich oberflächlich betrachtet als eine linguistisch adäquate Reaktion auf die Aufforderung nach einer Erklärung verstehen. Hierzu benennt die Schülerin zwei Aspekte:

- Sie thematisiert erneut die kleine Größe der Zahl Null (T24, T26, T28) und
- sie verdeutlicht das Zeichen der Null (T22).

Die beiden Aspekte scheinen dabei nicht zusammenzuhängen, denn die Größe des Zeichens der Null wird als unabhängig von der eigentlichen Größe der Zahl angeführt (T28). Erneut beschreibt Luisa eine scheinbar sichtbare Größe der Null, die jedoch derart gering ausfällt, dass sie wiederum nicht sichtbar ist. Entsprechend der vorangegangenen Betrachtung wird hiermit eher ein Vorstellungsbild von einem Objekt erzeugt und weniger eine innere Systematik aufgezeigt. Hinsichtlich der Merkmale der Sprechhandlung Beschreiben lässt sich hier ein Aufzählungsaspekt identifizieren („ganz schön klein" (T24), „ganz klein" (T28),

„richtig klein" (T28) und nicht sichtbar (T30)). Damit aber hätte sie wie schon in der vorherigen Sequenz eine Beschreibung und keine Erklärung realisiert.

Bisher wurden drei Sequenzen interpretativ erschlossen in denen eine Beschreibung als Reaktion auf eine geforderte Erklärung (zweimal ein Erklären-Was, einmal ein Erklären-Warum) folgte. Die Bedeutung dieses Phänomens in und für Lernprozesse und insbesondere für die Erstklässlerin Luisa wird im Fazit dieses Beitrages eingehend diskutiert.

Als nächstes sei die Sequenz zwischen Turn 39 und 44 betrachtet:

39	I	soo. jetzt hab ich dir ja schon gesagt, es kommt noch eine Frage aus der Mathematik, und, um die geht es eigentlich- dazu brauchen wir auch das Spiel- .. ich stell dir die Frage einfach mal, und vielleicht weiß du schon eine Antwort. *(langsamer und betont)* welche <u>Besonderheiten</u> gibt es, beim <u>Plus</u>rechnen mit der Null´
40	Luisa	*(leise)* beim Plusrechnen mit der Null. *(4 sec) (lauter)(lächelnd)* also wenn ich jetzt <u>eins</u> plus null mache, dann, ergibt das ja <u>eins</u>.
41	I	mhm- ..
42	Luisa	weil die Null ja, .. eigentlich nix <u>is</u>. ..
43	I	wie meinst du das´
44	Luisa	also, dass die Null, … eigentlich <u>null</u>, ne´ *(gestikuliert mit ihren Händen vor sich in der Luft)* das da-, die Null is so <u>gar nix</u>.

Die Aufforderung der Interviewerin in Turn 39 lässt sich auch aus fachlicher Perspektive als eine Aufforderung zu einem Erklären-Wie verstehen: Luisa könnte hierzu bspw. die Addition mit der Zahl Null sukzessive durchgehen, um dann „besondere" Phänomene zu markieren, welche den Prozess der Addition mit Null von dem der Addition ohne Null unterscheiden.

Luisa kommt dieser Aufforderung nach, indem sie zuerst das Ergebnis der Rechnung 1 + 0 angibt. Im Anschluss daran realisiert sie ein Erklären-Was, indem sie nicht auf die Addition explizit eingeht, sondern die Zahl Null als „nix" (T42) bzw. „<u>gar nix</u>" bezeichnet (T44). In den nun folgenden Turns lässt sich die Transformation eines Erklären-Was zu einem Erklären-Wie erkennen:

46	Luisa	also dass dann gar nix da is. .. also wenn ich jetzt ein Steinchen habe und null Steinchen dazutue. dann bleibt ja eins übrig. .. weil die Null man ja nicht sehen kann.
47	I	achs<u>o.</u>
48	Luisa	und das, und das Steinchen, was ich dann dazutue kann man dann ja auch nicht sehen. weil ich ja eben gar keins dazu <u>tue</u>. weil es ja <u>null</u> is.

Turn 46 deutet an, dass Luisa die Addition mit Null verstanden hat. Sie bezieht ihr vormaliges Erklären-Was („dass dann gar nix da is.", T46) auf das geforderte Erklären-Wie (Addition mit 0). In der Interaktion (T47) scheint der Erklärungsbedarf hierdurch befriedigt zu sein. Bei dem Erklären-Wie führt die Schülerin zusätzlich Gründe an und realisiert somit ein Erklären-Warum (als „weil"-Konstruktion kausaler Art gleichsam als Nebensatzkonstruktion in Turn 46 und 48). Hierbei rekurriert sie wiederum auf eine Beschreibung der Null (die Nicht-Sichtbarkeit), sodass wiederum von einer beschreibenden Erklärung gesprochen werden kann. Zusammenfassend betrachtet, bietet Luisa also eine Vielzahl von Sprechhandlungen zur Befriedigung des Erklärungsbedarfs an.

Die folgende Interaktionssequenz beginnt mit der Aufforderung, eine Rechenregel zur Addition mit der Zahl Null zu notieren:

59	I	was schreibst du da jetzt auf'
60	Luisa	man kann die Null nicht sehen.
61	I	*(nickt)* aaah. okay. *(Luisa schreibt den Satz zu Ende) (13 sec)* super. Dankeschön- ich schreib mal deinen Namen noch grade, das könntest du bestimmt auch selber- *(schreibt den Namen auf das Arbeitsblatt)* .. und jetzt, wenn wir nochmal an das Rechnen denken, du hast mir da eben was zu gesagt. *(liest)* <u>meine Regel zum Plusrechnen mit der Null</u>. ich könnte jetzt mal noch was aufschreiben, wenn du mir noch irgendwas diktierst dazu.
62	Luisa	*(nickt)* mhm- ..
63	I	wie funktioniert das, wenn man <u>plus null</u> rechnet.
64	Luisa	*(4 sec)* dann gibt es die Null da einfach nich. *(schüttelt leicht den Kopf)*

Die Reaktion in Turn 64 auf die erneute Nachfrage der Interviewerin stellt fachlich betrachtet wiederum keine direkte Reaktion auf das geforderte Erklären-Wie dar, insofern die Schülerin auf die Handlung der Addition nicht explizit

eingeht. Gleichwohl lässt sich deuten, dass Luisa mit „da" (T64) auf die vormalige Rechnung $(1 + 0 = 1)$ eingeht: Wenn es die Null nicht gibt, dann
muss man auch nicht mit ihr rechnen bzw. sie nicht addieren. Entsprechend
liegt eine „Wenn-dann-Konstruktion" kausaler Art im Horizont der Sequenz.
Hiermit würde Luisa ein Spezifikum der Rechnung selbst beschreiben, um
das Ergebnis der Rechnung zu erklären. Insofern es sich um die Anführung
eines Grundes für ein Explanandum handelt, liegt ein Erklären-Warum vor.
Es kann sich kaum um eine funktionale Beschreibung handeln (s. oben), da
dann zwischen beschriebenen Merkmalen (hier wird jedoch nur ein Merkmal beschrieben) Zusammenhänge hergestellt werden müssten. Zudem wird ein
Erklären-Warum angedeutet („wenn", T63; „dann", T64). Entsprechend kann von
einem beschreibenden Erklären-Warum gesprochen werden: Die Beschreibung
eines Gegenstandes wird angeführt, um diese als ursächlichen Grund für ein
Phänomen geltend zu machen.

Alternativ könnte Turn 64 auch auf Turn 60 bezogen werden, sodass die fehlende Sichtbarkeit (auch unabhängig von der Addition) in einen Zusammenhang
mit der fehlenden Existenz gebracht wird. Auch in dieser Interpretation gehen
Beschreibung und Erklären-Warum miteinander einher.

In der nächsten in diesem Beitrag diskutierten Sequenz geht die Interviewerin
auf die Regel ein:

69	I	*(während des Schreibens)* mhm- *(13 sec)* und jetzt schreib ich noch den letzten Satz auf, das hast du nämlich eben <u>genauso</u> gesagt, und dann hast du noch danach gesagt, dann tut man einfach gar nichts dazu, oder´ *(Luisa nickt und I schreibt weiter: „Dann tut man einfach gar nichts dazu")* *(11 sec)* mhm- … super .. dann hast du jetzt schon eine Rechenregel- .. *(legt das Blatt vor Luisa)* und wie könntest du jetzt diese Regel mit dem Spiel hier erklären´ *(zeigt auf das Spielfeld)*

Die Aufforderung der Interviewerin lässt sich auf zwei verschiedene Weisen
deuten: Zum einen wird explizit nach einem „Wie" gefragt: Wie lässt sich die
Regel erklären? Dementsprechend könnte die Äußerung als Aufforderung nach
einem Erklären-Wie im Sinne der Forderung nach einer Handlungsanweisung verstanden werden: Wie wird die Regel im Spiel angewendet? Zum anderen könnte
die Äußerung auch als Frage nach einem Erklären-Warum verstanden werden,
wenn die Erklärung einer Regel mit dem Spiel fokussiert wird. Das „Wie" würde
dann nicht wörtlich im Sinne der Sprechhandlung Erklären-Wie, sondern eher im
Sinne von „Wie ist es möglich, die Regel mit dem Spiel zu erklären?" verstanden

werden. Die Äußerung der Interviewerin bietet also ein interaktionales Potenzial, sodass Luisa verschiedene Optionen offenstehen. Hierauf ereignet sich folgende Interaktion:

70	Luisa	*(betrachtet das Spielfeld) (18 sec)* wenn ich würfel, und die N- ich die Null habe, dann geh ich einfach, .. *(nimmt den Würfel und würfelt eine Null)* wenn ich jetzt die Null würfel, dann geh ich einfach <u>keinen</u> Schritt. *(hebt ihre Zwergenfigur hoch und setzt sie wieder auf dem gleichen Feld, dem Startfeld, ab).*
71	I	*(nickt)* mhm-
72	Luisa	und wenn ich die Eins dann würfel, *(dreht den Würfel so, dass eine Seite mit einem Punkt nach oben zeigt)* dann geh ich einfach <u>einen</u> Schritt. *(bewegt ihre Spielfigur einen Schritt nach vorne auf Feld 1).*
73	I	*(nickt)* okay.
74	Luisa	*(dreht den Würfel so um, dass wieder die leere Seite nach oben zeigt)* und wenn ich dann wieder ne Null habe, dann geh ich <u>keinen</u> Schritt.

In Turn 70 erklärt Luisa, wie sie die Regel im Spiel realisieren würde: Wird die Zahl Null gewürfelt, so ändert sich die Position der Spielfigur nicht. Es wird kein Schritt vollzogen. Entsprechend dieser Lesart würde Luisa ein Erklären-Wie vollziehen: Wie spiele ich, wenn ich eine Null würfle?

Allerdings bieten Turn 72 und Turn 74 noch eine andere Lesart, denn dort wird die Regel zur Addition mit Null erweitert: Wenn ich Eins würfle, dann gehe ich einen Schritt. Würde Luisa die vorherige Äußerung der Interviewerin als Aufforderung nach einem Erklären-Warum verstehen, so könnte die aus diesen Turns zusammengesetzte Antwort lauten: Bei Eins gehe ich einen Schritt und bei Null muss ich einen Schritt weniger als bei Eins gehen. Luisa selbst gibt diesen Zusammenhang nicht an, doch würde sich dieser aus der Turn-by-Turn-Analyse ergeben, insofern hier das Würfeln der Eins kein Bestandteil der Regel selbst ist. Turn 72 würde demnach als Zwischenschritt zur Erklärung der Regel mit Null dienen.

Ob nun in der Interaktion ein Erklären-Wie oder ein Erklären-Warum interaktiv hervorgebracht wird, bleibt also offen. Die Äußerung der Lehrperson und Luisas Antwort lassen beide Möglichkeiten zu.

Als letztes sei noch die Sequenz betrachtet, in der Luisa auf das Ergebnis der Rechnung $6 + 0 = 6$ eingehen soll:

98	I	warum´
99	Luisa	weil <u>Eins-</u> *(zeigt mit einer Hand einen Finger)* .. ne <u>Null</u> dazu, dann kommen ja, ne, keine d,dazu- *(deutet auf die restlichen vier ‚eingeklappten' Finger)* .. also, nee- mach ich, lieber <u>so</u> einen, weil ja, weil die Null ja gar nicht <u>gibt</u>. *(zeigt mit der anderen Hand einen halben Finger, indem sie einen Finger zeigt, der halb eingeklappt ist, schaut I an und lächelt, I lacht)* trotzdem tu ich einen halben <u>nach oben</u>.

Die Interviewerin scheint Gründe für das Rechenergebnis einzufordern, sodass ein Erklären-Warum nahe liegt. Luisa könnte nun auf ihre zuvor aufgeschriebene Regel verweisen: „Dann tut man einfach gar nichts dazu". Die Schülerin reagiert zunächst damit, dass „keine" dazukommen. Als Ursache führt sie die zuvor beim Erklären-Was genutzte Aussage zur Zahl Null an: Die Null gibt es nicht und muss deswegen auch nicht berücksichtigt werden (T99). Dies lässt sich vergleichen mit einer typisch mathematischen Tätigkeit: Um Zusammenhänge zu beweisen (dabei werden im Gegensatz zum Erklären-Warum aus den Ursachen die Konsequenzen gezogen), werden häufig Definitionen genutzt. Diese Definitionen lassen sich wiederum als Erklären-Was verstehen, insofern sie den wesentlichen Begriffsinhalt festlegen.

Luisa hebt einen halben Finger (T99). Dies kann als Erklären-Wie interpretiert werden, insofern die Schülerin hierdurch ein Vorgehen beschreibt, welches zur Lösung der Aufgabe führt. Spekulativ ließe sich vermuten, dass eine Art Veranschaulichungswunsch zu dieser Aktion beigetragen hat.

7.4 Zusammenfassung und Fazit

Zu Beginn der Zusammenfassung sei ein rein mathematischer Aspekt betrachtet, welcher bereits in Kap. 1 thematisch wurde. Die Zahl Null wurde als Setzung für eine nicht vorhandene Anzahl an Elementen eingeführt und wird in der ersten Klasse auch hierfür verwendet. Die Frage, warum Luisa dies nicht als Antwort gegeben hat, kann natürlich nur spekulativ beantwortet werden. Womöglich fehlte ihr die Sprache, sodass es eventuell genau dies war, was sie mit der „Nicht-Sichtbarkeit" zum Ausdruck bringen wollte: Die zur Zahl Null gehörige Anzahl von Elementen ist so klein, dass sie nicht sichtbar ist. Die „fehlende" Sprache kann jedoch nicht nur aus fehlenden Worten, sondern muss auch aus dem Fehlen (der Anwendbarkeit) von Sprechhandlungen bestehen.

Sprechhandlungen wie das Beschreiben und das Erklären stellen wesentliche Elemente der Interaktion in Lernprozessen dar. Es gilt, mathematische Phänomene zu erfassen, um mit diesen dann weitergehend umgehen zu können. Die verschiedenen Sprechhandlungen zeichnen sich durch verschiedene sprachliche Elemente aus, welche in diesem Beitrag theoretisch präsentiert und in der Empirie rekonstruiert wurden. Hinsichtlich der Differenz zwischen geforderten und realisierten Sprechhandlungen konnten folgende Prozesse rekonstruiert werden:

1. Differenz zwischen geforderten und realisierten Sprechhandlungen: Wenn eine Sprechhandlung gefordert wurde, so wurde durch Luisa häufig eine andere präsentiert. Dies geschah insbesondere, wenn Erklärungen gefordert, jedoch Beschreibungen abgegeben wurden.
2. Wechsel von Sprechhandlungen (auch innerhalb eines Turns): Zur Beantwortung einer Frage der Interviewerin wurden von Luisa in einem einzelnen Turn verschiedene Sprechhandlungen gewählt.
3. Realisierung der geforderten Sprechhandlung

Insofern die fachliche Forderung und die realisierte Reaktion übereinstimmen, lässt sich der dritte Punkt als Idealfall bezeichnen. Bei den anderen beiden Punkten verhält es sich anders, weshalb diese im Folgenden eingehender diskutiert werden.

Zu 1. In den hier betrachteten Sequenzen zeigte sich wiederholt eine Differenz zwischen den Aufforderungen zu Sprechhandlungen und den Realisierungen. An verschiedenen Stellen waren Luisas Handlungen davon geprägt, dass die Schülerin eine Erklärung abgeben sollte, sie diesem Auftrag jedoch nicht nachkam, sondern stattdessen eine Beschreibung äußerte. Diese Beobachtung ist vergleichbar mit den Ergebnissen von Maisano (2019, S. 249 ff.), welche bemerkt, dass sich die Wahl der sprachlichen Mittel vor allem bei Verallgemeinerungen und Erklärungen an Beispielen verändert. Hierbei geht Maisano auch auf die lexikalische Ebene ein, wie es auf eine andere Art auch Pöhler (verh. Friedrich) und Breunig (s. Kap. 9) zur Rekonstruktion der von Luisa und der Interviewerin eingesetzten sprachlichen Mittel tun. Den Wechsel der Sprechhandlungen, also etwa eine Beschreibung statt der geforderten Erklärung abzugeben, bezeichnet Maisano (2019) als eine „Ausweichstrategie" (S. 251). Dies lässt sich dahingehend interpretieren, dass Schüler:innen auf ein vertrautes Handlungsmuster zurückgreifen und die inneren Zusammenhänge (zunächst) unbeachtet lassen. Ob die Lernenden verstehen, dass eine spezifische Sprechhandlung gefordert ist, sie aber bewusst eine andere realisieren oder, ob dies eher unbewusst geschieht, bleibt offen.

Bei der hier vorgelegten Analyse wurden Beschreibungen auch als Reaktionen auf einen aufgestellten Erklärungsbedarf geäußert. Die Aufforderungen wurden jeweils als Forderungen nach dieser Sprechhandlung vor einem fachlich-theoretischen Hintergrund rekonstruiert. Interaktionslogisch ist diese Betrachtung jedoch nicht unproblematisch, denn es könnte ebenso argumentiert werden, dass es sich für Luisa bspw. sehr wohl um eine Beschreibungsaufforderung handelte, welcher die Schülerin nachgekommen ist. Wird aus theoretischer Perspektive eine bestimmte Sprechhandlung gefordert, so muss dies nicht die Sprechhandlung sein, welche die Schüler:innen als eingefordert wahrnehmen. Analog hierzu betrachten Neth & Voigt (1991) als „Thema" des Unterrichts nicht das von der Lehrperson zuvor geplante Thema, sondern das im Unterrichtsprozess interaktiv hervorgebrachte.

In den Sequenzen konnte die Sprechhandlung Beschreiben sowohl als Reaktion auf ein gefordertes Erklären-Warum als auch auf ein gefordertes Erklären-Was rekonstruiert werden. Um die Unabhängigkeit von der spezifisch geforderten Erklärhandlung, der Interaktionslogik und den theoretischen Aspekten der jeweiligen Sprechhandlungen zu berücksichtigen, sei von der Sprechhandlung *beschreibendes Erklären* gesprochen.

Zu 2. Der Wechsel der Sprechhandlungen innerhalb eines Turns kann einerseits ebenfalls unter interaktionslogischen Aspekten gedeutet werden (s. Diskussion zu Punkt 1). Dies sei nun nicht (erneut) ausgeführt. Andererseits lässt sich auch der Wechsel zwischen den Sprechhandlungen (z. B. zwischen verschiedenen Erklärtypen) als Ausweichstrategie verstehen: Womöglich, weil der eigentliche Auftrag nicht erfüllt werden kann, werden alternative, situationsbedingt adäquat erscheinende Sprechhandlungen als Alternativen angeboten. Dies würde jedoch wiederum voraussetzen, dass die Aufforderung nach einer Sprechhandlung in der Interaktion auch als eine solch spezifische Aufforderung (also nach der Aufforderung zur Sprechhandlung X) verstanden wurde.

Während bisher die Ergebnisse für die Theorie gedeutet wurden, seien sie nun aus Sicht der Schülerin bzw. allgemeiner aus Sicht eines Schülers bzw. einer Schülerin, der bzw. die sich so äußert wie Luisa, präsentiert: Die Rekonstruktionen zeigen, dass zwischen geforderten und realisierten Sprechhandlungen eine Differenz liegen kann, jedoch nicht muss – letzteres insbesondere dann, wenn die Situation aus Sicht der Interaktionslogik betrachtet wird. Dies verdeutlicht, dass Forderungen nach bestimmten Sprechhandlungen seitens einer Lehrperson oder in einem Interview bewusst eingesetzt werden sollten. Denn unabhängig davon, ob ein bewusster oder ein unbewusster Wechsel von geforderter zu realisierter Sprechhandlung erfolgte, kann eine interaktive Spannungsaufladung entstehen, insofern das wiederholte Anbringen vorhergehender Beschreibungen als Erklärungen allein wegen der Wiederholung von etwas bereits Gesagtem von den Lernenden als ungenügend wahrgenommen werden kann: Warum wird etwas erneut gefragt, was ich schon gesagt/beantwortet habe? Auch ist ein bewusstes Ausweichen nicht immer als ein solches direkt zu erkennen: Bspw. wurden in den Rekonstruktionen oben verschieden realisierte Sprechhandlungen als Deutungshypothesen vorgestellt. Einzelner Passagen könnten auch anders gedeutet werden, als es oben erfolgte. Entsprechend wird die Bedeutung eines differenzierten Blickes auf die Handlung wesentlich: Wurde tatsächlich eine Erklärung realisiert? Ist in der aktuellen Situation eine Erklärung überhaupt erwartbar? Das Erklären gehört zu den komplexen Sprechhandlungen (s. Kiel et al., 2015; Rösike et al., 2020). Die Analysen zeigen, dass Luisa diese komplexe Sprechhandlung (zumindest teilweise) realisieren kann (s. die von ihr entwickelten Erklärungen). Inhaltliche Erklärungen zu mathematischen Begriffen abzugeben, ist eine Kompetenz, welche sich zumeist erst später in der Entwicklung eines Schülers bzw. einer Schülerin vollzieht. Sachse, Bockmann und Buschmann (2020) geben bspw. an, dass die Herstellung von kausalen Zusammenhängen zwischen Ereignissen in Geschichten erst ab „etwa 7 Jahren" (S. 36) erfolgt. Zudem werden am Ende der Schuleingangsphase lediglich „Beschreibungen" (z. B. MSW NRW, 2008, S. 61 f.) und keine Erklärungen als Kompetenzen erwartet.

Entsprechend der hier dargestellten Diskussion zwischen Interaktionslogik einerseits und theoretisch-linguistischen Anforderung an die Sprechhandlungen andererseits, ist die Sprechhandlung „beschreibendes Erklären" nicht notwendig als eine Ausweichstrategie zu verstehen. Insofern die Sprechhandlung Erklären komplex ist, insbesondere weil Ursache-Wirkungs-Zusammenhänge zumeist nicht direkt einsichtig sind, lässt sich optimistisch interpretiert in allen betrachteten Sequenzen der Versuch einer inhaltlichen (Er-)Klärung verstehen, welcher dann über eine Beschreibung realisiert wird. In der speziellen Situation kommt es dann auf die Reaktion der Interaktionspartnerin an, ob eine beschreibende Erklärung als Erklärung akzeptiert wird.

Literatur

Bayer, K. (1999). *Argument und Argumentation. Logische Grundlagen der Argumentationsanalyse.* Opladen: Westdeutscher Verlag.
Bühler, K. (1934). *Sprachtheorie. Die Darstellungsfunktion der Sprache.* Jena: Fischer.
11858/00-001M-0000-002A-F2C0-B.

Ehlich, K. & Rehbein, J. (1979). Handlungsmuster im Unterricht. In R. Mackensen & F. Sagebiel (Hrsg.), *Soziologische Analysen. Referate aus den Veranstaltungen der Sektionen der Deutschen Gesellschaft für Soziologie und der ad-hoc-Gruppen beim 19. Deutschen Soziologentag* (S. 535–562). Berlin: Technische Universität Berlin.

Ehlich, K. & Rehbein, J. (1986). *Muster und Institution. Untersuchungen zur schulischen Kommunikation.* Tübingen: Narr.

Ehlich, K. (1975). Thesen zur Sprechakttheorie. In D. Wunderlich (Hrsg.), *Linguistische Pragmatik* (2. Aufl., S. 122–126). Frankfurt a. M.: Athenäum.

Ehlich, K. (2016). Sprechhandlungen. In H. Glück & M. Rödel (Hrsg.), *Metzler Lexikon Sprache* (5. Aufl., S. 664–665). Stuttgart: Metzler. https://doi.org/10.1007/978-3-476-054 86-9.

Grießhaber, W. (1999). *Die relationierende Prozedur. Zu Grammatik und Pragmatik lokaler Präpositionen und ihrer Verwendung durch türkische Deutschlehrer.* Münster: Waxmann.

Gruber, H. (2012). Funktionale Pragmatik und Systemisch Funktionale Linguistik – ein Vergleich. In F. Januschek, A. Redder & M. Reisigl (Hrsg.), *Kritische Diskursanalyse und Funktionale Pragmatik* (S. 19–49). Duisburg: Universitätsverlag Rhein-Ruhr.

Heinze, A., Herwartz-Emden, L. & Reiss, K. (2007). Mathematikkenntnisse und sprachliche Kompetenz bei Kindern mit Migrationshintergrund zu Beginn der Grundschulzeit. *Zeitschrift für Pädagogik, 53*(4), 562–581. https://doi.org/10.25656/01:4412.

Hoffmann, L. (1997). Sprache und Illokution. In G. Zifonun, L. Hoffmann & B. Strecker (Hrsg.), *Grammatik der deutschen Sprache* (Bd. 1, S. 99–159). Berlin: de Gruyter.

Hohenstein, Ch. (2006). *Erklärendes Handeln im Wissenschaftlichen Vortrag. Ein Vergleich des Deutschen mit dem Japanischen.* München: Iudicium. 11475/6592.

Jungwirth, H. (2003). Interpretative Forschung in der Mathematikdidaktik – ein Überblick für Irrgäste, Teilzieher und Standvögel. *Zentralblatt für Didaktik der Mathematik, 35*(5), 189–200.

Kiel, E. (1999). *Erklären als didaktisches Handeln.* Würzburg: Ergon.

Kiel, E., Meyer, M. & Müller-Hill, E. (2015). Was? Wie? WARUM? *Praxis der Mathematik in der Schule. Sekundarstufen I und II, 64,* 2–9.

Klein, J. (1987). *Die konklusiven Sprechhandlungen. Studien zur Pragmatik, Semantik, Syntax und Lexik von Begründungen, Erklären-warum, Folgern und Rechtfertigen.* Berlin: de Gruyter.

Klein, J. (2009). Erklären-Was, Erklären-Wie, Erklären-Warum. Typologie und Komplexität zentraler Akte der Welterschließung. In R. Vogt (Hrsg.), *Erklären. Gesprächsanalytische und fachdidaktische Perspektiven* (S. 25–36). Tübingen: Stauffenburg.

Maisano, M. (2019). *Beschreiben und Erklären beim Lernen von Mathematik. Rekonstruktion mündlicher Sprachhandlungen von mehrsprachigen Grundschulkindern.* Wiesbaden: Springer. https://doi.org/10.1007/978-3-658-25370-7.

Meyer, M. & Tiedemann (2017). *Sprache im Fach Mathematik.* Berlin: Springer. https://doi.org/10.1007/978-3-662-49487-5.

Meyer, M. (2015). Productivity and Flexibility of (first) Language Use: Qualitative and Quantitative Results of an Interview Series on Chances and Needs of Speaking Turkish for Learning Mathematics in Germany. In A. Halai & P. Clarkson (Eds.), *Teaching and Learning Mathematics in Multilingual Classrooms. Issues for Policy, Practice and Teacher Education* (pp. 143–156). Rotterdam: Sense Publishers.

Meyer, M. (2021). *Entdecken und Begründen im Mathematikunterricht. Von der Abduktion zum Argument* (2. Aufl.). Berlin: Springer. https://doi.org/10.1007/978-3-658-32391-2.

MSW NRW [Ministerium für Schule und Weiterbildung des Landes Nordrhein-Westfalen] (Hrsg.) (2008). *Richtlinien und Lehrpläne für die Grundschule in Nordrhein-Westfalen.* Frechen: Ritterbach.

Neth, A. & Voigt, J. (1991). Lebensweltliche Inszenierungen. Die Aushandlung schulmathematischer Bedeutungen an Sachaufgaben. In H. Maier & J. Voigt (Hrsg.), *Interpretative Unterrichtsforschung* (S. 79–116). Köln: Aulis.

OECD [Organization for Economic Co-Operation and Development] (2007). *PISA 2006. Science Competencies for Tomorrow's World. Volume 2: Data.* Paris: OECD.

Paetsch, J., Felbrich, A. & Stanat, P. (2015). Der Zusammenhang von sprachlichen und mathematischen Kompetenzen bei Kindern mit Deutsch als Zweitsprache. *Zeitschrift für Pädagogische Psychologie, 29*(1), 19–29. https://doi.org/10.1024/1010-0652/a000142.

Prediger, S., Wilhelm, N., Büchter, A., Gürsoy, E. & Benholz, C. (2015). Sprachkompetenz und Mathematikleistung. Empirische Untersuchung sprachlich bedingter Hürden in den Zentralen Prüfungen 10. *Journal für Mathematik-Didaktik, 36*(1), 77–104. https://doi.org/10.1007/s13138-015-0074-0.

Redder, A. (2008). Grammatik und sprachliches Handeln in der Funktionalen Pragmatik. In Japanische Gesellschaft für Germanistik (Hrsg.), *Grammatik und sprachliches Handeln* (S. 9–26). München: Iudicum.

Redder, A., Guckelsberger, S. & Graßer, B. (2013). *Mündliche Wissensprozessierung und Konnektierung. Sprachliche Handlungsfähigkeiten in der Primarstufe.* Münster: Waxmann.

Rehbein, J. (1984). Beschreiben, Berichten und Erzählen. In K. Ehlich (Hrsg.), *Erzählen in der Schule* (S. 67–124). Tübingen: Narr.

Rösike, K.-A., Erath, K., Neugebauer, P. & Prediger, S. (2020). Sprechen lernen in Partnerarbeit und im Unterrichtsgespräch. In S. Prediger (Hrsg.), *Sprachbildender Mathematikunterricht in der Sekundarstufe. Ein forschungsbasiertes Praxisbuch* (S. 58–66). Berlin: Cornelsen.

Sachse, S., Bockmann, A.-K. & Buschmann, A. (2020). Sprachentwicklung im Überblick. In S. Sachse, A.-K. Bockmann & A. Buschmann (Hrsg.), *Sprachentwicklung. Entwicklung – Diagnostik – Förderung im Kleinkind- und Vorschulalter* (S. 3–44). Berlin: Springer. https://doi.org/10.1007/978-3-662-60498-4.

Secada, W. G. (1992). Race, Ethnicity, Social Class, Language, and Achievement in Mathematics. In D. A. Grouws (Ed.), *Handbook of Research on Mathematics Teaching and Learning* (pp. 623–660). New York: MacMillan.

Struve, H. (1990). *Grundlagen einer Geometriedidaktik.* Mannheim: BI Wissenschaftsverlag.

Voigt, J. (1984). *Interaktionsmuster und Routinen im Mathematikunterricht. Theoretische Grundlagen und mikroethnographische Falluntersuchungen.* Weinheim: Beltz.

Wunderlich, D. (1972). Zur Konventionalität von Sprechhandlungen. In D. Wunderlich (Hrsg.), *Linguistische Pragmatik* (S. 11–58). Frankfurt: Athenäum.

Die Null kann man nicht sehen – Interpretative Rekonstruktion von Überzeugungen und Gründen

8

Maximilian Moll

Zusammenfassung

Der spezifische Fokus dieses Beitrags liegt auf der Rekonstruktion von Überzeugungen anhand von Gründen, die im Verlauf des Transkripts von Luisa eingebracht, angepasst und validiert werden. Es wird ein philosophisch und soziologisch basierter Überzeugungsbegriff präsentiert und zur Interpretation angewandt. Die Interpretationen verdeutlichen die Beharrlichkeit und die Anpassungsfähigkeit der von einer Schülerin eingebrachten Gründe, einhergehend mit einer subjektiven Überzeugung.

8.1 Einleitung – Theoretische Grundgedanken zu einer Überzeugung im Werden

Für den Begriff „Überzeugung"[1] existiert in der mathematikdidaktischen Forschung keine allgemein akzeptierte Definition. Überzeugungen werden in der Mathematikdidaktik vor allem als „beliefs"[2] bezeichnet, und zwar in dem Sinne,

---

[1] Vorab sei darauf hingewiesen, dass sich die theoretischen Grundlagen im Wesentlichen auf meine 2019 erschienene Dissertation (Moll, 2020) beziehen. Sollte der Wunsch zu einer tiefer gehenden Auseinandersetzung mit den interaktionistischen und systemischen Grundlagen bestehen, so sei also auf diese Dissertation verwiesen. Dennoch werden an dieser Stelle einige Grundzüge zum Begriff der Überzeugung und seiner Nutzung in Lehr-Lernprozessen aufgezeigt und erläutert.

[2] An dieser Stelle wird „beliefs" klein geschrieben, da dies der internationalen Schreibweise entspricht.

M. Moll (✉)
Wuppertal, Deutschland

M. Meyer (Hrsg.), *Geschichten zur 0,* Kölner Beiträge zur Didaktik der Mathematik, https://doi.org/10.1007/978-3-658-42120-5_8

dass „sich Beliefs also als Überzeugungen und Auffassungen über Mathematik sowie das Lehren und Lernen von Mathematik verstehen" (Rolka, 2006, S. 9). Pehkonen und Pietilä (2004) fassen die vielfältigen Verwendungsweisen von beliefs wie folgt zusammen, wodurch auch die Schwierigkeiten einer einheitlichen Definition von beliefs deutlich werden:

> „There are several difficulties in defining concepts related to beliefs. Some researchers consider beliefs to be part of knowledge (e.g. Pajares, 1992; Furinghetti, 1996), some think beliefs are part of attitudes (e.g. Grigutsch, 1998), and some consider they are part of conceptions (e.g. Thompson, 1992). There can be differences also depending on the discipline. For example emotions can have different meaning in psychology than in mathematics education (e.g. McLeod, 1992). In addition it is possible that researchers use same terminology although they study different phenomena. This all makes it hard to understand studies and compare them to each other (e.g. Ruffell, Mason & Allen, 1998)." (Pehkonen & Pietilä, 2004, S. 1)

Pehkonen und Pietilä (2004) verstehen beliefs als „subjective, experience-based, often implicit knowledge, and emotions on some matter or state of art" (S. 2). Im Rahmen ihrer Definition machen sie auch ihre Annahme deutlich, dass beliefs „under continuous evaluation and change" sind (Pehkonen & Pietilä, 2004, S. 4). Der hier verwendete Begriff der Überzeugung zeigt Bezüge zu den oben genannten Begriffsfassungen auf, wie etwa der Veränderbarkeit einer Überzeugung. Er wird allerdings inhaltlich gewendet und auf der Basis Immanuel Kants (1724–1804) als ein *Fürwahrhalten* eines mathematischen Sachverhaltes bzw. der Anwendbarkeit des Sachverhaltes in einem bestimmten Kontext aus subjektiv zureichenden inhaltlichen Gründen und inhaltlichen Gründen, die als für andere zureichend wahrgenommen werden, gefasst (Moll, 2020, S. 148). Dabei ist Überzeugung stets ein „prozesshaftes Geschehen" (Moll, 2020, S. 153) innerhalb einer Interaktion und in keiner Weise ausschließlich ein Produkt aus inhaltlichen Gründen, denn auch diese Gründe unterliegen einer ständigen Veränderung innerhalb eines Interaktionsgeschehens, was mit Blick auf den Symbolischen Interaktionismus von Blumer (1981, s. Kap. 2 in diesem Band) deutlich wird. Wie Moll (2020) zeigte, können die von Blumer verfassten drei Prämissen (s. hierfür Kap. 2 in diesem Band) mit Blick auf den verwendeten Überzeugungsbegriff in folgender Weise transformiert werden:

> „1. Personen halten einen mathematischen Sachverhalt auf der Grundlage inhaltlicher Gründe, die sie für das Fürwahrhalten relativ zu diesem mathematischen Sachverhalt besitzen bzw. wahrnehmen, für wahr. Diese inhaltlichen Gründe können subjektiv zureichend sein und/oder als für andere als zureichend wahrgenommen werden.

2. Die inhaltlichen Gründe in Bezug zum Fürwahrhalten und damit auch das Fürwahrhalten des mathematischen Sachverhaltes werden aus der sozialen Interaktion, die eine Person mit Mitmenschen eingeht, abgeleitet bzw. entstehen aus dieser Interaktion.

3. Die inhaltlichen Gründe werden in einem interpretativen Prozess, den eine Person in der Auseinandersetzung mit dem jeweiligen Fürwahrhalten zu dem mathematischen Sachverhalt und den entsprechenden inhaltlichen Gründen eingeht, benutzt, gehandhabt und abgeändert." (Moll, 2020, S. 149 f.)

Zusammenfassend lässt sich Überzeugung in *vier Kategorien des Fürwahrhaltens* darstellen (s. Tab. 8.1), die davon abhängig sind, ob und wie ein inhaltlicher Grund zureichend ist.

Ob ein Grund als subjektiv zureichend oder als für andere als zureichend wahrgenommen wird, lässt sich innerhalb eines Interaktionsgeschehens mithilfe zahlreicher Indizien rekonstruieren. Indizien für *subjektiv zureichende Gründe* sind gemäß Moll (2020, S. 155 f.):

- „Wiederholung eines Grundes
- Anpassung eines Grundes
- Validierung eines Grundes, bspw. (gedanklich) empirisch
- Bewährung eines Grundes im Zweifel
- Erzeugung einer Lösung mittels des Grundes
- Anpassung der inszenierten Alltäglichkeit
- Widerspruch gegen die Autorität
- Entscheidung für ein Fürwahrhalten in Anbetracht verschiedener Alternativen"

Für *als für andere als zureichend wahrgenommene Gründe* können folgende Indizien genutzt werden (Moll, 2020, S. 162):

- „Bestätigung des eigenen Grundes durch eine andere Person
- Ausbleiben einer Intervention
- Aufforderung zur Handlung durch einen anderen Interaktionspartner
- Explikation eines latent vorhandenen Grundes seitens des Interaktionspartners
- Erfolgreiche Prüfung des Grundes seitens des Interaktionspartners
- Passung eines externen Grundes für das eigene Fürwahrhalten"

Als besonderer Interaktionsmoment ist der *Zweifel* zu nennen, bei dem zwei nicht äquivalente Gründe miteinander konkurrieren. Zweifel können zu einem Hinterfragen der eigenen Überzeugung und der damit verbundenen inhaltlichen Gründe führen. Ein solcher Moment des Zweifels könnte im Rahmen eines Interaktionsgeschehens aufgelöst werden, indem der bzw. die Lernende seine bzw. ihre bisherigen Gründe im Vergleich zu den Gründen des Interaktionspartners

Tab. 8.1 Modi und Kategorien des Fürwahrhaltens (Moll, 2020)

Subjektiv zureichende Gründe	Als für andere als zureichend wahrgenommene Gründe	Kategorie
Nein	Nein	Vertrauen
Ja	Nein	Subjektive Überzeugung
Ja	Ja	Systemisch-interaktive Überzeugung
Nein	Ja	Überredung

bzw. der Interaktionspartnerin als zureichender annimmt und damit an seinem Fürwahrhalten festhält (Moll, 2020, S. 166).

Eine Trennung von Überzeugtsein und Überzeugtwerden kann in der Lehr-Lern-Realität nur künstlich aufrechterhalten werden. Überzeugtsein und Überzeugtwerden greifen immer ineinander, denn Überzeugung verändert sich im Laufe des Interaktionsprozesses anhand der eingebrachten und ausgehandelten Gründe stetig, so wie sich auch die Gründe selbst verändern können. Auf Grundlage der in Kap. 2 genannten Methode wird durch folgendes methodisches Vorgehen versucht, dies zu berücksichtigen:

In einem ersten Schritt wird zu verschiedenen Momenten des Interviews die Kategorie des entsprechenden Fürwahrhaltens in Abhängigkeit von den jeweils aufkommenden Gründen rekonstruiert. Mithilfe der vier Kategorien des Fürwahrhaltens nach Moll (2020) lässt sich zu bestimmten Momenten einer Interaktion „Überzeugung" theoretisch als ein Überzeugtsein auffassen. Bspw. können in einem bestimmten Turn ein inhaltlich zureichender Grund, die Anbahnung oder die Bewährung eines solchen Grundes anhand der genannten Indizien rekonstruiert werden. Somit kann die Überzeugung in diesem Moment einer Kategorie des Fürwahrhaltens zugeordnet werden.

In einem zweiten Schritt können diese Momentaufnahmen dann in einer zusammenfassenden Rückbetrachtung des gesamten Interaktionsverlaufs mithilfe der ausgewählten Deutungshypothesen zumindest theoretisch als Prozess betrachtet werden. Somit wird die Rekonstruktion einer *Überzeugung im Werden* ermöglicht.

8.2   Interpretation

1	I	*(beide stellen sich namentlich vor, einführende Worte)* gut. dann kommt jetzt die erste Frage an dich, die ich dir mitgebracht habe- *(etwas langsamer und betont)* <u>was</u> verstehst du unter der Zahl <u>Null</u>´, du darfst da etwas einfach <u>sagen</u> zu, oder du <u>malst</u> etwas auf, oder du schreibst etwas.
2	Luisa	die Null kann man nicht sehen´
3	I	<u>warum</u> nich´
4	Luisa	weil die total klein is´

Luisa wird zu Beginn gefragt, was sie unter der Null verstehe. Daraufhin entgegnet sie, dass man „die Null [...] nicht sehen" (T2) kann. Diese Aussage kann für sich noch keiner Kategorie des Fürwahrhaltens zugeordnet werden, denn bis zu Turn 2 werden von Luisa keine Gründe genannt. Ob sie Gründe für ihr Fürwahrhalten, dass die Null nicht zu sehen sei, hat oder nicht, wird in Turn 4 aufgelöst, denn an dieser Stelle äußert sie einen ersten Grund für ihr Fürwahrhalten: „weil die total klein is" (T4). Ob dieser Grund subjektiv zureichend oder gar als für andere als zureichend wahrgenommen wird, bleibt allerdings unklar. So lässt sich bis zu Turn 4 das Fürwahrhalten von Luisa als *Vertrauen* kategorisieren.

5	I	*(lacht)*
6	Luisa	aber wenn die Eins dazu kommt wird die total groß.
7	I	<u>ahaa.</u>
8	Luisa	weil das dann die Zehn is.
9	I	achso, . aha´
10	Luisa	das ham wir bei der Frau X *(Name der Lehrerin)* gelernt.
11	I	ok.
12	Luisa	letztes Jahr noch.
13	I	und dann weißt du das noch´ *(Luisa nickt)* toll.
14	Luisa	wir solln ja immer alles wissen, <u>was in der Schule so is.</u>
15	I	hm- *(nickt)*
16	Luisa	das ham wir nie vergessen.

Im folgenden Interaktionsverlauf wird dieser erste Grund angepasst und erweitert. Bis zu Turn 8 könnte dies als ein Indiz dafür angenommen werden, dass dieser erste Grund für Luisa subjektiv zureichend ist, da die Erweiterung eines Grundes immer auch eine Auseinandersetzung mit den jeweiligen Inhalten annehmen lässt. Turn 10 bis 16 eröffnen allerdings eine weitere mögliche Interpretation. Die Erweiterung des ersten Grundes mithilfe des Vergleichs von „total klein" (T4) mit „total groß" (T6) könnte auch auf ein Fürwahrhalten als *Überredung* hindeuten, weil Luisa dies „bei der Frau X gelernt" (T10) hat. Weiterhin betont sie, dass „wir [...] ja immer alles wissen [sollen], was in der Schule so is" (T14). Daher könnte der gesamte erste Grund von Luisa als für andere, in diesem Fall der Lehrerin X, zureichend wahrgenommen werden, wobei dieser Grund gleichzeitig nicht subjektiv zureichend ist. Weiterhin könnten Turn 13 und 15 auch darauf hindeuten, dass Luisa wahrnimmt, dass dieser Grund und dessen Erweiterung auch für die Interviewerin zureichend sein könnten. Dies würde die Interpretation des Fürwahrhaltens als Überredung nochmals bestärken.

Im Anschluss versucht die Interviewerin, weitere Erklärungen zur Null zu eruieren. Dazu nutzt sie eine inszenierte Wirklichkeit (Voigt, 1984), indem Luisa die Null einer Person von einem fremden Planeten erklären soll:

21	I	und wenn du dir mal vorstellen würdest, ich komm von einem fremden Planeten und ich hab noch nie was von der Null gehört. wie würdest du mir denn die Null erklären´
22	Luisa	dass die <u>soo</u> *(malt mit dem Finger einen Kreis in die Luft)* ein Kreis is-
23	I	*(nickt)* mhm-
24	Luisa	und dass die auch ganz schön klein ist- *(zeigt mit Zeigefinger und Daumen einen kleinen Abstand zwischen diesen Fingern an).*
25	I	klein, wie meinst du das´
26	Luisa	also dass die .. nicht <u>so</u> *(breitet die Arme in der Luft über sich aus)* groß ist.
27	I	*(nickt)* aha. aber man könnte die Null ja auch so ganz groß aufmalen. *(malt mit dem Finger eine sehr große Null in die Luft)* und-
28	Luisa	*(nickt)* ja. is ja egal wie groß man die aufmalt. aber die is eigentlich ganz klein. *(I nickt)* sonst is sie richtig klein.
29	I	achso.
30	Luisa	und dann sieht man die auch nich. gar nich.

An dieser Stelle könnten sich zwei Indizien für die Interpretation des ersten Grundes als subjektiv zureichend entdecken lassen. Zum einen wiederholt Luisa in Turn 24, 26 und 28 die in Turn 4 und 8 genannten Gründe dafür, dass man die Null nicht sehen kann. Zum anderen könnte diese Wiederholung auch auf eine Anpassung des Grundes an die von der Interviewerin inszenierte Wirklichkeit hindeuten. Auch wenn die Erklärung eine Wiederholung des vorherigen Grundes ist, so wird er auch in diesem neuen Kontext von Luisa angewandt.

Beide Indizien, die Wiederholung und die Anpassung des Grundes, deuten darauf hin, dass der von Luisa eingebrachte Grund, warum man die Null nicht sehen kann, spätestens an dieser Stelle subjektiv zureichend ist. Damit wäre an dieser Stelle von einer *systemisch-interaktiven Überzeugung* die Rede, da sich der Grund über Turn 1 bis 30 zunächst aus Luisas Perspektive als für andere als zureichend wahrgenommen und als subjektiv zureichend bewährt hat.

Es folgt eine Erklärung des Additionsspiels, bevor Luisa sich den Würfel anschaut, woran die folgende Sequenz anknüpft:

32	Luisa	*(nimmt den Würfel in die Hand und zeigt auf die Seite ohne Punkte)* da sind null.
33	I	wieso′
34	Luisa	weil überhaupt keine St- Sachen sind.
35	I	mhm. *(nickt)*

Luisa identifiziert für sich die Seite des Würfels, der keine Punkte hat, mit „da sind null" (T32). Ob sie damit tatsächlich die Null im kardinalen Sinne meint, bleibt an dieser Stelle unklar. Auf Nachfrage der Interviewerin antwortet Luisa: „weil überhaupt keine St- Sachen sind." (T34). Dies könnte eine erste Anbahnung eines Grundes sein. Dieser Grund könnte darauf basieren, dass die Null von Luisa mit „keine [...] Sachen" (T34) verbunden wird. Turn 35 könnte von Luisa als Bestätigung dieses angebahnten Grundes wahrgenommen werden. Inwiefern dies als ein für andere als zureichend wahrgenommener Grund rekonstruiert werden kann, bleibt unklar. An dieser Stelle könnte höchstens der angebahnte und teils noch implizite Grund in diese Richtung interpretiert werden. Möglicherweise lässt sich diese Interpretation in einer Rückschau mithilfe der nun folgenden Turns verstärken:

39	I	soo. jetzt hab ich dir ja schon gesagt, es kommt noch eine Frage aus der Mathematik, und, um die geht es eigentlich- dazu brauchen wir auch das Spiel- .. ich stell dir die Frage einfach mal, und vielleicht weiß du schon eine Antwort. *(langsamer und betont)* welche <u>Besonderheiten</u> gibt es, beim <u>Plus</u>rechnen mit der Null′
40	Luisa	*(leise)* beim Plusrechnen mit der Null. *(4 sec) (lauter)(lächelnd)* also wenn ich jetzt <u>eins</u> plus null mache, dann, ergibt das ja <u>eins</u>.
41	I	mhm- ..
42	Luisa	weil die Null ja, .. eigentlich nix <u>is</u>. ..
43	I	wie meinst du das′
44	Luisa	also, dass die Null, … eigentlich <u>null</u>, ne′ *(gestikuliert mit ihren Händen vor sich in der Luft)* das da-, die Null is so <u>gar</u> nix.
45	I	*(nickt)* mhm-
46	Luisa	also dass dann gar nix da is. .. also wenn ich jetzt ein Steinchen habe und null Steinchen dazutue. dann bleibt ja eins übrig. .. weil die Null man ja nicht sehen kann.
47	I	achs<u>o.</u>
48	Luisa	und das, und das Steinchen, was ich dann dazutue kann man dann ja auch nicht sehen. weil ich ja eben gar keins dazu <u>tue.</u> weil es ja <u>null</u> is.

In diesen Turns könnte das Fürwahrhalten von Luisa sein, dass das Ergebnis durch die Null nicht beeinflusst wird. Dies könnte für sie eine Besonderheit beim „Plusrechnen mit der Null" (T39) sein. Dafür werden im Folgenden von Luisa zwei Gründe genannt: Zum einen ist die Null „nix" (T42). Zum anderen wird Luisas Fürwahrhalten, dass man die Null nicht sehen kann (T2), in Turn 46 zum Grund.

An dieser Stelle kann angenommen werden, dass Luisa subjektiv zureichende Gründe für ihr Fürwahrhalten besitzt. Dafür sprechen die Indizien, dass sie die unterschiedlichen Gründe wiederholt und anpasst. Weiterhin könnten die Turns 46 und 48 als eine gedankliche empirische Prüfung interpretiert werden, die diese Gründe unterstützt, denn „null Steinchen" könnten von Luisa mit „die Null [kann] man ja nicht sehen" (T46) in Verbindung gebracht werden.

Insgesamt kann an dieser Stelle angenommen werden, dass das Fürwahrhalten von Luisa mindestens einer *subjektiven Überzeugung* entspricht, da in Kurzform folgendes interpretiert werden könnte: Die Null ist für Luisa vermutlich das neutrale Element bei der Addition, weil die Null für sie nix ist (T42, T44), was daran liegt, dass man die Null nicht sehen kann (T2, T46), weil sie klein (T4, T24, T28) bzw. nicht groß ist (T8, T26). Dadurch verändert sich „beim Plusrechnen mit der Null" (T40) nichts am Ergebnis.

Eventuell könnte Turn 45 als Bestätigung ihres Grunds seitens der Interviewerin aufgefasst werden. In diesem Fall könnten ihre Äußerungen und das damit verbundene Fürwahrhalten als *systemisch-interaktiven Überzeugung* rekonstruiert werden.

49	I	mhm-.. ok-, <u>und</u> funktioniert das auch bei andern Zahlen oder nur bei der Eins´..
50	Luisa	das funktioniert auch bei anderen Zahlen.
51	I	warum´
52	Luisa	<u>weiel</u>... <u>die Null-,</u> also wenn ich jetzt zehn plus null mache dann isses ja immer noch zehn. *(I nickt)* .. weil die Null eigentlich zu jeder Zahl passt.

Die vorgenommene Anpassung des Grundes, dass „das […] auch bei anderen Zahlen" (T50) funktioniert, auf weitere Kontexte lässt sich als weiteres Indiz für die subjektive Zureichung der im vorherigen Abschnitt beschriebenen Gründe interpretieren. Im Anschluss (T53–T60) folgt die Aufforderung der Interviewerin, eine Rechenregel aufzuschreiben. Dieser Forderung kommt Luisa nach und notiert *„Man kann die Null nicht sehen"* (T58, s. auch T60).

61	I	*(nickt)* aaah. okay. *(Luisa schreibt den Satz zu Ende) (13 sec)* super. Dankeschön- ich schreib mal deinen Namen noch grade, das könntest du bestimmt auch selber- *(schreibt den Namen auf das Arbeitsblatt)* .. und jetzt, wenn wir nochmal an das Rechnen denken, du hast mir da eben was zu gesagt. *(liest)* <u>meine Regel zum Plusrechnen mit der Null.</u> ich könnte jetzt mal noch was aufschreiben, wenn du mir noch irgendwas diktierst dazu.
62	Luisa	*(nickt)* mhm- ..
63	I	wie funktioniert das, wenn man <u>plus null</u> rechnet.
64	Luisa	*(4 sec)* dann gibt es die Null da einfach nich. *(schüttelt leicht den Kopf)*
65	I	mhm.
66	Luisa	also dann, tut man einfach gar nix *(Schulterzucken)* dazu.
67	I	dann schreib ich das mal auf, oder´ was soll ich denn für einen Satz aufschreiben´
68	Luisa	hm. *(10 sec) (redet und I schreibt)* wenn man eins plus null rechnet, dann gibt's die Null nich.

Der weitere Vorschlag der Interviewerin, „jetzt mal noch was auf[zu]schreiben, wenn du mir noch irgendwas diktierst" (T61), könnte von Luisa so wahrgenommen werden, dass die bis hierhin von ihr eingebrachten Gründe zur Rechenregel mit der Null für die Interviewerin unzureichend sind. Darauf deuten auch ihre Zustimmung in Turn 62 und die Formulierungen „dann gibt es die Null da einfach nich" (T64), „also dann, tut man einfach gar nix [...] dazu" (T66) und „dann gibt's die Null nich" (T68) hin, die eine Wiederholung und leichte Anpassung des Grundes in Turn 42, 44, 46 und 48 ist. Es bleibt also bei einer *subjektiven Überzeugung*, da die Interventionen der Interviewerin (T61, T67) von Luisa so wahrgenommen werden könnten, dass ihre Gründe für die Interviewerin nicht zureichend sind. Ob die Interventionen der Interviewerin in Turn 61 und 67 sowie das Schulterzucken von Luisa in Turn 66 bei Luisa zum Interaktionsmoment des Zweifels führen, lässt sich an dieser Stelle nicht abschließend beurteilen.

| 69 | I | *(während des Schreibens)* mhm- *(13 sec)* und jetzt schreib ich noch den letzten Satz auf, das hast du nämlich eben <u>genauso</u> gesagt, und dann hast du noch danach gesagt, dann tut man einfach gar nichts dazu, oder´ *(Luisa nickt und I schreibt weiter: „Dann tut man einfach gar nichts dazu") (11 sec)* mhm- ... super .. dann hast du jetzt schon eine Rechenregel- .. *(legt das Blatt vor Luisa)* und wie könntest du jetzt diese Regel mit dem Spiel hier erklären´ *(zeigt auf das Spielfeld)* |

Turn 69 eröffnet folgende Interpretation: Die von der Interviewerin vorgenommene Intervention in Richtung „dann tut man einfach gar nichts dazu" (T69), könnte von Luisa als Bestätigung ihres eigenen in Turn 48 genannten Grundes wahrgenommen werden. Dadurch wäre dieser Grund nicht nur für Luisa subjektiv zureichend, sondern auch als für die Interviewerin zureichend wahrgenommen. Somit würde sich Luisa in der Kategorie der *systemisch-interaktiven Überzeugung* befinden. Allerdings findet die Wiederholung des Grundes ausschließlich seitens der Interviewerin statt, sodass unklar bleibt, ob dieser Grund, dass „man einfach gar nichts dazu [tut]" (T69) tatsächlich für Luisa subjektiv zureichend ist. Daher könnte an dieser Stelle ebenso angenommen werden, dass das Fürwahrhalten der Kategorie der Überredung zugeordnet ist.

In den folgenden Turns beantwortet Luisa die vorangegangene Frage, wie die Rechenregel auf das Spiel übertragen werden könnte:

70	Luisa	*(betrachtet das Spielfeld) (18 sec)* wenn ich würfel, und die N- ich die Null habe, dann geh ich einfach, .. *(nimmt den Würfel und würfelt eine Null)* wenn ich jetzt die Null würfel, dann geh ich einfach <u>keinen</u> Schritt. *(hebt ihre Zwergenfigur hoch und setzt sie wieder auf dem gleichen Feld, dem Startfeld, ab).*
71	I	*(nickt)* mhm-
72	Luisa	und wenn ich die Eins dann würfel, *(dreht den Würfel so, dass eine Seite mit einem Punkt nach oben zeigt)* dann geh ich einfach <u>einen</u> Schritt. *(bewegt ihre Spielfigur einen Schritt nach vorne auf Feld 1).*
73	I	*(nickt)* okay.
74	Luisa	*(dreht den Würfel so um, dass wieder die leere Seite nach oben zeigt)* und wenn ich dann wieder ne Null habe, dann geh ich <u>keinen</u> Schritt.
75	I	okay. .. dann werden wir einfach mal rausfinden, ob du mit deiner Rechenregel, da richtig liegst. ok´

Die Beantwortung von Luisa mit „dann geh ich einfach <u>keinen</u> Schritt" (T70) in Verbindung mit der vollzogenen Handlung, kann als erste empirische Prüfung ihres Grundes gedeutet werden. Dies ist ein Indiz dafür, dass der in Turn 69 notierte Grund doch subjektiv zureichend ist, da dieser zum einen an den neuen Kontext angepasst und zum anderen mindestens gedanklich sowie durch die Handlung validiert wird. Darauf deutet auch Turn 72 hin, in welchem Luisa mit der Spielfigur „<u>einen</u> Schritt" geht, was als Ausnahmebedingung zum vorherigen Grund aufgefasst werden könnte. In Turn 74 wiederholt sie die Handlung aus Turn 72, was ebenfalls auf eine subjektive Zureichung hinweisen könnte. Somit wäre der Grund aus Turn 69 sowohl subjektiv zureichend als auch für andere als zureichend wahrgenommen. Es kann an dieser Stelle von einer *systemisch-interaktiven Überzeugung* ausgegangen werden.

Im Anschluss wird das Spiel gespielt, wodurch eine empirische Überprüfung und damit eine Validierung des in Turn 69, 70, 72 und 74 angepassten Grundes stattfindet, die ebenfalls auf eine subjektive Zureichung hindeutet. Auch die Aufgaben nach dem Spiel, jeweils eine passende Rechenaufgabe aufzuschreiben (T80–T97), sind insgesamt als Bestätigung bzw. Wiederholung der bisherigen Gründe zu deuten. Exemplarisch sei dies an Turn 81 bis 87 und der Aufgabe „Standpunkt 4, Würfelzahl 0, neuer Standpunkt 4" gezeigt:

81	Luisa	also. *(langsam)* <u>vier-</u> *(zeigt auf die 4 in der ersten Spalte)*
82	I	mhm-
83	Luisa	.. hm. plus <u>vier-</u> *(zeigt auf „4" in der dritten Spalte, schaut zu I und dann wieder auf das Papier) (5 sec) (schneller)* vier plus null. *(leiser)* also- *(beginnt zu schreiben: „4")*
84	I	mh´ jetzt hast du dich grade umentschieden. warum´
85	Luisa	weil, das ja vier ergeben müssen. *(I nickt)* ... *(Luisa schreibt weiter: „ +0=") (8 sec)*
86	I	*(nickt)* mhm-
87	Luisa	*(auf „0" in der Rechnung zeigend)* dann ist da jetzt ne <u>Null</u>, *(hinter das Gleichheitszeichen zeigend)* und da dann noch ne Vier. *(schreibt: „4")*

In diesen Turns notiert Luisa die Aufgabe „4 + 0 = 4". Dabei sagt sie in Turn 83 zunächst „plus <u>vier</u>", verändert dies allerdings nach einer Bedenkzeit von rund fünf Sekunden in „vier plus null". Auf Nachfrage der Interviewerin (T84), erklärt Luisa, dass „das ja vier ergeben müssen" (T85). Dies könnte so interpretiert werden, dass sich die in Turn 69 notierte Rechenregel, dass man bei der Null „einfach gar nichts dazu [tut]", in diesen Turns bewährt und die dahinterliegenden Gründe somit mindestens subjektiv zureichend sind und Luisa eine subjektive Überzeugung bezüglich dieser Rechenregel besitzt.

98	I	warum´
99	Luisa	weil <u>Eins-</u> *(zeigt mit einer Hand einen Finger)* .. ne <u>Null</u> dazu, dann kommen ja, ne, keine d,dazu- *(deutet auf die restlichen vier ‚eingeklappten' Finger)* .. also, nee- mach ich, lieber <u>so</u> einen, weil ja, weil die Null ja gar nicht <u>gibt</u>. *(zeigt mit der anderen Hand einen halben Finger, indem sie einen Finger zeigt, der halb eingeklappt ist, schaut I an und lächelt, I lacht)* trotzdem tu ich einen halben <u>nach oben</u>.
100	I	aber die gibt's ja schon, in der Aufgabe steht sie ja, ne´ *(zeigt auf die Null in der aufgeschriebenen Rechnung)* bei dir ist sie ja da zu sehn.
101	Luisa	ja.
102	Luisa	aber trotzdem ergebns dann eins.
103	I	mhm. *(nickt)*
104	Luisa	wie hier unten bei der sechs. *(zeigt auf die Aufgabe 6+0=6)*
105	I	*(nickt)* hm. stimmt. ...

Die Frage der Interviewerin in Turn 98 bezieht sich auf die zuvor von Luisa notierte Additionsaufgabe „1+0 = 1". Diese Warum-Frage beantwortet Luisa mit Blick auf die in Turn 2, 42, 44 und 46 genannten Gründe, nämlich mit der Formulierung „weil die Null ja gar nicht <u>gibt</u>" (T99). Der Versuch der Interviewerin, daraufhin in Turn 100 einen Zweifel zu erzeugen, wird von Luisa mit „aber trotzdem ergebns dann eins" (T102) beantwortet. Dies deutet darauf hin, dass der von der Interviewerin eingebrachte Grund, die Null würde aufgrund ihres Symbolzeichens existieren, für Luisa nicht subjektiv zureichend ist bzw. in jedem Fall nicht zureichender ist als ihre bisherigen angegebenen subjektiv zureichenden Gründe. Die Bestätigung der Interviewerin in Turn 103 deutet auch darauf hin, dass der Zweifel als Interaktionsmoment nicht aufrechterhalten werden kann, was durch den Verweis von Luisa auf die Aufgabe „6 + 0 = 6" in Turn 104 nochmals verstärkt wird.

Im folgenden Abschnitt wird in Ansätzen das Kommutativgesetz betrachtet, was von Luisa zunächst als „das da ist schwer" (T106) bezeichnet wird. – In Ansätzen deshalb, da lediglich die Position der Null getauscht wird und nicht beide Summanden zugleich. Damit wird eher die Relativität der Position der Null in Additionsaufgaben thematisiert. Konkret geht es um die Aufgabe „0 + 1 = 1".

109	I	und was müsste dann da st-, für ne Zahl stehn, damit die Aufgabe stimmt′
110	Luisa	<u>Null.</u>
111	I	wieso′
112	Luisa	weil .. das, die ja das, da- dann eins ergeben muss und da steht auch ne Eins. *(zeigt auf die Würfelzahl 1)*
113	I	*(nickt)* dann probier das mal, ob das dann klappt′
114	Luisa	*(schreibt „0" neben das Wort „Start")* dann tu ich hier mal kurz ne Null hin. *(I lacht kurz auf) (schreibt: „0+1=1")*
[...]		*I fragt Luisa, ob ihre Rechenregel nun richtig war. Luisa zeigt auf einige Rechenaufgaben mit der Null in der Tabelle und bestätigt dies damit. In einigen der Aufgaben steht die Null als zweiter Summand, in der Rechenaufgabe von Zeile 1 als erster Summand.*
115	I	und dann funktioniert das trotzdem′
116	Luisa	hm. *(nickt)*
117	I	egal ob die Null vorne oder hinten steht′
118	Luisa	ja.

An dieser Stelle könnte angenommen werden, dass Luisa für wahr hält, dass „es egal [ist,] ob die Null vorne oder hinten steht" (T117). Als Grund dafür könnte die Validierung mithilfe einer beispielhaften Prüfung in Turn 116 in Verbindung mit der Nachfrage der Interviewerin in Turn 115 angeführt werden, wobei von Luisa in den folgenden Turns nochmals auf die beiden bereits weiter oben aufgeführten Gründe rekurriert wird.

119	I	mhm′ meinst du denn das klappt immer′
120	Luisa	*(nickt)* hm.
121	I	warum′
122	Luisa	weil .. die Null ist ja einfach unsichtbar. einfach so. die is ja total klein. *(zeigt einen kleinen Abstand mit Daumen und Zeigefinger)* die sieht man ja gar nicht.
123	I	achso. okay. [...]

In Turn 122 wird zum einem der bereits in Turn 2, 42, 44, 60, 64, 66, 68 und 69 genannte bzw. seitens der Interviewerin schriftlich festgehaltene Grund, dass die Null nicht sichtbar bzw. „nix" (T42) ist, und zum anderen der Grund, dass die Null so „klein" (T4, 24, 28) ist, von Luisa als Begründung dafür aufgegriffen, dass das Vertauschen der Position der Null in den jeweiligen Aufgaben immer möglich ist. Eine eher pessimistische Interpretation könnte dahingehen sein, dass keine Überzeugung mit Blick auf den Vertauschungsaspekt existiert, da nicht beide Summanden zugleich vertauscht werden, sondern lediglich die Null nach vorne gesetzt wird. Daher sollte an dieser Stelle auch nicht von einem Fürwahrhalten des Kommutativgesetzes gesprochen werden. Allerdings zeigt sich, dass für Luisa zumindest die Position der Null vertauscht werden kann. Dafür spricht insbesondere der kurze Interaktionsverlauf in Turn 119 bis 123 in Verbindung mit den bereits zuvor rekonstruierten Gründen.

Diese Wiederholung und Anpassung der Gründe in Verbindung mit der Validierung in Turn 106 bis 114 sowie 124 bis 134 im Kontext der Relativität der Position der Null lassen sich als Indizien dafür interpretieren, dass diese Gründe subjektiv zureichend sind. In diesem Sinne ist das Fürwahrhalten von Luisa, dass das Vertauschen der Null möglich ist, als eine *subjektive Überzeugung* deutbar.

8.3 Zusammenfassung und Ausblick

Insgesamt lassen sich innerhalb dieser Szene folgende Dinge festhalten: Es können zwei Gründe rekonstruiert werden, die sich durch den gesamten Interaktionsverlauf ziehen.

a) Die Null ist nicht sichtbar bzw. „nix". Diesen Grund äußert Luisa das erste Mal in Turn 2 und passt ihn im weiteren Verlauf auf den jeweiligen Kontext an. Zunächst auf das Plusrechnen in Turn 42, 44, 64, 66, 68 und letztlich 69, in welchem seitens der Interviewerin die Worte von Luisa schriftlich festgehalten werden, dass man bei der Addition mit der Null „einfach gar nix dazu [tut]". Außerdem wird dieser Grund in Turn 99 im Nachgang zum Spiel in der Aufgabe „1 + 0 = 1" angeführt, als sie formuliert, „weil die Null ja gar nicht gibt". Des Weiteren werden diese in Turn 122 und 133 im Kontext der Relativität der Position der Null mit den Worten, „die Null ist ja einfach unsichtbar" und „weil die Null es ja nicht gibt", eingebracht.

b) Der zweite Grund könnte für Luisa eine Begründung dafür sein, dass die Null nicht sichtbar sei, da sie „total klein" ist. Auch dieser Grund wird von ihr bereits zu Beginn in Turn 4 verwendet. In Turn 24 und 28 nutzt sie den Grund im Kontext einer „inszenierten Wirklichkeit" (Voigt 1984). Zuletzt wird dieser Grund in Turn 122 ebenso als Begründung dafür genutzt, dass die Null „ einfach unsichtbar" sei.

Die Wiederholung, Anpassung und Validierung dieser Gründe lassen sich als Indizien dafür werten, dass die beiden Gründe für Luisa subjektiv zureichend sind. Auch der Versuch der Erzeugung eines Zweifels in Turn 100 und die damit verbundene Bewährung des Grundes im Zuge dieses Zweifels, lassen eine solche Interpretation zu. Somit könnte angenommen werden, dass sich Luisas Fürwahrhalten über den gesamten Interaktionsverlauf hinweg mindestens als *subjektive Überzeugung* kategorisieren lässt. Gegen diese durchgängige Zuordnung als subjektive Überzeugung sprechen allerdings Turn 10 und 14 sowie möglicherweise Turn 69, die auch als *Überredung* deutbar sind. Dies könnte darauf hindeuten, dass zumindest zu diesen Interaktionsmomenten keine subjektiv zureichenden Gründe und ausschließlich für andere als zureichend wahrgenommenen Gründe bei Luisa existieren. Insgesamt lassen sich dennoch mehr Indizien dafür rekonstruieren, dass am Ende der Szene Luisas Fürwahrhalten beim Umgang mit der Null mindestens einer subjektiven Überzeugung entspricht. Dies lässt sich u. a. am Verlauf der Interaktion festmachen, bei der sich außer den beiden genannten Momenten der Überredung lediglich eine subjektive Überzeugung

(T30, T68, T87, T123) bzw. eine *systemisch-interaktive Überzeugung* (T48, T75) interpretieren lassen. Da sich die Kategorien des Fürwahrhaltens innerhalb des Interaktionsverlaufs anhand der Gründe und ihrer Zureichung verändern, kann auch mit Blick auf die Null zumindest in Ansätzen festgehalten werden, dass es sich um eine *Überzeugung im Werden* handelt.

Interessant ist aus meiner Sicht weiterhin Luisas Beharrlichkeit sowie ihre Anpassungsfähigkeit mit Blick auf die von ihr eingebrachten Gründe, einhergehend mit einer sehr häufig vorhandenen Interpretation der subjektiven Überzeugung. Hier wäre es sicherlich lohnenswert, weitere Transkripte zur Null daraufhin zu analysieren, ob es im Kontext der Null grundsätzlich zu einer Verfestigung von Gründen, die im Kontext von Lehr-Lern-Prozessen gelernt worden sind, und damit zu einer selteneren Überzeugungsänderung kommt. Zumindest diese Szene eröffnet die Möglichkeit einer solchen Interpretation, da der kurze Moment des Zweifels in Turn 100 völlig ins Leere zu laufen scheint. Eine solche Analyse der Verfestigung könnte mithilfe der bewussten Einbringung von Zweifeln im Kontext von Aufgaben mit der Null auch im Mathematikunterricht erreicht werden.

Sollten sich Gründe im Kontext der Null als besonders verfestigt herausstellen, ergäben sich folgende Implikationen: Zum einen müssten entsprechende Lehr- und Lernprozesse seitens der Lehrkräfte ganz besonders sensibel gehandhabt und reflektiert werden, um mögliche Fehlüberzeugungen zu vermeiden. Zum anderen sollten in Lehr- und Lernprozessen im Kontext der Null auch vonseiten der Lernenden immer wieder Reflexionsschleifen eingefordert werden. Dies ließe sich bspw. über entsprechende Reflexionsfragen in regelmäßigen Mathekonferenzen (Sundermann & Selter, 1995) einrichten.

Literatur

Blumer, H. (1981). Der methodologische Standort des Symbolischen Interaktionismus. In Arbeitsgruppe Bielefelder Soziologen (Hrsg.), *Alltagswissen, Interaktion und gesellschaftliche Wirklichkeit* (Bd 1, S. 80–146). Opladen: Westdeutscher. https://doi.org/10.1007/978-3-663-14511-0_4.

Kant, I. (1956). Kritik der reinen Vernunft. (Hrsg): Felix Meiner. Hamburg: Felix Meiner.

Moll, M. (2020). *Überzeugung im Werden. Begründetes Fürwahrhalten im Mathematikunterricht.* Wiesbaden: Springer. https://doi.org/10.1007/978-3-658-27383-5.

Pehkonen, E. & Pietilä, A. (2004). On Relationships between Beliefs and Knowledge in Mathematics Education. *European Research In Mathematic Education III.* Verfügbar unter: https://pdfs.semanticscholar.org/af95/79221846ee7da6242ae4c436fbb7bb5d9756.pdf.

Rolka, K. (2006). *Eine empirische Studie über Beliefs von Lehrenden an der Schnittstelle Mathematikdidaktik und Kognitionspsychologie.* Dissertation. Universität Duisburg-Essen.

Sundermann, B. & Selter C. (1995). Halbschriftliches Rechnen auf eigenen Wegen. In G. N. Müller & E. Ch. Wittmann (Hrsg.), *Mit Kindern rechnen* (S. 165–178). Frankfurt a. M.: Grundschulverband.

Voigt, J. (1984). *Interaktionsmuster und Routinen im Mathematikunterricht. Theoretische Grundlagen und mikroethnographische Falluntersuchungen.* Weinheim: Beltz.

Analyse des Null-Transkripts unter sprachlicher Perspektive: Anwendung der Methode der Spurenanalyse zur Rekonstruktion lexikalischer Lernwege

Birte Pöhler und Anna Breunig

Zusammenfassung

In diesem Kapitel wird das Interview mit Luisa zur Zahl Null durch eine „Sprachbrille" betrachtet. Mithilfe der Methode der Spurenanalyse nach (Pöhler & Prediger, 2015 und Pöhler, 2018), die für diesen Kontext adaptiert wird, wird der Versuch unternommen, Luisas lexikalischen Lernweg, hier also ihre Sprachmittelverwendung im Gesprächsverlauf, zu rekonstruieren. Dafür wird herausgearbeitet, welche Sprachmittel in dem Gespräch genutzt werden und inwiefern Zusammenhänge zwischen der Sprachmittelverwendung von Luisa und den sprachlichen Äußerungen der Interviewerin bestehen. Obwohl es sich bei dem Interview um eine Interaktionssituation handelt, werden primär Luisa und ihre Reaktionen auf die Äußerungen der Interviewerin in den Blick genommen. Dies wird damit begründet, dass die vorliegende Interviewsituation zumeist eindimensional ist (die Interviewerin stellt Aufgaben bzw. Fragen, die Luisa beantwortet) und der Fokus auf die Rekonstruktion von Luisas lexikalischem Lernweg gelegt wird. Zusammenfassend ergeben die Analysen, dass Luisa im Rahmen ihrer Äußerungen auf vielfältige Sprachmittel zurückgreift

B. Pöhler (✉)
Institut für Mathematik, Lehrstuhl Didaktik der Mathematik im inklusiven Kontext mit Förderschwerpunkt Lernen, Universität Potsdam, Potsdam, Deutschland
E-Mail: birte.friedrich@uni-potsdam.de

A. Breunig
Institut für Mathematikdidaktik, Universität zu Köln, Köln, Deutschland
E-Mail: anna.breunig@uni-koeln.de

M. Meyer (Hrsg.), *Geschichten zur 0,* Kölner Beiträge zur Didaktik der Mathematik, https://doi.org/10.1007/978-3-658-42120-5_9

und insgesamt einen sehr hohen Redeanteil hat. Die verwendeten Sprachmittel führt sie überwiegend selbst in das Gespräch ein. Besonders häufig werden von ihr visualisierungsbezogene Ausdrücke genutzt. Neben der Sprachmittelart variiert Luisa auch ihre Perspektiven, mit denen sie inhaltlich auf die Null blickt, indem sie die Null sowohl als Zahlzeichen und Kardinalzahl als auch als Rechenzahl anspricht. Als ein Forschungsprodukt des Beitrags entstand dementsprechend ein Kategorisierungssystem für die verwendeten Sprachmittel, das von Luisa adressierte Sprachmittelarten (eher konkrete situations- bzw. visualisierungsbezogene Sprachmittel und eher abstraktere situationsunabhängigere Formulierungen) und Perspektiven auf die Null (Null als Kardinalzahl, Rechenzahl oder Ziffer) kombiniert.

9.1   Einleitung

Beim Mathematiklernen kommt auch der Sprache eine bedeutsame Rolle zu. So zeigen verschiedene nationale (u. a. Heinze, Herwartz-Emden & Reiss, 2007; Prediger, Renk, Büchter, Gürsoy & Benholz, 2013) wie internationale Untersuchungen (u. a. Secada, 1992; Abedi, 2004 für Überblicke) Zusammenhänge zwischen den Mathematikleistungen und den Sprachkompetenzen von Lernenden auf. Dies ist auch dadurch bedingt, dass der Sprache neben der kommunikativen Funktion insbesondere eine weniger offensichtliche kognitive Funktion zukommt, wonach sie als Werkzeug des Denkens fungiert (u. a. Maier & Schweiger, 1999; Morek & Heller, 2012). Dabei ist zur kognitiven Auseinandersetzung mit mathematischen Lerngegenständen und insbesondere zur Erfassung der Bedeutungen mathematischer Konzepte auch die Kenntnis spezifischer Sprachmittel (Wörter sowie aus mehreren Wörtern bestehende Phrasen) notwendig (Prediger, 2017). Diese Sprachmittel – wie etwa „Zins gewähren" oder „Zinssatz als Anteil vom Kapital" in Bezug auf den mathematischen Unterrichtsgegenstand der Zinsen – können häufig der sogenannten Bildungssprache zugeordnet werden, die komplexe sprachliche Phänomene umfasst, wie u. a. auf lexikalischer Ebene einen differenzierten Wortschatz (Morek & Heller, 2012). Dies legitimiert insgesamt, dass in der mathematikdidaktischen Forschung auch eine mit der mathematikdidaktischen verknüpfte sprachdidaktische Perspektive eingenommen wird.

Bei der zunächst unsystematischen Betrachtung des Interviews mit Luisa aus einer sprachlichen Perspektive fällt einerseits auf, dass die Schülerin im Verlauf verschiedene Sprachmittel zur Beschreibung der Null (wie „ganz schön klein sein", „nix sein" oder „nicht geben") bzw. der Addition (wie „Null dazu tun",

„nix dazu tun" oder „keinen Schritt gehen") sowie der Subtraktion mit der Null (wie „minus Null" oder „Null weg tun") verwendet.

Andererseits scheint ihre Sprachmittelverwendung durch die Impulse bzw. Fragen der Interviewerin beeinflusst zu sein, die anscheinend sprachlich gesehen verschiedene Abstraktionsniveaus adressiert, was hier bereits exemplarisch an ihren Äußerungen in Turn 1 bzw. Turn 39 deutlich wird.

1	I	[...] dann kommt jetzt die erste Frage an dich, die ich dir mitgebracht habe- *(etwas langsamer und betont)* <u>was</u> verstehst du unter der Zahl <u>Null'</u>, du darfst da etwas einfach <u>sagen</u> zu, oder du <u>malst</u> etwas auf, oder du schreibst etwas.
[...]		
39	I	soo. jetzt hab ich dir ja schon gesagt, es kommt noch eine Frage aus der Mathematik, und, um die geht es eigentlich- [...]

So wirkt es, als ziele die Interviewerin im Anschluss an Turn 1 auf ihre Frage „<u>was</u> verstehst du unter der Zahl <u>Null</u>'" mit dem Zusatz „du darfst da etwas einfach <u>sagen</u> zu, oder du <u>malst</u> etwas auf, oder du schreibst etwas." auf die Aktivierung der eigensprachlichen, der Alltagssprache zuzuordnenden Ressourcen der Lernenden (Pöhler, 2018; Prediger, 2017) und somit vermutlich auf eine konkretere Sprachverwendung durch Luisa ab. Im Gegensatz dazu deutet der Hinweis in Turn 39 auf „eine Frage aus der Mathematik" eher auf die Erwartung nach einer abstrakteren Antwort hin.

Dieser erste Eindruck verdeutlicht das Potenzial einer genaueren Analyse ihrer Sprachmittelverwendung über den gesamten Verlauf des Interviews hinweg (nachfolgend im Anschluss an den Ausdruck „language paths of students" von Clarkson (2009) als lexikalischer Lernweg (s. auch Pöhler, 2018) bezeichnet, auch wenn innerhalb des vorliegenden Interviews nicht das Lernen bzw. der Lernprozess im Vordergrund steht) sowie des Zusammenhangs mit den auf verschiedenen sprachlichen Ebenen verorteten Impulsen der Interviewerin.

Als geeignet zur Rekonstruktion solcher lexikalischen Lernwege und deren Verknüpfung mit Sprachmittelangeboten hat sich die sogenannte Methode der *Spurenanalyse* nach Pöhler und Prediger (2015) bzw. Pöhler (2018) erwiesen. Diese soll zunächst kurz allgemeiner mit ihren Hintergründen sowie mit für die vorliegende Untersuchung zentralen bisher erzielten Forschungsergebnissen skizziert werden, bevor sie in adaptierter Form präsentiert wird und zur Analyse des Interviews mit Luisa Verwendung findet. Im Rahmen der Analyse wird das Transkript – wie oben angedeutet – grob nach dem jeweils fokussierten Aspekt

„Beschreiben der Null", „Addition mit der Null" bzw. „Subtraktion mit der Null" unterteilt. Diese Unterteilung ergibt sich aus der Strukturierung des Interviews entlang der drei Fragen „Was verstehst du unter der Zahl Null?", „Welche Besonderheiten gibt es beim Plusrechnen mit der Null?" und „Welche Besonderheiten gibt es beim Minusrechnen mit der Null?".

9.2   Hintergründe der Methode der Spurenanalyse und bisherige Forschungsergebnisse

Die Methode der Spurenanalyse wurde mit Blick auf den Lerngegenstand der Prozente (Pöhler & Prediger, 2015; Pöhler, 2018) entwickelt und ist ursprünglich darauf ausgelegt, lexikalische Lernwege von Lernenden entlang entwickelter intendierter Lernpfade in Relation zum kommunikativen Rahmen der Situation zu erfassen (Pöhler, 2018). Unter einem intendierten Lernpfad (Hußmann & Prediger, 2016, nach Simon, 1995 bzw. Confrey, 2005) wird dabei die geplante chronologische Abfolge von Lerninhalten verstanden, die vielfältige variierende individuelle Lernwege von Lernenden evozieren kann (Confrey, 2005).

Bei dem intendierten Lernpfad, der der ursprünglichen Spurenanalyse zugrunde liegt, handelt es sich um einen dualen Lernpfad. Dieser besteht aus einem konzeptuellen Lernpfad, der das geplante fachliche Lernen umfasst, sowie einem lexikalischen Lernpfad, der die zu lernenden Sprachmittel sequenziert, und wird in Form eines eigens konzipierten fach- und sprachintegrierten Lehr-Lern-Arrangements zu Prozenten konkretisiert. Der kommunikative Rahmen der Situation, die anhand der initialen Spurenanalyse fokussiert wird, lässt sich dadurch charakterisieren, dass Lernendenpaare an moderierten Fördersitzungen teilnehmen, in denen sie sich gemeinsam mit einer sprachsensibel gestalteten Aufgabensequenz zu Prozenten auseinandersetzen. Sie interagieren somit mit einem bzw. einer Mitlernenden und der Förderlehrkraft. Anzumerken ist, dass sich dieser kommunikative Rahmen der Situation durchaus von dem unterscheidet, mit dem Luisa konfrontiert ist. So befindet sie sich in einer Interviewsituation, in der ihr Fragen und kleine Arbeitsaufträge gestellt werden und sie lediglich mit der Interviewerin in Interaktion tritt.

Spurenanalysen zielen also darauf ab, die lexikalischen Lernwege von Lernenden zu einem konkreten Thema in längerfristiger Perspektive (etwa wie im Fall der Prozente über eine komplette Unterrichtseinheit hinweg) zu rekonstruieren. Dass Untersuchungen sprachlicher Lernwege von Lernenden aus mathematikdidaktischer Perspektive ergiebig sein können, konstatieren auch Clarkson (2009) bzw. Schleppegrell (2010). Ersterer stellt das Nachzeichnen der sprachlichen

Lernwege von Lernenden im Allgemeinen als bedeutsam heraus (Clarkson, 2009). Die an zweiter Stelle genannte Autorin fokussiert eher auf die Längerfristigkeit der durchzuführenden Analysen:

„We need rich studies of how language and ways of talking about mathematics evolve over a unit of study, focusing on more than brief interactional episodes and fragments of dialogue." (Schleppegrell, 2010, S. 107)

Anwendung findet die Methode der Spurenanalyse in – hinsichtlich des Themenbezugs bzw. des Umfangs – adaptierter Form auch durch Wessel (2019). Die Autorin nutzt diese insbesondere zur Spezifizierung der bildungssprachlichen Anforderungen der Thematik der Gleichwertigkeit von Brüchen sowie zur Rekonstruktion diesbezüglicher lexikalischer Lernwege von Lernenden.

Im Rahmen der initialen Spurenanalyse zu Prozenten (Pöhler & Prediger, 2015; Pöhler, 2018) wurde zusätzlich auch untersucht, inwiefern das konkrete Lehr-Lern-Arrangement auf die rekonstruierten lexikalischen Lernwege der Lernenden wirkt und inwiefern ihr Fortschreiten auf diesen durch die mündlichen Impulse der Lehrkräfte unterstützt wird.

Vor dem Hintergrund der erwähnten Ziele hat sich ein aus drei Schritten bestehendes Vorgehen etabliert, das hier nur in aller Kürze präsentiert wird. Dies begründet sich damit, dass die mit Blick auf das Interview mit Luisa zur Null leicht adaptierte Methode nachfolgend eine detailliertere sowie gegenstandsbezogene Darstellung erfährt.

- **Schritt 1 – Inventarisierung aller Sprachmittel:** Alle von den Lernenden auf ihrem lexikalischen Lernweg aktivierten Sprachmittel, die das fokussierte Thema betreffen, werden erfasst und durch Bestimmung der gegenstandsbezogen zu definierenden Kategorien von Sprachmittelarten spezifiziert.
- **Schritt 2 – Vergleich von Sprachmittelverwendung und -angebot:** Die von den Lernenden verwendeten Sprachmittel werden den angebotenen Sprachmitteln gegenübergestellt, um die Quellen der jeweiligen verwendeten Sprachmittel sowie diesbezügliche Präferenzen identifizieren zu können. Vor dem Hintergrund des fachlichen Lernens (in Form eines konzeptuellen Lernpfads) wird analysiert, ob die Lernenden die Sprachmittel (bevorzugt) selbst einführen oder aus den vorliegenden schriftlichen Materialien respektive Äußerungen der Gesprächspartner:innen (etwa der Lehrkraft oder von Mitlernenden) übernehmen.
- **Schritt 3 – Identifikation der Initiative der Sprachmittelverwendung:** Ermittelt wird, ob der Aktivierung der jeweiligen Sprachmittel in der konkreten

Situation ein zielgerichteter Impuls (etwa in Form konkreter inhaltlicher (Rück-)Fragen) eines Gesprächspartners bzw. einer -partnerin (etwa der Lehrkraft oder von Mitlernenden) vorausgeht oder ob diese nur aus den Erfordernissen der Situation bzw. der Aufgabenstellung heraus durch die Lernenden erfolgt.

Neben themenspezifischen (also auf Prozente bzw. die Gleichwertigkeit von Brüchen bezogenen) Resultaten, die etwa die Identifikation gegenstandsbezogener sprachlicher Anforderungen bzw. die situative Wirkung der jeweiligen Lernangebote auf die lexikalischen Lernwege der Lernenden adressieren, wurden im Rahmen der bereits durchgeführten Spurenanalysen (zu Prozenten: Pöhler & Prediger, 2015; Pöhler, 2018, zur Gleichwertigkeit von Brüchen: Wessel, 2019) auch Ergebnisse erzielt, die für die hier präsentierte Studie bedeutsam sein bzw. mit deren Erkenntnissen in Verbindung gesetzt werden können. Diese sollen im Folgenden skizziert werden: So ergeben sich hinsichtlich der Quellen der Sprachmittelverwendung (s. zweiter Schritt der Spurenanalyse) bislang – trotz ähnlich kommunikativ gerahmter Situationen – konträre Resultate. In der Untersuchung von Pöhler (2018) wird etwa insbesondere die Bedeutsamkeit der Bereitstellung von Sprachmittelangeboten für Lernende deutlich: Die tendenziell über den intendierten Lernpfad hinweg zunehmenden Übernahmen von Sprachmitteln aus den schriftlichen Lernmaterialien bzw. den mündlichen Äußerungen der Gesprächspartner:innen überwiegen gegenüber der Selbsteinführung von Sprachmitteln durch die Lernenden. Im Gegensatz dazu erweisen sich die durch die Lernenden verwendeten Sprachmittel bei Wessel (2019) etwa in gleichem Maße als selbsteingeführt bzw. übernommen. Des Weiteren erfolgen in der erstgenannten Studie (Pöhler, 2018) die Übernahmen von Sprachmitteln überwiegend aus dem schriftlichen Sprachmittelangebot, während die Lernenden in der Untersuchung von Wessel (2019) eher Sprachmittel verwenden, die dem mündlichen Sprachmittelangebot entstammen. Auch wenn die von Pöhler (2018) untersuchten Lernenden die Mehrzahl ihrer verwendeten Sprachmittel aus dem Sprachmittelangebot übernehmen, verwenden sie diese häufig aus eigener Initiative heraus. Allerdings nehmen diese selbstinitiierten Sprachmittelverwendungen über den intendierten Lernpfad hinweg ab, was die zunehmende Bedeutung der Impulse von Lehrkräften auf die Sprachmittelaktivierungen der Lernenden verdeutlicht. U. a. aufgrund der Tatsache, dass die Interviewsituation mit Luisa einen anderen kommunikativen Rahmen aufweist als die Fördersituationen in den dargelegten Studien (s. Abschn. 9.2) und Luisa in dieser lediglich mit einem sehr begrenzten schriftlichen Sprachmittelangebot (in Form eines Arbeitsblattes) konfrontiert wird, ist zur Analyse des Null-Transkripts eine Adaption der dargelegten Interpretationsmethode (s. Abschn. 9.4) unerlässlich. Erwartet wird, dass sich die skizzierten Unterschiede hinsichtlich des kommunikativen Rahmens und des Umfangs des Sprachmittelangebots auch in den Ergebnissen niederschlagen, die im Rahmen der Analyse anhand der adaptierten Version der Spurenanalyse gewonnen werden. So lässt sich vermuten, dass Luisa ein paar Sprachmittel selbst einführt und im Verlauf wiederholt nutzt. Allerdings ist zu erwarten, dass mindestens genauso viele bzw. aufgrund der Eins-zu-Eins-Situation des Interviews vermutlich sogar mehr Sprachmittel der Interviewerin von Luisa aufgegriffen werden und die Schülerin sich an der Interviewerin orientiert sowie vor allem im weiteren Gespräch zunehmend deren Sprachmittel übernimmt. Die selbstinitiierte Sprachmittelverwendung von Luisa sollte erwartungsgemäß somit sukzessive abnehmen.

9.3   Forschungsfragen zur Analyse des Null-Transkripts anhand einer adaptierten Spurenanalysenversion

Wie in der Einführung des Kapitels bereits erwähnt, soll die Methode der Spurenanalyse im Fall von Luisa dazu dienen, herauszufinden, welche Sprachmittel die Schülerin im Verlauf des Interviews verwendet, ob sie diese (mehrheitlich) von der Interviewerin übernimmt oder selbst einführt und inwiefern Zusammenhänge zwischen Luisas Sprachmittelverwendung und den Impulsen der Interviewerin bestehen. Konkret sollen die folgenden Forschungsfragen bearbeitet werden:

1. Welche Sprachmittel werden von der Schülerin bzw. der Interviewerin im Verlauf des Interviews zur Beschreibung der Null sowie zur Addition und zur Subtraktion mit der Null aktiviert und von wem werden die Sprachmittel jeweils eingeführt?
2. Inwieweit sind Zusammenhänge zwischen der Sprachmittelverwendung der Schülerin und der Initiierung durch die Interviewerin zu rekonstruieren?

Im Zuge der Rekonstruktion der Lernwege von Schüler:innen legt die Methode der Spurenanalyse (s. Abschn. 9.2 für Details zur ursprünglichen Version bzw. Abschn. 9.4 für Details zur für diesen Beitrag adaptierten Version) den Fokus primär auf die Interaktion der Lernenden im Prozess der Erarbeitung mathematischer Inhalte (in dem Falle hier ist Luisa die einzige Schülerin), während der intendierte Lernpfad (im Sinne der geplanten Sequenzierung der Erarbeitung) von der Lehrkraft ausgehend zu betrachten ist. Für das hier fokussierte

Gespräch zwischen Interviewerin und Luisa bedeutet dies, dass Luisas Lernweg im Vordergrund steht und entlang des intendierten Lernpfads (hier des geplanten Interviewverlaufs) bzw. mit Blick auf die Äußerungen der Interviewerin zu rekonstruieren ist. Der Fokus liegt demnach auf dieser Richtung der Interaktion. Im Sinne des Interaktionismus findet natürlich auch eine Beeinflussung der Lehrkraft und ihrer Impulse durch die Lernende statt. Basierend auf der Herangehensweise der Spurenanalyse wird dies im Folgenden jedoch nicht gesondert fokussiert, sondern an ausgewählten Stellen kurz erwähnt.

9.4 Adaptierte Spurenanalysenversion zur Rekonstruktion des lexikalischen Lernwegs zur Null

Innerhalb der beiden nachfolgend im Detail zu beschreibenden Analyseschritte der leicht adaptierten Spurenanalyse wird jeweils eine der beiden oben formulierten Forschungsfragen adressiert bzw. werden einzelne Aspekte (Arten und Quellen der Sprachmittelverwendung bzw. Zusammenhänge zwischen Impulsen der Interviewerin und der Sprachmittelaktivierung der Lernenden) fokussiert. Damit wird das Ziel verfolgt, den lexikalischen Lernweg von Luisa entlang der Strukturierung des Interviews in Relation zu dessen kommunikativen Rahmen erfassen zu können.

Während mit dem ersten Analyseschritt der adaptierten Spurenanalyseversion demnach die ersten beiden Analyseschritte der ursprünglichen Spurenanalyse (Inventarisierung aller Sprachmittel und Vergleich von Sprachmittelverwendung und -angebot) in leicht veränderter Form abgedeckt werden, ist der zweite Analyseschritt anders ausgerichtet als der dritte Analyseschritt der Ursprungsversion. Dies liegt daran, dass sich eine Analyse im Sinne des dritten Schrittes der ursprünglichen Spurenanalyse (Identifikation der Initiative der Sprachmittelverwendung) aus verschiedenen Gründen erübrigt: So handelt es sich bei dem kommunikativen Rahmen um eine Interviewsituation, an der nur eine Schülerin beteiligt ist. Dies führt dazu, dass die Fragen der Interviewerin eine Reaktion der Schülerin erfordern bzw. umgekehrt den Äußerungen von Luisa immer ein direkter Impuls oder eine Frage der Interviewerin vorausgeht. Zudem liegen der Schülerin keine weiteren Materialien oder Aufgabenstellungen vor, die eine Sprachmittelaktivierung auslösen könnten. Anders als in der ursprünglichen Variante kommt es also weder zum Austausch unter Lernenden noch zum Heranziehen von Materialien, die Einfluss auf die Äußerungen von Luisa haben könnten. Stattdessen wird in der hier fokussierten Adaption der Methode im zweiten Analyseschritt untersucht, welche Arten von Impulsen der Interviewerin welche Sprachmittelaktivierungen von Luisa evozieren. Wie bereits oben erwähnt, nimmt natürlich auch Luisa Einfluss auf die Äußerungen der Interviewerin. Aufgrund der Fokussetzung der Spurenanalyse sowie der gegebenen Interviewsituation wird dies jedoch nur marginal thematisiert.

Im Rahmen der nachfolgenden Darstellung der Schritte der adaptierten Methode der Spurenanalyse werden an diversen geeigneten Stellen ergänzend Bezüge zum Vorgehen des interpretativen Forschungsparadigmas, das die einzelnen Kapitel des vorliegenden Buches rahmt (s. dazu Kap. 2), hergestellt.

9.4.1 Erster Schritt: Inventarisierung und Kategorisierung aller Sprachmittel sowie Ermittlung der Quellen der Sprachmittelverwendung

Der erste Schritt der adaptierten Spurenanalyse dient der Bearbeitung der ersten Forschungsfrage „Welche Sprachmittel werden von der Schülerin bzw. der Interviewerin im Verlauf des Interviews zur Beschreibung der Null sowie zur Addition und zur Subtraktion mit der Null aktiviert und von wem werden die Sprachmittel jeweils eingeführt?".

Zur Erfassung der aktivierten Sprachmittel wird auf die Transkription des Interviews zurückgegriffen, die selbst bereits die erste Interpretation des Gesprächs darstellt, da im Transkriptionsprozess selektiert werden muss, was über das Gesagte hinaus relevant ist oder nicht (wie Armbewegungen, Augenblinzeln, eine Fliege im Raum). Aus dem Transkript werden zunächst alle von der Schülerin verwendeten sowie von der Interviewerin angebotenen Sprachmittel inventarisiert. Berücksichtigt werden dabei (wie die Markierungen – dunkelgrau für das Sprachmittelangebot der Interviewerin, hellgrau für die von Luisa aktivierten Sprachmittel – im unten abgebildeten exemplarischen Transkriptausschnitt verdeutlichen) alle sprachlichen Äußerungen mit Bezug zur Null, wobei es sich nicht ausschließlich um isolierte Einzelwörter (wie „klein", T25), sondern auch um sprachliche Mittel anderer Korngröße (Löschmann, 1993; Steinhoff, 2013) wie Mehrwortausdrücke oder syntaktische Konstruktionen (etwa „ganz schön klein" sein, T24) handelt.

22	Luisa	dass die soo *(malt mit dem Finger einen Kreis in die Luft)* ein Kreis is-
23	I	*(nickt)* mhm-
24	Luisa	und dass die auch ganz schön klein ist- *(zeigt mit Zeigefinger und Daumen einen kleinen Abstand zwischen diesen Fingern an).*
25	I	klein, wie meinst du das´
26	Luisa	also dass die .. nicht so *(breitet die Arme in der Luft über sich aus)* groß ist.
27	I	*(nickt)* aha. aber man könnte die Null ja auch so ganz groß aufmalen. *(malt mit dem Finger eine sehr große Null in die Luft)* und-
28	Luisa	*(nickt)* ja. is ja egal wie groß man die aufmalt. aber die is eigentlich ganz klein. *(I nickt)* sonst is sie richtig klein.

Sortiert werden die verwendeten Sprachmittel einerseits – wie bereits in der Einleitung erwähnt – entlang der inhaltlichen Strukturierung des Interviews, sodass zunächst Sprachmittel zur Beschreibung der Null, dann solche zur Addition sowie Subtraktion mit der Null und abschließend Sprachmittel mit Bezug zu beiden thematisierten Rechenoperationen mit der Null angeführt werden (ausgehend von den Fragestellungen/Impulsen der Interviewerin). Andererseits werden ähnliche Formulierungen innerhalb der Sprachmittelverwendung durch die Schülerin bzw. des Sprachmittelangebots der Interviewerin jeweils zusammengefasst und ähnliche Formulierungen, die sowohl von der Schülerin als auch von der Interviewerin aktiviert werden, jeweils gegenübergestellt (s. Tab. 9.1 für Sprachmittelangebot und -verwendung zum oben abgebildeten Transkriptausschnitt). Sowohl in Bezug auf die Sprachmittelverwendung als auch hinsichtlich des Sprachmittelangebots wird für etwaige anschließende quantitativere Erfassungen (etwa Vielfalt an inventarisierten Sprachmitteln oder Anzahl an aktivierten Sprachmitteln einer der kategorisierten Sprachmittelarten) zusätzlich die Gesamtanzahl an Aktivierungen jener ähnlicher Sprachmittel im Interview notiert, die mehr als einmal vorkommen (s. Tab. 9.1).

Das skizzierte Vorgehen der (adaptierten) Spurenanalyse weist einige Parallelen zum zweiten Schritt der Interpretationsmethode auf (s. Kap. 2): So werden mit dem Zweck der Inventarisierung aller Sprachmittel mit Bezug zur Null alle Äußerungen des Transkripts Turn-by-Turn durchgegangen und Äußerungen in Bezug auf die Null extrahiert. Bei der anschließenden Zusammenfassung bzw. Gegenüberstellung ähnlicher Formulierungen erfolgt eine Interpretation, indem

Interviewerin (I)	Schülerin (S)
• klein	• (total/ (eigentlich)) ganz (schön)/ (richtig) **klein sein (5)** *[+Zeigegeste (2)]*
	• total **groß werden** (mit 1 davor als 10)
	• **nicht** so groß sein *[+Zeigegeste]*
• Null **groß aufmalen**	• egal wie groß aufmalen

Tab. 9.1 Auszug aus der Gegenüberstellung der verwendeten Sprachmittel zum fokussierten Aspekt „Beschreibung der Null"

den Akteurinnen unterstellt wird, dass mit gleichen Sprachmitteln auch Ähnliches ausgedrückt werden soll bzw. gemeint ist. Einschränkend ist anzumerken, dass hier und auch innerhalb der nachfolgenden Analyseschritte nicht möglichst viele verschiedene Interpretationen gegenübergestellt werden, sondern mit Blick auf die neu aus dem Material gebildeten Kategorien (s. u. a. Tab. 9.2) zumeist direkt – im Konsens der beiden Autorinnen – eine Entscheidung für eine Deutung getroffen wird.

Darüber hinaus wird eine doppelte Kategorisierung der inventarisierten Sprachmittel vorgenommen. Dabei ist zu betonen, dass prinzipiell jede Einteilung in ein Kategoriensystem auf einer gewissen subjektiven Interpretation beruht und nicht sicher ist, ob diese mit der ursprünglichen Intention der durch die interagierende Person getätigten Äußerung übereinstimmt (s. Kap. 1). Die Kategorisierung erfolgt einerseits hinsichtlich verschiedener Perspektiven auf die Null (s. ausführlicher Blick auf die Null aus mathematischer und mathematikdidaktischer Perspektive in Kap. 1), andererseits im Hinblick auf die sprachliche Gestaltung des Bezugs zu diesen Perspektiven durch die interviewte Schülerin bzw. die Interviewerin. Gebildet wurden die Kategorien anhand der inventarisierten, sortierten sowie zusammengefassten Sprachmittel. Im Sinne des dritten Schrittes der Interpretationsmethode können die Bildung von Kategorien sowie die Einordnung einzelner Sprachmittel in diese als Deutungshypothesen (hinsichtlich der intendierten Perspektiven auf die Null bzw. die Sprachmittelarten) verstanden werden. Diese werden im Laufe des Analyseprozesses mehrmals am Material geprüft und lassen sich etwa durch Einbeziehung von Zeigegesten in die Interpretation erhärten. Dies betrifft bspw. die Einordnung von „klein sein" in die visualisierungsbezogene Kategorie durch später ergänzte Zeigegesten von Luisa (s. z. B. T4 und T24). Darüber hinaus erhärten sich am Ende auch die Kategorien als Deutungshypothesen, da sich alle Sprachmittel einordnen lassen.

		Sprachmittelarten		
		Konkretere Sprache		*Abstraktere Sprache*
		Situations-bezogen	Visualisierungs-bezogen	Situations-unabhängiger
Perspektiven auf die Null	Null als Zahlzeichen		• Bezug zur **Art** bzw. **Größe der Notation der Null** wie „egal wie groß man die [*Null*] aufmalt"	• Bezug zur **symbolischen Darstellung der Null** wie „Null hinmalen" • Null als **Platzhalter** wie in „dann **tu ich** hier mal kurz ne Null hin"
	Null als Kardinalzahl	• Bezug zur **Abwesenheit der Null in Situationen** bzw. **als Gegenstand** wie „überhaupt keine Sachen [*Punkte auf Seitenfläche des Würfels*] sein"	• Bezug zur **Sichtbarkeit der Null** wie „nicht sehen können" • Bezug zur **sichtbaren Größe der Null** wie „ganz schön klein sein [*mit Zeigegeste eines kleinen Abstands zwischen zwei Fingern*]"	• Bezug zur **Abwesenheit der Null in abstrakter Form** bzw. zur **Mächtigkeit der leeren Menge** aus **mathematischer Perspektive** wie „eigentlich gar nix sein"
	Null als Rechenzahl	• Bezug zu **Handlungen in (Spiel-)Situationen** bzw. **mit Gegenständen** wie „null Steinchen dazu tun"		• Bezug zum **Kalkül des Operierens (Addieren und Subtraktion)** mit der Null wie „plus Null machen" • Bezug zur **Allgemeingültigkeit von Regeln zu Operationen mit der Null** wie „funktioniert auch bei anderen Zahlen"

Tab. 9.2 In der Gesprächssituation vorkommende Sprachmittelkategorien als Kombinationen aus Perspektiven auf die Null und Sprachmittelarten mit Ankerbeispielen

In Tab. 9.2 werden die in Bezug auf die vorliegende Situation zu differenzierenden Kategorien von durch Luisa bzw. die Interviewerin eingenommene Perspektiven auf die Null bzw. sprachlichen Realisierungen in aller Kürze beschrieben und unten durch Ankerbeispiele zu ihren im Interview mit Luisa aufgetretenen Kombinationen illustriert (s. Tab. 9.2).

Zu differenzierende eingenommene Perspektiven auf die Null (basierend auf Kap. 1, sowie Hasemann & Gasteiger, 2020; Hefendehl-Hebeker, 1981, 1982; Kornmann, Frank, Holland-Rummer & Wagner, 1999; Spiegel, 1995).

Null als Zahlzeichen:	Bezug zum Zeichen, der symbolischen Darstellung als Ziffer bzw. der Schreibfigur 0
Null als Kardinalzahl:	Bezug zur Abwesenheit von etwas bzw. zur Mächtigkeit der leeren Menge aus mathematischer Perspektive
Null als Rechenzahl:	Bezug zum Operieren mit der Null (hier als neutrales Element bei der Addition und der Subtraktion)

Zu differenzierende sprachliche Realisierungen der Beschreibung der Null bzw. der Addition sowie der Subtraktion mit der Null (abgeleitet aus der vorliegenden Gesprächssituation).

Situationsbezogene Sprachmittel:	Sprachmittel mit Bezug zu konkreten Situationen bzw. Gegenständen oder Handlungen mit diesen
Visualisierungsbezogene Sprachmittel:	Sprachmittel mit Bezug zur visuellen Wahrnehmung
Situationsunabhängigere Sprachmittel:	Abstraktere Sprachmittel mit Bezug zur Mathematik bzw. zu mathematischen Regeln

Im Rahmen der Codierung der einzelnen Sprachmittel werden prinzipiell diejenigen Kategorien (Perspektiven auf die Null und Sprachmittelarten) ausgewählt, die primär adressiert werden. So wird etwa das Sprachmittel „Steinchen nicht sehen können" hinsichtlich der Sprachmittelart als visualisierungsbezogen eingeschätzt, auch wenn durch den Hinweis auf das Steinchen aus dem Spiel auch ein Situationsbezug deutlich wird. Teilweise war es jedoch auch erforderlich, eine doppelte Codierung vorzunehmen. Dies wird an entsprechender Stelle in den jeweiligen Tabellen deutlich. Ein Beispiel stellt das Sprachmittel „nix hinmalen" dar, das als situationsunabhängiger (mit Blick auf die Komponente „nix") und visualisierungsbezogen (mit Blick auf die Komponente „hinmalen") codiert wird.

Anzumerken ist ferner, dass die Sprachmittelarten auf einem Kontinuum von konkreterer zu abstrakterer Sprache eingeordnet werden können. Während sich die situationsbezogenen bzw. visualisierungsbezogenen Sprachmittel als eher konkreter erweisen und somit auf dem Kontinuum eher links eingeordnet werden können (ab Tab. 9.3 in der Spalte „Sprachmittelkategorie" jeweils mit dem entsprechenden Icon „Spielfigur" bzw. „Auge" links positioniert), sind die situationsunabhängigeren Sprachmittel eher abstrakterer Natur und demnach eher rechts zu verorten (ab Tab. 9.3 in der Spalte „Sprachmittelkategorie" mit dem Icon „Zahlen" rechts positioniert). Das Kontinuum mündet rechtsseitig im technischen Register der mathematischen Fachsprache (Roelcke, 2010). Dieses wird im

Rahmen des Interviews mit Luisa aufgrund des fokussierten Themas und ihrer Klassenstufe vermutlich nicht adressiert.

Zudem werden die Quellen der Sprachmittelverwendung identifiziert. So wird jeweils durch Fettdruck des jeweiligen Sprachmittels innerhalb der Sprachmittelverwendung durch Luisa bzw. des Sprachmittelangebots der Interviewerin markiert, von wem das betreffende Sprachmittel innerhalb dieses Gesprächs eingeführt wird (s. Tab. 9.1). Sofern ein Sprachmittel zum ersten Mal von Luisa verwendet wird, findet demnach eine Selbsteinführung des Sprachmittels durch die Schülerin statt. Dies wird als Aktivierung eines Elements aus ihrem autonomen Sprachschatz angesehen, der laut Sprachdidaktik jene Inhaltswörter umfasst, die durch Schüler:innen in der Interaktion selbstständig aktiviert werden (Grundler, 2009). Erfolgt hingegen die Übernahme von Sprachmitteln aus dem Sprachmittelangebot der Interviewerin, greift die Schülerin auf den sogenannten kollektiven Sprachschatz (Grundler, 2009) zurück. In diesem Fall bringt demnach die Interviewerin das Sprachmittel in die Kommunikation ein, wobei keine Aussage darüber getroffen werden kann, ob das Sprachmittel eventuell bereits zuvor im autonomen Sprachschatz der Lernenden vorhanden war. Für die Entscheidung, ob bezüglich der Aktivierung eines Sprachmittels im Rahmen des hier fokussierten Interaktionsverlaufs eine Selbsteinführung oder eine Übernahme vorliegt, reicht ein lokaler Blick (auf einzelne Turns oder einen fokussierten Inhaltsaspekt wie die Subtraktion mit der Null) allerdings nicht aus. Stattdessen wird der gesamte zurückliegende Interaktionsverlauf konsequent mitberücksichtigt. So wird etwa auch von einer Sprachmittelübernahme ausgegangen, wenn Luisa am Ende des Interviews ein Sprachmittel aufgreift, das von der Interviewerin zu einem deutlich früheren Zeitpunkt im Interaktionsverlauf verwendet wurde.

9.4.2 Zweiter Schritt: Rekonstruktion von Zusammenhängen zwischen Sprachmittelverwendung der Schülerin und Initiierung durch die Interviewerin

Der hier zu beschreibende zweite Schritt der adaptierten Spurenanalyse dient der Bearbeitung der zweiten Forschungsfrage: „Inwieweit sind Zusammenhänge zwischen der Sprachmittelverwendung der Schülerin und der Initiierung durch die Interviewerin zu rekonstruieren?".

Dazu werden – getrennt für die Bereiche Beschreibung der Null bzw. Addition sowie Subtraktion mit der Null – die Äußerungen der Interviewerin in chronologischer Art und Weise mit den reaktiven Äußerungen der Schülerin gematcht (s. Tab. 9.3 für Beispiele zum fokussierten Aspekt „Beschreibung der Null").

Anzumerken ist, dass hier nur eine Interaktionsrichtung in den Blick genommen wird. Ausgeblendet wird, inwiefern die Sprachmittelverwendung der Interviewerin auf die Beiträge von Luisa zurückzuführen ist. Begründet wird dies mit dem primären Ziel der Spurenanalyse, die Sprachmittelverwendung von Luisa im Verlauf des Interviews nachzuzeichnen (s. ausführlichere Begründung in Abschn. 9.3 im Rahmen der Einführung der Forschungsfrage).

Interviewerin (Äußerung)	Art des Impulses	Sprachmittel-kategorie	Luisa (reaktive Äußerung)	Sprachmittel-kategorie
• was verstehst du unter der Zahl Null'	Initialer Impuls	🧍	• die Null kann man nicht sehen'	👁 0 als Kardinal-zahl
• warum nich' [Kontext: nicht sehen können]	Rückfrage	👁 0 als Kardinal-zahl	• weil die total klein is' • wenn die Eins dazu kommt wird die total groß. […] weil das dann die Zehn is.	👁 0 als Kardinal-zahl

Tab. 9.3   Auszug aus der Gegenüberstellung der Impulse der Interviewerin und der reaktiven Äußerungen von Luisa zur Beschreibung der Null

Gekennzeichnet wird dabei einerseits, ob es sich bei der Äußerung der Interviewerin etwa um einen initialen Impuls oder eine Rückfrage handelt. Dies soll der besseren Nachvollziehbarkeit des Interviewverlaufs dienen. Außerdem lässt sich dadurch einordnen, ob die Interviewerin eine sprachliche Realisierung bzw. eine Perspektive auf die Null selbst initiiert oder aber im Rahmen der Reaktion auf eine Äußerung der Schülerin zurückgreift. Andererseits rücken die Zusammenhänge zwischen den innerhalb des ersten Schritts der adaptierten Spurenanalyse für die Interviewerin bzw. die Schülerin kategorisierten Sprachmittel (als Kombination aus adressierter Sprachmittelart bzw. eingenommener Perspektive auf die Null) bzw. der primär adressierten Sprache (eher konkreter oder eher abstrakter) in den Fokus. Damit wird zum einen bezweckt, die Reihenfolge der verwendeten Sprachmittelkategorien für die Interviewerin und für die Schülerin zu untersuchen. Zum anderen soll analysiert werden, inwieweit die Akteurinnen die zuvor von der jeweils anderen Person aktivierten Sprachmittelkategorien aufgreifen bzw. ein ähnliches Abstraktionsniveau verwenden oder ob es zu diesbezüglichen Wechseln kommt. Dadurch können Erkenntnisse darüber gewonnen werden, inwiefern insbesondere die Äußerungen der Schülerin durch die Impulse bzw. Rückfragen der Interviewerin sprachlich beeinflusst werden. Hinsichtlich des Abstraktionsniveaus der verwendeten Sprache werden folgende mögliche Reaktionsmuster der Schülerin differenziert, die im Rahmen der Darstellung der Analyseergebnisse genauer mit Bezug zur konkreten Interviewsituation charakterisiert, quantifiziert und anhand von Beispielen illustriert werden (s. Abschn. 9.5.2):

- Verbleiben bei der initial verwendeten konkreteren Sprache
- Verbleiben bei der initial verwendeten abstrakteren Sprache
- Wechsel von der initial verwendeten abstrakteren zu einer konkreteren Sprache
- Wechsel von der initial verwendeten konkreteren zu einer abstrakteren Sprache

9.5 Ergebnisse der Spurenanalyse

Nachdem nun das adaptierte Vorgehen der Spurenanalyse und die daraus entstandenen Kategorien in Bezug auf das Transkript von Luisa (s. Tab. 9.2) erläutert wurden, geht es im Folgenden um die Darstellung der daraus gewonnenen Ergebnisse. Diese Resultate dienen der Bearbeitung der zwei oben angeführten Forschungsfragen.

9.5.1 Inventarisierung und Spezifizierung der verwendeten Sprachmittel sowie Ermittlung der Quellen der Sprachmittelverwendung

So leistet die Inventarisierung im ersten Schritt der Spurenanalyse einen Beitrag zur Bearbeitung des ersten Teils der ersten Forschungsfrage: „Welche Sprachmittel werden von der Schülerin bzw. der Interviewerin im Verlauf des Interviews zur Beschreibung der Null sowie zur Addition und zur Subtraktion mit der Null aktiviert?". Die Inventarisierung der durch Luisa bzw. die Interviewerin verwendeten Sprachmittel zeigt zunächst deren Vielfältigkeit auf: Über das gesamte Interview hinweg konnten insgesamt 27 verschiedene in Bezug auf die Null (s. Tab. 9.4) und das Operieren (s. Tab. 9.5, 9.6 und 9.7) mit dieser (Addition und Subtraktion) aktivierte Sprachmittel rekonstruiert werden.

Dabei fällt über die fokussierten Aspekte hinweg auf, dass die inventarisierten Sprachmittel etwas häufiger konkreterer sprachlicher Natur sind und als visualisierungs- bzw. situationsbezogen eingeordnet werden können. Eher abstraktere, als situationsunabhängiger kategorisierte Sprachmittel, die einen

Interviewerin (I)	Schülerin (S)	Sprachmittelkategorie
• nicht/ da sehen können (2)	• (0/ Steinchen) (ja/ gar/ auch/ eben) **nicht sehen** können (egal, ob minus oder plus) **(8)**	
• klein	• **unsichtbar** sein • (total/ (eigentlich) ganz (schön)/ richtig) **klein sein (5)** *[+Zeigegeste (2)]*	0 als Kardinalzahl
	• **nicht** so **groß** sein *[+Zeigegeste]*	
	• total **groß werden** (mit 1 davor als 10)	
• **Null groß aufmalen**	• egal wie groß aufmalen	0 als Zahlzeichen
• **Punkte hinmalen'** [Kontext: nach gewürfelter Null]		0 als Kardinalzahl
	• **nix** hinmalen	0 als Kardinalzahl
	• **Null** hinmalen	0 als Zahlzeichen
	• so ein **Kreis** *[+Zeigegeste] sein*	0 als Zahlzeichen
• (einfach gar) keine Punkte	• **Null** [Punkte] / **keine Sachen/** gar nix da sein **(6)** *[+Zeigegeste (4/6)]*	0 als Kardinalzahl
• (schon/nicht) **geben** (2)	• (eigentlich/so gar) **nix sein (2)** • Null **gibt es** (da einfach/ dann/ (ja) gar) **nicht (6)**	0 als Kardinalzahl

Tab. 9.4 Gegenüberstellende Inventarisierung und Spezifizierung der verwendeten Sprachmittel zur Beschreibung der Null

Bezug zur abstrakteren Mathematik bzw. zu mathematischen Regeln aufweisen, kommen seltener vor (s. Tab. 9.2).

In Bezug auf den fokussierten Aspekt der Beschreibung der Null (s. Tab. 9.4[1]) wurden insbesondere visualisierungsbezogene Sprachmittel kategorisiert, wobei die Kombination mit der Perspektive auf die Null als Kardinalzahl häufiger codiert wurde als jene mit der Null als Zahlzeichen. Dies deckt sich mit der

---

[1] Der Fettdruck der Äußerungen in den Tabellen wird erst für den zweiten Teil der ersten Forschungsfrage interessant und kennzeichnet das erste Auftreten der Äußerung im Gespräch.

Interviewerin (I)	Schülerin (S)	Sprachmittelkategorie	
• **Plusrechnen mit der Null'**	• beim Plusrechnen mit der Null		
	• **Null zu jeder Zahl passend**	0 als Rechenzahl	⊞
• wenn ich (tausend) plus null (rechne, was wär-)	• **wenn ich** (eins / zehn) **plus null** mache, dann ergibt das (eins / zehn) **(3)**		
	• Start **plus** eins **gleich** eins	0 als Rechenzahl	⊞
	• dann **tu ich** hier mal **kurz ne Null hin**	0 als Zahlzeichen	⊞
• einfach gar nichts dazu tun	• wenn ich [etwas] habe und (null Steinchen / gar keins / **nix** / ne Null/ keine) **dazu tue (4)**	♟ 0 als Rechenzahl	
	• (0 / 1 würfeln/ haben) (keinen / einen) **Schritt gehen (3)** *[+Handlung]*		
	• und **null weg** *[+Zeigegeste: 6-0 mit den Fingern]*		
• wie die gewinnt' [Kontext: 1000+0]	• dann **gewinnt** die Tausend [Kontext: 1000+0]		
	• **einen halben** [Finger] **nach oben tun** [als 0]	♟ 0 als Kardinalzahl	

Tab. 9.5 Gegenüberstellende Inventarisierung und Spezifizierung der verwendeten Sprachmittel zur Addition mit der Null

Interviewerin (I)	Schülerin (S)	Sprachmittelkategorie	
• **minus Null** rechnen	• minus Null	0 als Rechenzahl	⊞
	• **null wegtun (3)** *[+Zeigegeste (1)]*	♟ 0 als Rechenzahl	

Tab. 9.6 Gegenüberstellende Inventarisierung und Spezifizierung der verwendeten Sprachmittel zur Subtraktion mit der Null

Interviewerin (I)	Schülerin (S)	Sprachmittelkategorie	
	• (noch / (alle) übrig) **bleiben (3)** [Kontext: Finger/Steine]	0 als Rechenzahl	
	• (dann/ trotzdem) **ergeben** (ja (auch)/ dann/ muss) **(5)**	0 als Rechenzahl	123 4567 890
• **auch bei anderen/allen (Zahlen) funktionieren (2)**	• auch bei anderen/jeder Zahl(en) funktionieren/gehen (2)	0 als Rechenzahl	123 4567 890
	• **egal ob plus oder minus sein**	0 als Rechenzahl	123 4567 890

Tab. 9.7 Gegenüberstellende Inventarisierung und Spezifizierung der verwendeten Sprachmittel zur Addition und Subtraktion mit der Null

Sprechhandlung des Beschreibens als Gang durch eine Art Vorstellungsraum, wie man es z. B. bei Rehbein (1984) findet (s. Kap. 7 in diesem Band).

Sowohl hinsichtlich der Addition (s. Tab. 9.5) als auch der Subtraktion (s. Tab. 9.6) mit der Null konnte insbesondere die Perspektive auf die Null als Rechenzahl rekonstruiert werden. Dies ist erwartungsgemäß, da in diesem Abschnitt des Interviews das Operieren mit der Null im Vordergrund steht. Dabei wurden die aktivierten Sprachmittel in etwa gleichem Maße als situationsbezogen bzw. situationsunabhängiger kategorisiert.

Die im Anschluss an die Inventarisierung der aktivierten Sprachmittel vorgenommene Ermittlung der Quellen der Sprachmittelverwendung dient der Bearbeitung des zweiten Teils „Von wem werden die [im Verlauf des Interviews zur Beschreibung der Null sowie zur Addition und zur Subtraktion mit der Null aktivierten] Sprachmittel jeweils eingeführt?" der ersten Forschungsfrage. Durch wen die Einführung des jeweiligen Sprachmittels erfolgt, wird in den oben abgebildeten Tabellen (s. Tab. 9.4 bis 9.7) anhand der fett gedruckten Äußerungen ersichtlich. Nebenstehende nicht fett gedruckte Äußerungen verdeutlichen, dass diese Sprachmittel (gegebenenfalls nicht im exakt übereinstimmenden Wortlaut, sondern in ähnlicher Art und Weise) von der jeweils anderen Person im Verlauf des Gesprächs aufgegriffen werden.

Bei der Betrachtung der ersten Aktivierungen der jeweiligen Sprachmittel ist auffällig, dass diese zu Großteilen auf Luisas Seite einzuordnen sind, also ihrem autonomen Sprachschatz entstammen. Dies steht etwa im Kontrast zu den Resultaten der oben (s. Abschn. 9.5) erwähnten Studien, in denen Übernahmen aus dem Sprachmittelangebot überwiegen (Pöhler, 2018 zum Lerngegenstand Prozente) bzw. in etwa gleichem Maße vorkommen wie Selbsteinführungen von

Sprachmitteln durch die Lernenden (Wessel, 2019 zum Lerngegenstand Gleichwertigkeit von Brüchen). So werden innerhalb des hier fokussierten Interviews
27 Sprachmittel als verschieden rekonstruiert. Davon werden rund 22 zunächst
von Luisa und fünf erstmals von der Interviewerin verwendet (s. fett gedruckte
Äußerungen in Tab. 9.4 bis 9.7). Während Luisa alle fünf von der Interviewerin eingeführten Sprachmittel übernimmt und anschließend selbst verwendet,
greift die Interviewerin nur sieben der 22 von Luisa initial aktivierten Formulierungen im Verlauf des Gesprächs wieder auf (s. neben den fett gedruckten
Äußerungen in Tab. 9.4 bis 9.7 stehende Sprachmittel). Dies hängt selbstverständlich auch mit der Art der Interviewsituation zusammen, die es erfordert,
dass Luisa auf die Fragen und Impulse der Interviewerin reagiert. Neben dem zu
konstatierenden hohen Redeanteil von Luisa (Interviewerin: insgesamt 15, Luisa:
insgesamt 66 Sprachmittelaktivierungen zur Null) bleibt dennoch insbesondere
auffällig, wie vielfältig sie sich dabei durch Aktivierung von Sprachmitteln aus
ihrem autonomen Wortschatz ausdrückt.

In Bezug auf die gebildeten Sprachmittelkategorien ist etwa anzumerken, dass
Luisa außer dem Ausdruck „malen" (mit den Sprachmitteln „Null groß aufmalen" und „Punkte hinmalen") alle als visualisierungs- und situationsbezogen
kategorisierte Sprachmittel selbst initial aktiviert. Ebenso werden einzelne situationsunabhängigere Sprachmittel wie „Null gibt es nicht" oder „wenn ich [etwas]
habe und nix dazu tue" von der Schülerin in das Interview eingebracht. Auch
zu allen drei vorkommenden Perspektiven auf die Null führt Luisa Sprachmittel selbst ein, wie etwa „unsichtbar sein" für die Null als Kardinalzahl, „so ein
Kreis sein" für die Null als Zahlzeichen oder „keinen Schritt gehen (wenn ich 0
würfle)" für die Null als Rechenzahl.

Von der Interviewerin werden hingegen in diesem Gespräch nur die wenigen
folgenden Formulierungen zuerst verwendet:

- Visualisierungs-/Situationsbezogene Sprachmittel: „Null groß aufmalen" (Null
  als Zahlzeichen), „Punkte hinmalen" (Null als Kardinalzahl),
- Situationsunabhängigere Sprachmittel: „Plusrechnen mit der Null"; „minus
  Null rechnen"; „auch bei allen/anderen (Zahlen) funktionieren" (Null als
  Rechenzahl)

Insgesamt lassen die Resultate erahnen, dass das Gespräch bzw. insbesondere
die Sprachmittelverwendung der Lernenden weniger stark von der Interviewerin
beeinflusst wird, als bisherige anhand von Spurenanalysen durchgeführte Untersuchungen (wie Pöhler, 2018; Wessel, 2019) erwarten ließen. Auch wenn dies

natürlich mit dem kommunikativen Rahmen der Situation (Interview statt Fördersitzungen) zusammenhängt, soll die erwähnte Vermutung noch stärker anhand der Bearbeitung der zweiten Forschungsfrage beleuchtet werden.

9.5.2 Rekonstruktion der Zusammenhänge zwischen der Sprachmittelverwendung der Schülerin und der Initiierung durch die Interviewerin

Zur Bearbeitung der zweiten Forschungsfrage „Inwieweit sind Zusammenhänge zwischen der Sprachmittelverwendung der Schülerin und der Initiierung durch die Interviewerin zu rekonstruieren?" wird im Anschluss an die Inventarisierung, Sortierung und Kategorisierung der aktivierten Sprachmittel im zweiten Schritt der adaptierten Spurenanalyse untersucht, welche Sprachmittelkategorien wann auftauchen und ob Zusammenhänge zwischen der Verwendung dieser durch die Interviewerin und durch die Schülerin auftreten. Dabei wird auch analysiert, ob es Hinweise darauf gibt, dass die Verwendung der verschiedenen Sprachmittelkategorien gegebenenfalls von der jeweils anderen Person initiiert wird.

Dazu wurden die kategorisierten Äußerungen der Interviewerin und die reaktiven kategorisierten Äußerungen der Schülerin in chronologischer Form gegenübergestellt. Dadurch lassen sich die Reihenfolge des Aufkommens der adressierten Sprachmittelkategorien sowie mögliche Zusammenhänge zwischen der Verwendung von Sprachmitteln bestimmter Kategorien als mögliche Reaktionen auf andere ablesen.

Wie oben bereits erwähnt, lassen sich grob vier verschiedene Arten von Beeinflussungen und Reaktionen in Bezug auf die initial adressierten und aufgegriffenen Sprachmittelkategorien rekonstruieren (Verbleiben bei der initial verwendeten konkreteren bzw. abstrakteren Sprache sowie Wechsel von der initial verwendeten abstrakteren zu einer konkreteren Sprache bzw. umgekehrt), die noch weiter auszudifferenzieren sind. Aufgrund der gegebenen Interviewsituation, die überwiegend einem Frage-Antwort-Schema folgt, und dem Ziel, herauszufinden, wie es zur Sprachmittelverwendung von Luisa kommt, wird der primäre Fokus auf ihre Reaktionen auf die durch die Interviewerin initiierten Sprachmittelkategorien gelegt. Im Folgenden werden dementsprechend die vier aus der Gesprächssituation abgeleiteten Reaktionsmuster der Schülerin genauer anhand von Beispielen aus dem Interview dargelegt sowie quantifiziert.

Verbleiben bei der initial verwendeten konkreteren Sprache (10 Mal)

Direkt zu Beginn des Interviews wird durch die Interviewerin eher die Verwendung der konkreteren Sprache angeregt, indem Luisa „einfach" (T1) sagen soll, was sie unter der Null versteht („‚was verstehst du unter der Zahl Null´, du darfst da etwas einfach sagen zu, oder du malst etwas auf, oder du schreibst etwas.", T1). Auch wenn diese Frage nach Luisas Verständnis zur Null eher als situationsbezogen zu kategorisieren ist und Luisa mit einem als visualisierungsbezogen einzuordnenden Sprachmittel antwortet (s. Tab. 9.8), erweist sich die Sprache innerhalb beider Äußerungen eher als konkreter.

Der eher die konkretere Sprache adressierende Impuls der Interviewerin scheint somit auch bei Luisa allgemein die Legitimation der Verwendung konkreterer Sprache zu bewirken. Auch im weiteren Verlauf kommt es immer wieder vor (insgesamt 10 Mal), dass Luisa bei der durch die Interviewerin initial verwendeten konkreteren Sprache verbleibt, also mit ähnlichen oder anderen Sprachmitteln eines ähnlichen Abstraktionsniveaus auf eine Frage oder einen Impuls der Interviewerin reagiert (s. Beispiele in Tab. 9.8). Drei Mal davon werden situationsbezogene sowie vier Mal visualisierungsbezogene Sprachmittel exakt, also mit der gleichen Perspektive auf die Null, aufgegriffen (wie etwa in den Zeilen 2 und 5 von Tab. 9.8). Ein weiteres Mal verwendet Luisa zwar analog zur Interviewerin visualisierungsbezogene Sprachmittel, allerdings nimmt sie dabei eine andere Perspektive auf die Null ein. Zudem wechselt sie zwei Mal zwar die Sprachmittelart, indem sie einen situationsbezogenen Impuls mit einer visualisierungsbezogenen Äußerung erwidert, verbleibt damit jedoch bei der Verwendung konkreterer Sprache (wie z. B. in Zeile 1 von Tab. 9.8).

Inwiefern die Interviewerin auch das von Luisa adressierte Abstraktionsniveau der Sprache aufgreift, ist hingegen nicht einfach festzustellen, da der Ursprungsimpuls zumeist von der Interviewerin getätigt wird. Daher ist nicht eindeutig zu klären, ob die Interviewerin auf ihrem Abstraktionsniveau verbleibt oder bewusst die von Luisa adressierte Sprache (konkreter oder abstrakter) bzw. Sprachmittelkategorie (Kombinationen aus Perspektiven auf die Null und Sprachmittelarten) aufgreift. Dennoch fällt auf, dass auch von der Interviewerin zumindest vier Mal genau die gleiche Sprachmittelkategorie, die Luisa zuvor verwendet hat, adressiert wird (s. Wechsel von Zeile 3 zu 4 in Tab. 9.8). Zusätzlich verwendet die Interviewerin einmal – genau wie zuvor Luisa – ein visualisierungsbezogenes Sprachmittel, wobei aber eine andere Perspektive auf die Null eingenommen wird (s. Wechsel von Zeile 4 zu 5 in Tab. 9.8).

Zeile	Interviewerin (Äußerung)	Art des Impulses	Sprachmittel-kategorie	Luisa (reaktive Äußerung)	Sprachmittelkategorie
1	• was verstehst du unter der Zahl Null'	Initialer Impuls	[Symbol]	• die Null kann man nicht sehen'	[Symbol] 0 als Kardinalzahl
2	• warum nich' [Kontext: nicht sehen können]	Rückfrage	[Symbol] 0 als Kardinalzahl	• weil die total klein is'	[Symbol] 0 als Kardinalzahl
...					
3				• auch ganz schön klein ist-	[Symbol] 0 als Kardinalzahl
4	• klein, wie meinst du das'	Rückfrage	[Symbol]	• nicht so [+ Zeigegeste] groß ist	[Symbol] 0 als Kardinalzahl
5	• man könnte die Null ja auch so ganz groß aufmalen [+ Zeigegeste]	Rückfrage	[Symbol] 0 als Zahlzeichen	• egal wie groß man die aufmalt [...] die is eigentlich ganz klein [...] richtig klein	[Symbol] 0 als Zahlzeichen / Kardinalzahl
...					
6	• wie könntest du jetzt diese Regel mit dem Spiel hier erklären'	Initialer Impuls	[Symbol]	• wenn ich jetzt die Null würfel, dann geh ich einfach keinen Schritt.	[Symbol] 0 als Rechen-zahl

Tab. 9.8 Beispiele zum Reaktionsmuster „Verbleiben bei der initial verwendeten konkreteren Sprache"

Verbleiben bei der initial verwendeten abstrakteren Sprache (12 Mal)

Neben der konkreteren Sprache greift Luisa auch abstraktere Sprache von der Interviewerin auf. Dies geschieht allerdings nur in Situationen, in denen es um das Operieren (Addition und Subtraktion) mit der Null geht. In diesem Zusammenhang ist zu erwähnen, dass Luisa hinsichtlich des fokussierten Aspekts der Beschreibung der Null ohnehin nur einmal in den Gebrauch abstrakterer Sprache wechselt, als sie die symbolische Darstellung der Null als Zahlzeichen andeutet („dass die soo [...] ein Kreis is-", T22). Ansonsten wird für die Beschreibung der Null durch beide Sprecherinnen primär konkretere Sprache genutzt. Als das Interview zur Thematisierung des Operierens mit der Null übergeht, gibt die Interviewerin zudem den expliziten Hinweis, dass nun „Frage[n] aus der Mathematik" (T39, T135) adressiert werden. Dies lässt erahnen, dass es nun anscheinend um etwas Abstrakteres gehen soll.

Insgesamt reagiert Luisa in diesem Zusammenhang acht Mal mit der gleichen Sprachmittelkategorie, genauer gesagt mit situationsunabhängigeren Sprachmitteln sowie mit der Perspektive auf die Null als Rechenzahl bzw. einmal als Kardinalzahl. Dabei greift sie häufig exakt die Formulierungen der Interviewerin auf (s. z. B. Zeile 1 und 2 in Tab. 9.9). Zudem antwortet sie vier Mal zumindest mit situationsunabhängigeren Sprachmitteln, aber einer anderen Perspektive auf die Null (Wechsel von Rechenzahl zu Kardinalzahl oder umgekehrt sowie von Rechenzahl zu Zahlzeichen, s. z. B. Zeile 4 in Tab. 9.9). Hier kommt es zwar auch dazu, dass die Interviewerin auf von Luisa adressierten Sprachmittelkategorien verbleibt. Allerdings erfolgt dies vorwiegend in Form von Rückfragen zu zuvor von ihr selbst initiierten Formulierungen in abstrakterer Form (häufig einfach durch ein „Wieso" oder „Warum") oder neuen abstrakteren Impulsen. Dementsprechend ist fraglich, ob tatsächlich die Sprachmittel (visualisierungs-, situationsbezogen bzw. situationsunabhängiger) bzw. Sprachmittelkategorien (zusätzlich auch die Perspektive auf die Null) von Luisa aufgegriffen werden oder eher Bezug auf den eigenen zuvor getätigten Impuls genommen wird (s. z. B. Zeile 3 in Tab. 9.9).

Zeile	Interviewerin (Äußerung)	Art des Impulses	Sprachmittel-kategorie	Luisa (reaktive Äußerung)	Sprachmittelkategorie
1	• Frage aus der Mathematik. […] welche Besonderheit en gibt es, beim Plusrechnen mit der Null'	Initialer Impuls	0 als Rechen-zahl	• beim Plusrechnen mit der Null. […] wenn ich jetzt eins plus null mache, dann ergibt das ja eins.	0 als Rechenzahl
…					
2	• funktioniert das auch bei anderen Zahlen oder nur bei der Eins'	Initialer Impuls	0 als Rechenzahl	• das funktioniert auch bei anderen Zahlen	0 als Rechenzahl
3	• warum' [Kontext: Addition mit Null funktioniert bei allen Zahlen]	Rückfrage		• wenn ich jetzt zehn plus null mache dann isses ja immer noch zehn • weil die Null eigentlich zu jeder Zahl passt.	
…					
4	• ‚Meine Regel zum Plusrechnen mit der Null.' […] wie funktioniert das, wenn man plus null rechnet.	Initialer Impuls	0 als Rechenzahl	• dann gibt es die Null da einfach nich.	0 als Kardinal-zahl

Tab. 9.9 Beispiele zum Reaktionsmuster „Verbleiben bei der initial verwendeten abstrakteren Sprache"

Wechsel von der initial verwendeten abstrakteren, zu einer konkreteren Sprache (sieben Mal direkt und zwei Mal indirekt)
Neben den beiden Reaktionsmustern des Verbleibens bei einer initial verwendeten Sprache, sind auch solche zu rekonstruieren, die einen Wechsel der initial verwendeten Sprache beinhalten. Im Hinblick auf das Reaktionsmuster des Wechselns von der durch die Interviewerin initial verwendeten abstrakteren zu einer konkreteren Sprache fällt auf, dass Luisa einen solchen Wechsel zurück zur Verwendung von Sprachmitteln, die eher einer konkreteren Sprache zuzuordnen sind, häufig selbst vollzieht. So hat sie insgesamt sieben Mal in Form konkreterer Sprache und davon drei Mal mit visualisierungsbezogenen sowie vier Mal mit situationsbezogenen Sprachmitteln auf eine situationsunabhängigere und somit sprachlich abstraktere Äußerung der Interviewerin direkt reagiert (s. z. B. Zeile 2 und 3 in Tab. 9.10). Zudem ist Luisa noch drei Mal nach der Verwendung abstrakterer Sprache als direkte Reaktion auf einen der abstrakteren Sprache zuzuordnenden Impuls der Interviewerin im Anschluss zum Gebrauch von Sprachmittelarten übergegangen, die eher eine konkretere Sprache konstituieren (also situations- bzw. visualisierungsbezogene Sprachmittel) (s. z. B. Zeile 1 in Tab. 9.10).

Zeile	Interviewerin (Äußerung)	Art des Impulses	Sprachmittelkategorie	Luisa (reaktive Äußerung)	Sprachmittelkategorie
1	• ‚Meine Regel zum Plusrechnen mit der Null.‘ [...] wie funktioniert das, wenn man plus null rechnet. ...	Initialer Impuls	0 als Rechen- zahl $\frac{123}{4567}$ 890	• dann gibt es die Null da einfach nich. • tut man einfach gar nix dazu.	0 als Kardinalzahl $\frac{123}{4567}$ 890 0 als Rechen- zahl
2	• meinst du das klappt immer‘ [...] warum‘ [Kontext: Addition mit Null]	Initialer Impuls	0 als Rechen- zahl $\frac{123}{4567}$ 890	• weil ... die Null ist ja einfach unsichtbar • die is ja total klein [+Zeigegeste] • die sieht man ja gar nicht.	0 als Kardinalzahl
3	• wenn ich mal tausend plus null rechne .., was wär-	Initialer Impuls		• dann gewinnt die Tausend	0 als Rechen- zahl

Tab. 9.10 Beispiele zum Reaktionsmuster „Wechsel von der initial verwendeten abstrakteren zu einer konkreteren Sprache"

Wechsel von der initial verwendeten konkreteren zu einer abstrakteren Sprache (fünf Mal)

Neben dem häufig zu beobachtenden durch Luisa selbst initiierten Wechsel von der abstrakteren in die konkretere Sprache, wechselt die Schülerin innerhalb einzelner Reaktionen auch selbst in die abstraktere Sprache, obwohl von der Interviewerin eine Äußerung als Impuls gegeben wird, die konkretere Sprache enthält.

Dies findet einmal ganz deutlich infolge einer Äußerung der Interviewerin mit situationsbezogenen Sprachmitteln statt, auf die Luisa mit situationsunabhängigeren Sprachmitteln antwortet (s. Zeile 4 in Tab. 9.11). In den anderen Fällen erweisen sich Luisas Äußerungen als Mischung aus situationsunabhängigeren und visualisierungsbezogenen Sprachmitteln (drei Mal, s. z. B. Zeile 1 und 2 in Tab. 9.11) oder die Formulierung der Interviewerin enthält neben Sprachmitteln, die eher der konkreteren Sprache zuzuordnen sind, auch sprachlich abstraktere Formulierungen und Luisa reagiert mit sprachlich abstrakteren Sprachmitteln (ein Mal, s. Zeile 3 in Tab. 9.11).

Zusammenfassend lässt sich festhalten, dass Luisa in ihren ersten Reaktionen auf Äußerungen der Interviewerin häufig die von dieser verwendeten Sprachmittelarten (visualisierungs-, situationsbezogen oder situationsunabhängiger) aufgreift oder zumindest bei der von ihr initial verwendeten Sprache (konkreter, abstrakter) verbleibt. Dabei ist zu erwähnen, dass die Interviewerin den initialen Auftrag zur Beschreibung der Null sprachlich eher konkreter formuliert und die beiden „Frage[n] aus der Mathematik" (T39, T135) in Bezug auf die Addition und Subtraktion mit der Null jeweils abstrakterer Natur sind. Dennoch wechselt Luisa auch nach einem ersten Aufgreifen der initial verwendeten abstrakteren Sprache teilweise wieder in konkretere Sprache zurück. Demnach überwiegt das Verbleiben bei (10 Mal) bzw. der Wechsel zu konkreterer Sprache (neun Mal) gegenüber dem Verbleiben bei (12 Mal) bzw. dem Wechsel (fünf Mal) zu abstrakterer Sprache, obwohl von den drei fokussierten Aspekten innerhalb des Interviews (Beschreibung der Null, Addition bzw. Subtraktion mit der Null) zwei (beide Operationen mit der Null) mit einem eher in die abstraktere Sprache einzusortierenden Impuls initiiert werden.

Erklärt werden könnte dies damit, dass die Interviewerin selbst das Gespräch anhand der Adressierung der konkreteren Sprache startet und damit möglicherweise für Luisa legitimiert, dass sie generell auch mit Sprachmitteln, die eher konkreter und der Alltagssprache zuzuordnen sind, antworten darf. Neben der Tatsache, dass die Interviewerin zu Beginn des Gesprächs selbst eine auf konkretere Sprache ausgerichtete Initiierung wählt, gibt sie Luisa beim Beschreiben der Null auch positive Rückmeldungen bezüglich ihrer Formulierungen, indem sie diese teilweise aufgreift oder zumindest die Verwendung einer konkreteren Sprache beibehält. Ein weiterer Grund für die Fokussierung auf konkretere Sprache durch Luisa könnte auch darin bestehen, dass Luisa sich noch in der ersten Klasse befindet und es ihr demnach wohlmöglich leichter fällt, dieser zuzuordnende Sprachmittel zu verwenden. Darüber hinaus ist anzumerken, dass mithilfe der Spurenanalyse nur offensichtliche Spuren rekonstruiert werden können und Unterschwelliges wie Begründungen für das Handeln der Lernenden nur erahnt werden kann.

Zeile	Interviewerin (Äußerung)	Art des Impulses	Sprachmittel-kategorie	Luisa (reaktive Äußerung)	Sprachmittelkategorie
1	• vorstellen [...] ich hab noch nie was von der Null gehört. wie würdest du mir denn die Null erklären'	Initialer Impuls		• dass die soo [+ *Zeigegeste*] ein Kreis is-	0 als Zahlzeichen
	...				
2	• was hast du gewürfelt' musst du da, wie viele Punkte hinmalen' [Kontext: gewürfelte Null]	Initialer Impuls	0 als Kardinal-zahl	• mal ich da einfach ne Null hin	0 als Zahlzeichen
	...				
3	• die [Null] gibt's ja schon	Anmerkung			
	• [+ *Zeigegeste*] bei dir ist sie ja da zu sehn.		0 als Zahl-zeichen	• aber trotzdem ergeb'ns dann eins.	0 als Rechen-zahl
	...				
4	• wie die gewinnt' [Kontext: 1000 gewinnt bei 1000+0]	Rückfrage	0 als Rechen-zahl	• jaa, das ergeben dann Tausend.	0 als Rechen-zahl

Tab. 9.11 Beispiele zum Reaktionsmuster „Wechsel von der initial verwendeten konkreteren zu einer abstrakteren Sprache"

9.5.3 Zusammenfassung der anhand der Spurenanalyse erzielten Ergebnisse mit Blick auf die drei fokussierten Aspekte

Wie oben bereits angedeutet, lässt sich das Transkript anhand der fokussierten Aspekte thematisch untergliedern: Zunächst geht es um die Beschreibung der Null, dann um die Addition sowie abschließend um die Subtraktion mit dieser. Daher wird bei der Analyse auch darauf fokussiert, wie sich die bisher dargestellten Erkenntnisse konkret auf die lexikalischen Lernwege von Luisa hinsichtlich dieser drei fokussierten Aspekte beziehen lassen. Die Spezifika der rekonstruierten lexikalischen Lernwege von Luisa zu den fokussierten Aspekten werden im Folgenden jeweils kurz beschrieben und grafisch veranschaulicht (s. Tab. 9.12, 9.13 und 9.14). Anhand der Grafiken, die sich im Aufbau an den Tabellen aus den vorherigen Kapiteln orientieren, soll ein Herauszoomen von den konkreten Impulsen der Interviewerin und der konkreten Sprachmittelverwendung von Luisa realisiert werden, um die Abfolge der verwendeten und angebotenen Sprachmittelarten sowie Perspektiven auf die Null ins Zentrum der Betrachtung stellen zu können.

Beschreibung der Null
Wie bereits erläutert, startet die Interviewerin das Gespräch durch Adressierung einer konkreteren Sprache, indem sie nach Luisas Verständnis zur Null fragt. Wie aufgrund der Ausrichtung des initialen Impulses zu erwarten ist, startet somit auch Luisa mit der Verwendung konkreterer Sprache. Dabei nutzt sie fast ausschließlich visualisierungsbezogene Sprachmittel, deutet aber auch ihre Kenntnis über das mathematische Symbol der Null an (situationsunabhängiger – Null als Zahlzeichen). Erst als die Interviewerin später situationsbezogene Sprachmittel in das Gespräch einbringt, die sich konkret auf ein Spiel beziehen, das im Interview thematisiert wurde, wechselt auch Luisa von primär visualisierungs- zu situationsbezogenen Sprachmitteln und beschreibt die Null als nicht vorhandene Gegenstände.

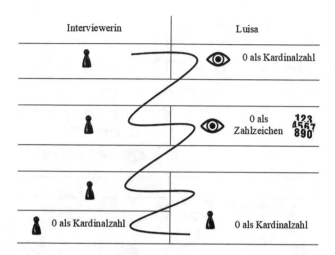

Tab. 9.12 Überblick zu Luisas Lernweg zur Beschreibung der Null

Addition der Null
Beim Übergang vom Beschreiben der Null zur Addition mit der Null, wechselt die Interviewerin in die Adressierung abstrakterer Sprache, indem sie gezielt und explizit eine „Frage aus der Mathematik" (T39) stellt. Dadurch wird auch bei Luisa die Verwendung von Sprachmitteln initiiert, die eher abstrakterer Natur sind. So geht Luisa zunächst in die Verwendung abstrakterer Sprache über, indem sie die situationsunabhängigeren Sprachmittel der Interviewerin aufgreift und diese sogar um weitere abstraktere Sprachmittel erweitert. Anschließend wechselt sie allerdings häufig wieder – durch die Verwendung situations- und visualisierungsbezogener Sprachmittel – in eine eher konkretere Sprache. Dies wiederholt sich auch im weiteren Verlauf des Interviews. So initiiert die Interviewerin noch mehrfach abstraktere Sprachmittel, die zunächst auch von Luisa aufgegriffen werden. Im Anschluss daran wechselt die Schülerin allerdings oft wieder zurück in den Gebrauch konkreterer Sprache. Später wechselt auch die Interviewerin in diese Sprache, indem sie einen konkreten Spiel- und Darstellungsbezug herstellt, bevor sie wieder sprachlich gesehen ein höheres Abstraktionsniveau wählt. Spannend ist zum Ende des Interviews hin, dass Luisa auf einen sprachlich abstrakteren Impuls der Interviewerin mit konkreteren Sprachmitteln antwortet, bei der Rückfrage diesbezüglich aber dann erneut in die Verwendung abstrakterer Sprachmittel wechselt.

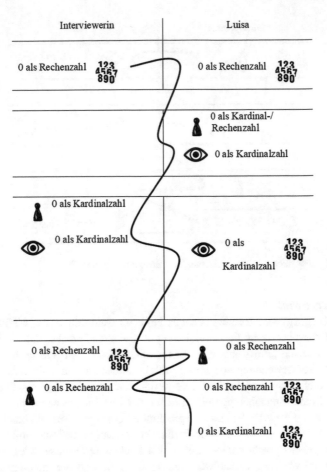

Tab. 9.13 Überblick zu Luisas Lernweg zur Addition mit der Null

Subtraktion der Null

Beim letzten und kürzesten Abschnitt des Interviews zum fokussierten Aspekt der Subtraktion mit der Null initiiert die Interviewerin erneut eine klar abstraktere Sprachverwendung, indem sie erneut explizit eine „Frage aus der Mathematik" (T135) stellt. Luisa adressiert zunächst wiederum die durch die Interviewerin initiierte Sprache, wechselt aber dann immer wieder zurück zu konkreteren Formulierungen. Die Interviewerin hingegen bleibt nun konstant bei der Verwendung von eher situationsunabhängigeren Sprachmitteln.

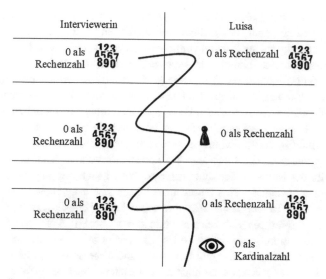

Tab. 9.14 Überblick zu Luisas Lernweg zur Subtraktion mit der Null

9.6 Fazit zum Mehrwert der Einnahme einer sprachlichen Perspektive auf das Null-Transkript anhand der Methode der Spurenanalyse

Die Einnahme einer sprachlichen Perspektive auf das Interview mit Luisa zur Null wird in diesem Kapitel anhand der gegenstandsbezogen adaptierten Methode der Spurenanalyse realisiert. Diese erlaubt es, einerseits die Art der insbesondere durch Luisa aktivierten Sprachmittel sowie deren Vielfalt und Quellen in den Blick zu nehmen bzw. andererseits deren Zusammenhänge mit den Impulsen der Interviewerin sowie den von dieser verwendeten Sprachmitteln zu ergründen. Außerdem kann Luisas Sprachmittelverwendung über den Interaktionsverlauf hinweg nachgezeichnet werden. Auch wenn sich die Schülerin nicht in einer klassischen Lernsituation befindet, sprechen wir – in Anlehnung an die zugrunde liegende Methode – in diesem Zusammenhang von der Rekonstruktion ihres lexikalischen Lernwegs. Realisiert wird diese separat für die drei fokussierten Aspekte Beschreibung der Null sowie Addition und Subtraktion mit der Null. Anzumerken ist, dass anhand der Methode der Spurenanalyse generell nur offensichtliche Spuren der Sprachmittelverwendung rekonstruiert werden können und nicht darauf abgezielt wird, Begründungen für den Sprachgebrauch abzuleiten.

Anhand der hier fokussierten Analysemethode der Spurenanalyse, die sich demnach auch zur Analyse von Interviewsituationen eignet, in denen das Lernen nicht im Vordergrund steht, kann zum einen gezeigt werden, dass Luisa in Bezug auf die verschiedenen fokussierten Aspekte (Beschreibung der Null bzw. Addition und Subtraktion mit der Null) für eine Erstklässlerin schon auf eine hohe Vielfalt an Sprachmitteln zurückgreift, die ihrem autonomen Wortschatz entstammen und die sie häufig selbst einführt. Dass die Aktivierung einer solchen Vielfalt an Sprachmitteln überhaupt möglich ist, ist auch auf die recht offen gestellten Fragen bzw. Impulse der Interviewerin zurückzuführen. Zum anderen wird deutlich, dass Luisa innerhalb des Interviews ein hoher Redeanteil zukommt.

Mithilfe der Methode der Spurenanalyse bzw. genauer gesagt durch Kategorisierung der inventarisierten Sprachmittel kann herausgearbeitet werden, dass Luisa durchaus in der Lage ist, unterschiedliche Perspektiven auf die Null einzunehmen (Null als Zahlzeichen etwa durch „so ein Kreis sein", als Kardinalzahl etwa durch „nix sein" sowie als Rechenzahl etwa durch „wenn ich eins plus null mache, dann ergibt das eins") und diese sowohl in konkreterer als auch in abstrakterer Form sprachlich zu realisieren. Letzteres erfolgt durch den Gebrauch folgender Sprachmittelarten, mit denen Luisa jeweils die verschiedenen Perspektiven auf die Null adressiert:

- Visualisierungsbezogene Sprachmittel wie „unsichtbar sein" zur Beschreibung der Null als Kardinalzahl
- Situationsbezogene Sprachmittel wie „keine Sachen da sein" zur Beschreibung der Null als Kardinalzahl
- Situationsunabhängigere Sprachmittel wie „kurz eine Null hier hintun" für die Perspektive der Null als Zahlzeichen im Rahmen der Addition mit der Null

Auf Basis der vorgenommenen Rekonstruktionen kann angenommen werden, dass Luisa eine Präferenz für die Verwendung visualisierungsbezogener Sprachmittel aufweist, vor allem bei der initialen Beschreibung ihres individuellen Verständnisses zur Null.

Ferner fällt hinsichtlich der Rekonstruktion der lexikalischen Lernwege von Luisa in Bezug auf die drei fokussierten Aspekte (Beschreibung der Null bzw. Addition sowie Subtraktion mit der Null) auf, dass sich diese nicht als stringent erweisen (etwa in Richtung der Verwendung abstrakterer Sprache). Stattdessen sind stetige Wechsel hinsichtlich der verwendeten Sprachmittelarten bzw. -kategorien (als Kombination aus Perspektiven auf die Null und Sprachmittelarten) zu rekonstruieren. Diese hängen, wie die Rekonstruktion der Reaktionsmuster von

Luisa zeigt (Verbleiben bei der initial verwendeten (konkreteren oder abstrakteren) Sprache oder Wechsel von der initial verwendeten abstrakteren zu einer konkreteren Sprache oder umgekehrt), auch – aber nicht ausschließlich – mit den spezifischen Impulsen der Interviewerin zusammen. So scheint Luisa es an einer Stelle etwa zu präferieren, das Zahlzeichen Null situationsunabhängiger als mathematisches Symbol anzusehen („mal ich da einfach ne Null hin", T77) als – wie von der Interviewerin angeregt („was hast du gewürfelt' musst du da, wie viele Punkte hinmalen'", T76) – den Bezug zum Würfelspiel beizubehalten.

Dennoch kann anhand der durchgeführten Spurenanalyse rekonstruiert werden, dass Luisas Äußerungen an manchen Stellen des Interaktionsverlaufs durchaus durch die Impulse der Interviewerin bedingt sind (im Sinne des Aufgreifens der verwendeten Sprachmittelarten bzw. des Verbleibens bei der initial verwendeten Sprache), wenn auch weniger als vielleicht erwartet. So übernimmt die Schülerin etwa einzelne von der Interviewerin genutzte Sprachmittel bzw. greift diese in ähnlicher Weise auf oder reagiert mit einer durch die Lehrkraft adressierten Sprachmittelart oder -kategorie (Verbindung aus Sprachmittelart und Perspektive auf die Null) bzw. verbleibt zumindest bei der initial durch sie verwendeten Sprache (konkreter bzw. abstrakter). Der offene, auf konkretere Sprache ausgerichtete Anfangsimpuls der Interviewerin, mit dem Luisas Verständnis von der Null ermittelt werden soll, scheint für die Lernende das Antworten in eher konkreterer Sprache zu legitimieren.

Zu vermuten ist, dass die Interviewerin die anhand der Spurenanalyse aufwendig rekonstruierten teilweise auftretenden Inkonsistenzen zwischen ihren Impulsen und Luisas Reaktionen in der Situation nicht unbedingt wahrnimmt. Den Blick von Lehrkräften auf solche Inkonsistenzen zu richten, könnte hinsichtlich der Unterrichtspraxis gewinnbringend sein, um auch die sprachlichen Lernwege von Lernenden im Mathematikunterricht bewusster mit berücksichtigen zu können. Dies könnte auch produktiv genutzt werden, insbesondere um Sprache gegenstandsbezogen zu fördern.

Die Durchführung der Spurenanalyse für Luisa als einzige Schülerin eignet sich natürlich nicht dazu, Verallgemeinerungen etwa hinsichtlich der Übernahmepraxis von Sprachmitteln durch Lernende oder des Sprachmittelrepertoires von Lernenden der ersten Klasse zur Null vorzunehmen. Dennoch lassen die Resultate der Spurenanalyse für das Interview von Luisa im Hinblick auf den hier fokussierten Unterrichtsgegenstand vermuten, dass einzelne Lernende der ersten Klasse durchaus schon über vielfältiges (Alltags-)wissen zur Null bzw. diverse Sprachmittel, um das eigene Verständnis zu dieser Ziffer sowie das Operieren mit dieser auszudrücken, verfügen können. Erforderlich ist, diese Lernvoraussetzungen im Unterricht wahrzunehmen, bewusst aufzugreifen und weiterzuentwickeln.

Bspw. muss der Übergang hinsichtlich der Null als Rechenzahl von Addition bzw. Subtraktion zu Multiplikation bzw. Division durchaus bewusst gestaltet werden. Nichtsdestotrotz wäre es spannend, ähnliche Interviews mit weiteren Lernenden durchzuführen, zu analysieren und den hier berichteten Resultaten gegenüberzustellen.

Literatur

Abedi, J. (2004). Will You Explain the Question? *Principal Leadership, 4*(7), 27–31.

Clarkson, P. C. (2009). Mathematics Teaching in Australian Multilingual Classrooms: Developing an Approach to the Use of Classroom Languages. In R. Barwell (Ed.), *Multilingualism in Mathematics Classrooms – Global Perspectives* (pp. 145–160). Bristol: Multilingual Matters.

Confrey, J. (2005). The Evolution of Design Studies as Methodology. In R. K. Sawyer (Ed.), *The Cambridge Handbook of the Learning Sciences* (pp. 135–152). New York: Cambridge University Press. https://doi.org/10.1017/CBO9780511816833.010.

Grundler, E. (2009). Argumentieren lernen – die Bedeutung der Lexik. In M. Krelle & C. Spiegel (Hrsg.), *Sprechen und Kommunizieren: Entwicklungsperspektiven, Diagnosemöglichkeiten und Lernszenarien in Deutschunterricht und Deutschdidaktik* (S. 82–98). Baltmannsweiler: Schneider Hohengehren.

Hasemann, K. & Gasteiger, H. (2020). *Anfangsunterricht Mathematik* (4., überarb. Aufl.). Berlin: Springer. https://doi.org/10.1007/978-3-642-40774-1.

Hefendehl-Hebeker, L. (1981). Zur Behandlung der Zahl Null im Unterricht, insbesondere in der Primarstufe. *mathematica didactica, 4,* 239–252.

Hefendehl-Hebeker, L. (1982). Die Zahl Null im Bewusstsein von Schülern. Eine Fallstudie. *Journal für Mathematik-Didaktik, 3,* 47–65.

Heinze, A., Herwartz-Emden, L. & Reiss, K. (2007). Mathematikkenntnisse und sprachliche Kompetenz bei Kindern mit Migrationshintergrund zu Beginn der Grundschulzeit. *Zeitschrift für Pädagogik, 53*(4), 562–581. https://doi.org/10.25656/01:4412.

Hußmann, S. & Prediger, S. (2016). Specifying and Structuring Mathematical Topics – a Four-Level Approach for Combining Formal, Semantic, Concrete, and Empirical Levels Exemplified for Exponential Growth. *Journal für Mathematik-Didaktik, 37*(1), 33–67. https://doi.org/10.1007/s13138-016-0102-8.

Kornmann, R., Frank, A., Holland-Rummer, C. & Wagner, H.-J. (1999). *Probleme beim Rechnen mit der Null. Erklärungsansätze und pädagogische Hilfen.* Weinheim: Beltz.

Löschmann, M. (1993). *Effiziente Wortschatzarbeit. Alte und neue Wege. Arbeit am Wortschatz integrativ, kommunikativ, interkulturell, kognitiv, kreativ.* Frankfurt a. M.: Peter Lang.

Maier, H. & Schweiger, F. (1999). *Mathematik und Sprache. Zum Verstehen und Verwenden von Fachsprache im Unterricht.* Wien: ÖBV & HPT.

Morek, M. & Heller, V. (2012). Bildungssprache. Kommunikative, epistemische, soziale und interaktive Aspekte ihres Gebrauchs. *Zeitschrift für angewandte Linguistik, 57*(1), 67–101. https://doi.org/10.1515/zfal-2012-0011.

Pöhler, B. (2018). *Konzeptuelle und lexikalische Lernpfade und Lernwege zu Prozenten: eine Entwicklungsforschungsstudie*. Wiesbaden: Springer.

Pöhler, B. & Prediger, S. (2015). Intertwining lexical and conceptual learning trajectories – a design research study on dual macro-scaffolding towards percentages. *Eurasia Journal of Mathematics, Science & Technology Education, 11*(6), 1697–1722. https://doi.org/10.12973/eurasia.2015.1497a.

Prediger, S. (2017). „Kapital multipliziert durch Faktor halt, kann ich nicht besser erklären" – Sprachschatzarbeit für einen verstehensorientierten Mathematikunterricht. In B. Lütke, I. Petersen, & T. Tajmel (Hrsg.), *Fachintegrierte Sprachbildung – Forschung, Theoriebildung und Konzepte für die Unterrichtspraxis* (S. 229–252). Berlin: de Gruyter.

Prediger, S., Renk, N., Büchter, A., Gürsoy, E. & Benholz, C. (2013). Family Background or Language Disadvantages? Factors for Underachievement in High Stakes Tests. In A. M. Lindmeier & A. Heinze (Eds.), *Proceedings of the 37th Conference of the International Group for the Psychology of Mathematics Education* (Vol. 4, pp. 49–56). Kiel: PME.

Rehbein, J. (1984). Beschreiben, Berichten und Erzählen. In K. Ehlich (Hrsg.), *Erzählen in der Schule* (S. 67–124). Tübingen: Narr.

Roelcke, T. (2010). *Fachsprachen* (3., neu bearb. Aufl.). Berlin: Schmidt.

Schleppegrell, M. J. (2010). Language in Mathematics Teaching and Learning. A Research Review. In J. Moschkovich (Ed.), *Language and Mathematics Education. Multiple Perspectives and Directions for Research* (pp. 73–112). Charlotte: Information Age Publishing.

Secada, W. G. (1992). Race, Ethnicity, Social Class, Language, and Achievement in Mathematics. In D. A. Grouws (Ed.), *Handbook of Research on Mathematics Teaching and Learning* (pp. 623–660). New York: MacMillan.

Simon, M. A. (1995). Reconstructing Mathematics Pedagogy from a Constructivist Perspective. *Journal for Research in Mathematics Education, 26*(2), 114–145. https://doi.org/10.2307/749205.

Spiegel, H. (1995). Ist 1:0=1? Ein Brief und eine Antwort. *Grundschule, 27* (5), 8–9.

Steinhoff, T. (2013). Wortschatz – Werkzeuge des Sprachgebrauchs. In S. Gailberger & F. Wietzke (Hrsg.), *Handbuch Kompetenzorientierter Deutschunterricht* (S. 12–29). Weinheim: Beltz.

Wessel, L. (2019). Vocabulary in Learning Processes Towards Conceptual Understanding of Equivalent Fractions – Specifying Students' Language Demands on the Basis of Lexical Trace Analyses. *Mathematics Education Research Journal*, 1–29. https://doi.org/10.1007/s13394-019-00284-z.

Zur Problematik der Null – Erklärungsmöglichkeiten aus dem Blickwinkel der Theory Theory

10

Simeon Schwob

Zusammenfassung

Dieser Artikel präsentiert eine alternative Sicht auf die Entwicklung von Zahlen- und Mengenkonzepten bei Kindern. Mathematik kann unterschiedlich verstanden werden. Nach moderner, formalistischer Auffassung werden mathematische Begriffe nur implizit über axiomatische Systeme definiert. Ausgangspunkt der Arbeit ist die Beobachtung, dass Kinder eine andere Auffassung von Mathematik haben, insbesondere im Bereich der Arithmetik. Sie erwerben Zahlbegriffe in Situationen, die reale Phänomene wie die Anzahl von Bausteinen, Plättchen oder Personen umfassen. Ein auf diesen Kontexten basierender Zahlbegriff besitzt eher einen empirischen Charakter als einen formalistisch-mathematischen. Das Ergebnis der empirischen Fundierung ist eine starke Verbindung von Mengen- und Zahlbegriff. Während der Mengenbegriff allgemein in der Mathematik als eine Voraussetzung für den Begriff der natürlichen Zahlen angesehen wird, zeigen empirische Untersuchungen, dass im Zahlbegriffserwerb beide Begriffe gemeinsam erworben werden. Zur genauen Darstellung dieses Zusammenhangs wird das Verhalten der untersuchten Kinder als „Verfügen über Theorien" beschrieben – eine Methode, die dem kognitionspsychologischen Ansatz der Theory Theory folgt. Dabei sind grundsätzlich didaktische Probleme mit der leeren Menge und der Zahl Null beschreibbar und erklärbar. Dieses Konzept wird zunächst vorgestellt und für die Analyse und Diskussion des Transkripts aufbereitet und genutzt.

S. Schwob (✉)
Institut für grundlegende und inklusive mathematische Bildung, Universität Münster, Münster, Deutschland
E-Mail: simeon.schwob@uni-muenster.de

© Der/die Autor(en), exklusiv lizenziert an Springer Fachmedien Wiesbaden GmbH, ein Teil von Springer Nature 2023
M. Meyer (Hrsg.), *Geschichten zur 0,* Kölner Beiträge zur Didaktik der Mathematik, https://doi.org/10.1007/978-3-658-42120-5_10

10.1 Einleitung

Mathematik kann auf verschiedene Weise verstanden werden: Nimmt man einen modernen, formalistischen Standpunkt ein, so haben mathematische Begriffe keine ontologische Bindung und sind nur implizit über die der Theorie zugrunde gelegten Axiome definiert. Startpunkt des hier beschriebenen Theoriekonzepts der *Empirischen Theorien in der Mathematikdidaktik* (Burscheid & Struve, 2020) ist die Beobachtung, dass Kinder eine andere Sichtweise auf Mathematik – hier im speziellen der Arithmetik – haben. Sie erwerben Konzepte über Mengen und Zahlen in der Auseinandersetzung mit Phänomenen aus der Realität wie Kollektionen von Murmeln, Bausteinen oder Personen. Durch diese Bindung an reale Phänomene ist das Verständnis der Kinder von Mathematik eher naturwissenschaftlicher Art und daher nicht von der eingangs beschriebenen formalistischen Art. Während bspw. in der formalen Mathematik der Mengenbegriff dem Zahlbegriff vorgeschaltet ist (Bundschuh, 2008), erwerben Kinder diese Begriffe simultan (Schlicht, 2016).

Für eine präzise Beschreibung des Verhaltens von Kindern in entsprechenden Situationen wird in diesem Beitrag der kognitionspsychologische Ansatz der „Theory Theory" (Gopnik & Meltzoff, 1997) genutzt und mit interpretativen (Voigt, 1984) und wissenschaftstheoretischen (Stegmüller, 1987) Methoden verknüpft. Durch dieses Vorgehen werden zentrale Probleme, wie der Umgang von Luisa mit der leeren Menge und der Zahl Null, beschreibbar und erklärbar. Diese lassen sich in erster Linie als Probleme struktureller und nicht individueller Art rekonstruieren. Für dieses Vorgehen wird zunächst der theoretische Rahmen mit Vorerfahrungen im Erwerb des Mengen- und Zahlbegriffs (s. Abschn. 10.2.1), mathematikdidaktischen Forschungen zur Problematik der Null (s. Abschn. 10.2.2), dem Begriffsnetz der Theory Theory (s. Abschn. 10.2.3) und Implikationen für das Forschungsvorgehen (s. Abschn. 10.2.5) vorgestellt. Im Anschluss folgen methodologische Überlegungen (s. Abschn. 10.3) und die Analyse des gegebenen Transkripts mithilfe des dargelegten Theorienetzes (s. Abschn. 10.4). Die Betrachtungen zielen darauf ab, darzustellen, (1) welche Einsichten diese Art von Rekonstruktion bietet und (2) welche Implikationen für den Grundschulunterricht aus den ggf. gewonnenen Einsichten folgen. Der Artikel schließt dem Ansatz des Sammelbandes folgend mit einer Betrachtung, was durch die Nutzung des hier vorgestellten und auf das Transkript angewendeten Theorienetzes „mehr gesehen" werden kann.

10.2   Theoretischer Rahmen

10.2.1   Zum Erwerb des Mengen- und Zahlbegriffs

Die Auseinandersetzung mit Anzahlen von Objekten beginnt bereits im Klein-kindalter von vier bis fünf Monaten (Wynn, 1992). Diese Anzahlerfassung geschieht nach Dehaene (1992) sowie Feigenson, Dehaene und Spelke (2004) spontan. Mittlerweile gilt als gesichert, dass Kleinkinder und Erwachsene Anzah-len von bis zu vier Objekten ohne Abzählen simultan erfassen können. Dieses Subitizing ist ein automatisiert ablaufender Verarbeitungsvorgang von perzep-tuellen Ereignissen, welcher auch ohne die Kenntnisse von Zahlwörtern und Anzahlen stattfindet. Ebenso können auch größere Anzahlen von Objekten von älteren Kindern quasi-simultan richtig erfasst werden, ohne die Objekte abzählen zu müssen. Dies geschieht, indem in einem ersten Schritt die gegebene Kollektion von Objekten in zwei oder mehrere disjunkte Kollektionen zerlegt wird, deren Anzahl via Subitizing bestimmt werden kann. In einem zweiten Schritt werden dann diese Anzahlen addiert und als Ergebnis für die Anzahl der Ausgangskol-lektion angenommen (Benz, 2011). Dieses Vorgehen setzt Fähigkeiten voraus, die im Laufe der Entwicklung des Mengen- und Zahlbegriffs erst erworben werden. So ist z. B. eine Unterteilung einer gegebenen Kollektion von Objekten in dis-junkte Teilkollektionen ein kognitiv anspruchsvolles Vorgehen (Fritz & Ricken, 2009, S. 383) und die Addition von Kardinalzahlen setzt, im Gegensatz zur bloßen Erfassung einer Anzahl, einen bereits entwickelten Zahlbegriff voraus. Eine andere Möglichkeit der Quasi-Simultanauffassung stellt die Wiedererken-nung von figuralen Mustern (bspw. figurierte Zahldarstellungen als Würfelbilder) dar (Steffe, Cobb & von Glasersfeld, 1988; von Glasersfeld, 1987).

Eine weitere beobachtbare Fähigkeit von Kindern ist der ebenfalls spontan stattfindende Vergleich der Kardinalität von Kollektionen von Objekten, wel-che mehr als vier Objekte enthalten. Xu und Spelke (2000) sowie Feigenson et al. (2004) konnten beobachten, dass bereits sechs Monate alte Kinder ent-scheiden können, in welcher von zwei Kollektionen von Objekten mehr bzw. weniger Objekte vorhanden sind, so lange das Verhältnis der zu vergleichenden Kollektionen nicht kleiner als 2 : 1 war. Erwachsene wurden von Feigenson et al. (2004) ebenfalls untersucht. Ein korrektes Urteil wird von ihnen schon bei einem Verhältnis von 8 : 7 getroffen.

Diesen Vorerfahrungen ist gemein, dass sie über konkret vorliegende Kol-lektionen von Objekten gesammelt werden. Sie sind allesamt dem kardinalen Zahlaspekt zuzuordnen, da Zahlen hier im Sinne von Anzahlen von Objekten wahrgenommen werden.

Im ordinalen Zahlaspekt werden ebenfalls Vorerfahrungen gesammelt: Kinder fangen früh an, Zahlwörter zu produzieren und können diese auch schnell von Nicht-Zahlwörtern unterscheiden (Fuson, 1988; Fuson, Richards & Briars, 1982; Hasemann & Gasteiger, 2014; Krauthausen, 2018). Dieser zunächst rein sequenzielle Kontext wird im Laufe der Entwicklung um den Zählkontext erweitert. Hier werden Zahlwörter realen Gegenständen zugeordnet unter (implizitem) Rückgriff auf Zählprinzipien (Gelman & Gallistel, 1978). Diese beiden Zahlaspekte werden in Alltag, KiTa und Anfangsunterricht sukzessive erweitert und um andere Zahlaspekte bereichert (Krauthausen, 2018).

Die einzelnen Zahlaspekte lassen sich nach Burscheid und Struve (2020, S. 74 f.) jeweils als voneinander getrennte *Subjektive Erfahrungsbereiche* (SEB) rekonstruieren. Ausgangspunkt des SEB-Konzepts nach Bauersfeld ist die Beobachtung, dass Wissen bereichsspezifisch erworben wird:

> „Jede subjektive Erfahrung ist bereichspezifisch, d. h. die Erfahrungen eines Subjekts gliedern sich in Subjektive Erfahrungsbereiche." (Bauersfeld, 1985, S. 11)

Nach Bauersfeld sind diese Erfahrungen total, d. h. sämtliche Sinneseindrücke sowie empfundenen Gefühle sind für einen SEB prägend. Wird eine Situation erlebt, in der ähnliche Sinneseindrücke vorkommen, so wird der schon ausgebildete SEB wieder aufgerufen und sämtliche zugehörige Handlungsmuster stehen unmittelbar zur Verfügung (Bauersfeld, 1985, S. 11).

Konstituierende Handlungen für das Agieren im Kardinalzahlaspekt wären z. B. das Zusammenlegen von Kollektionen von Objekten: Zwei Kastanien und eine Kastanie werden zusammengeschoben und sind nunmehr eine Kollektion von drei Kastanien. Wird das Durchlaufen der Zahlwortreihe betont, so befinden wir uns im Zählzahlaspekt. Das Nutzen der Zahlwortreihe ist somit konstituierend für eben diesen Aspekt. Gerade der Zählzahlaspekt kann eine verbindende Rolle zwischen den anderen Zahlaspekten einnehmen. Die Anwendung des Zählzahlaspektes in anderen Situationen erfordert nach Bauersfeld (1983, 1985) die Vernetzung eben dieser SEBe und damit die Ausbildung eines übergeordneten SEBs. Für diese Vernetzung günstige Voraussetzungen zu schaffen, ist Aufgabe von frühkindlichen Bildungseinrichtungen und Grundschulen.

10.2.2 Die Problematik der Null

Wie im Vorwort des vorliegenden Bandes schon ausgearbeitet wurde, ist die Null eine besondere Zahl (s. Kap. 1). Lange kam man ohne ein besonderes Zeichen für „0" aus. Erst mit der Einführung von Stellenwertsystemen wurde dieses notwendig (Volkert, 1996, S. 100). Für das entwickelte Platzhaltersymbol für einen nicht belegten Stellenwert, die Ziffer „0", entwickelten sich erst später Vorstellungen von Zahlenwerten, d. h. dass „0" eine Menge ohne Elemente repräsentieren könnte (Ifrah, 1991). In der Grundschule treten beim Rechnen mit der besonderen Zahl Null oft individuelle Probleme auf (Hefendehl-Hebeker, 1981; Selter & Spiegel, 1997). Volkert (1996) erklärt dies mit einer strukturellen Perspektive, dass „vom Systematischen her kein zwingender Bedarf" (S. 103) zur Nutzung der Null besteht und vertritt die Meinung, dass daher die Einführung der Null als Zahl erst später mit der expliziten Thematisierung des Stellenwertsystems sinnvoll ist. Hefendehl-Hebeker (1981) vertritt die Auffassung, dass man trotz der beschriebenen Problematik Alltagsbezüge ausmachen kann, in denen die Nutzung der Null für die Lernenden als sinnvoll erscheint: Ein Beispiel wäre eine Datenerhebung über die Anzahl der Fünf-, Sechs-, ... Neun-Jährigen in der Klasse. Bei der Sicherung der Ergebnisse sei die Null dann notwendig. Ebenso sei die sinnvolle Verwendung in schönen Päckchen als Operator und Ergebnis möglich.

Bezogen auf die Zahlaspekte hat die Null eine besondere Rolle (Hefendehl-Hebeker, 1981, S. 241 ff.): Normalerweise fragt man im Kardinalzahlaspekt nach der Anzahl der Objekte aus einer vorliegenden Kollektion. Für die Null gilt dies nicht. Vielmehr liegt keine Kollektion der gefragten Objekte vor und es ist „nichts" zum Zählen bzw. zur Anzahlbestimmung vorhanden. Im alltäglichen Sprachgebrauch wird dies oft durch „natürlich" erscheinender Synonyme ausgedrückt: So beschreibt man das „Nicht-Vorhandensein" von Kastanien eher mit „keine Kastanien" als mit „null Kastanien". Ebenso findet nach Hefendehl-Hebeker (1981, S. 241 ff.) die Null üblicher- und natürlicherweise keine ordinale Verwendung. Ordinale Bezeichnungen wie „nullte Stunde", „nullte Stufe" oder „nulltes Kapitel" sind nach Hefendehl-Hebeker (1981) künstlich herbeigeführt und keinesfalls „natürlich". Dies sei kurz am Beispiel „nullte Stunde" ausgeführt: In manchen Schulen ist eine „nullte Stunde", d. h. der Unterrichtsbeginn eine Schulstunde vor Beginn des regulären Unterrichtsbeginns für sogenannte Randfächer üblich. Wenn ein:e Schüler:in nun Unterrichtsbeginn zur „nullten Stunde" hat und bis zur „sechsten Stunde" regulär den Unterricht besucht, hat er bzw. sie insgesamt sieben Stunden Unterricht. Die ordinale Bezeichnung und die kardinale Anzahl an Unterrichtsstunden an diesem fiktiven Tag widersprechen sich und sind in diesem Sinne nicht „natürlich".

10.2.3 Wissen als Verfügen über Theorien

Eine Aufgabe fachdidaktischer Forschung ist die Beschreibung der Kognitionen der Lernenden. Wie entwickeln sich Wissen und Ansichten der Lernenden? Einen interessanten, insbesondere in Amerika weit rezipierten Ansatz bietet hierbei die Kognitionspsychologie mit der Theory Theory (Carey, 1991; Carey & Spelke, 1994, 1996; Gopnik, 1988, 2003, 2010, 2012; Gopnik & Meltzoff, 1997), der auch in der deutschsprachigen Entwicklungspsychologie Einzug erhält (Koerber, Sodian, Kropf, Mayer & Schwippert, 2011; Rakoczy & Haun, 2012; Sodian, 2012; Sodian & Koerber, 2011). Das Verhalten von Lernenden (auch schon im Kleinkindalter) wird mithilfe der Theory Theory so beschrieben, als ob die Kinder über eine naturwissenschaftliche Theorie über einen gewissen Phänomenbereich verfügen würden. Diese Theorien, die den Kindern auf Grundlage von Beobachtungen zugesprochen werden, sind dann mit denselben Kategorien beschreib- und diskutierbar, wie die Theorien von Naturwissenschaftlern bzw. Naturwissenschaftlerinnen: Wie werden Theorien konstituiert, wie werden sie umorganisiert, wie entwickeln sich die anfänglichen Theorien weiter oder finden Ersetzungen von Theorien statt? (Gopnik & Meltzoff, 1997, S. 39 ff.).

Theorien von Naturwissenschaftlern bzw. Naturwissenschaftlerinnen im Bereich der Physik, Chemie, Psychologie haben empirischen Charakter, da sie über beobachtete Phänomene Aussagen treffen und Erklärungen liefern sowie Vorhersagen über zukünftig beobachtbare Phänomene ermöglichen – sie sind *empirische Theorien.*

Ein überraschendes Problem der Wissenschaftstheorie ist die Erkenntnis, dass sich nicht alle Begriffe einer erfahrungswissenschaftlichen Theorie auf Beobachtungen reduzieren lassen. Dies widerspricht der Vorstellung des Laien bzw. der Laiin von Wissenschaftlichkeit sowie auch den Vorstellungen der einflussreichen Wiener-Kreis-Empiristen bzw. -Empiristinnen, die folgendes Signifikanzkriterium für die Wissenschaftstheorie aufgestellt haben:

„Die erste These [des Empirismus, d. Verf.] besagt, daß alles, was für eine wissenschaftliche Theorie relevant ist, also alles, was für oder gegen sie spricht, aus der Beobachtung stammt. Die zweite These beinhaltet, daß die Bedeutungsverleihung für Wörter letztlich auf Beobachtungen beruhen muß." (Stegmüller, 1987, S. 273)

Begriffe, die nicht auf reine Beobachtungen zurückzuführen sind, sind *theoretische Begriffe*. Beispiele für solche theoretischen Begriffe in verschiedenen naturwissenschaftlichen Theorien sind:

• Der Kraftbegriff der Newtonschen Mechanik – Kraft ist nicht beobachtbar, nur die Auswirkungen auf die physikalischen Objekte, die mithilfe der Kraft erklärt werden (Stegmüller, 1973, S. 106 ff.).
• Der Intelligenzbegriff in der Kognitionspsychologie – Intelligenz ist nicht beobachtbar, nur Verhalten von Probanden bzw. Probandinnen in gewissen Situationen, welches mithilfe des Konstrukts Intelligenz erklärt wird (Stegmüller, 1970, S. 233 ff.).
• Der Begriff der vollkommen freien Marktwirtschaft bzw. der Begriff der total zentral geleiteten Wirtschaft in der Ökonomie (Stegmüller, 1970, S. 253).

Mithilfe des strukturalistischen Theorienkonzepts (Balzer, 1982; Balzer, Sneed & Moulines, 2000; Stegmüller, 1986; Stegmüller, 1987) konnten weitere (naturwissenschaftliche) Theorien rekonstruiert, präzise dargestellt und die jeweiligen theoretischen Begriffe ausgemacht werden (Balzer et al., 2000). Auch vorhilbertsche mathematische Theorien lassen sich als empirische Theorien rekonstruieren. So zeigen Burscheid und Struve (2001a) auf, dass der Leibniz'sche Calculus als empirische Theorie rekonstruiert werden kann mit dem Begriff der unendlich kleinen Größe als T-theoretischem Term, d. h. bezüglich der Theorie T über Kurven auf dem Zeichenblatt ist der Begriff der unendlich kleinen Größe theoretisch. Die ersten Theorien zur Wahrscheinlichkeitsrechnung lassen sich ebenso als empirische Theorien rekonstruieren. In der Rekonstruktion sind die Begriffe „Wahrscheinlichkeit" und „gerechter Einsatz" (im Glücksspiel) T-theoretische Terme (Burscheid & Struve, 2000, 2001b). Ebenso lassen sich die in der Schulmathematik vermittelten Theorien über die Geometrie (Struve, 1990), zu den natürlichen Zahlen (Burscheid & Struve, 2020, S. 74 ff.) und zu den rationalen Zahlen (Burscheid & Struve, 2020, S. 145 ff.) als empirische Theorien rekonstruieren.

Bei allen rekonstruierten Theorien lässt sich feststellen, dass die jeweiligen T-theoretischen Terme bzw. Begriffe – wie z. B. der Geradenbegriff in der Schulgeometrie (Struve, 1990) – zum einen zentrale Begriffe der jeweiligen Theorien sind und zum anderen dabei helfen, nicht-theoretische Begriffe zu bestimmen (zu berechnen). D. h. T-theoretische Begriffe schaffen eine Verbindung zwischen den einzelnen Anwendungen der jeweiligen Theorie.

In der strukturalistischen Rekonstruktion nach Stegmüller (1987) werden Theorien in ihren Kern und ihre intendierten Anwendungen unterteilt. Der Kern ist das mathematische Grundgerüst der Theorie, in dem die Gesetze und Abhängigkeiten formuliert werden. Die Intendierten Anwendungen sind die Phänomene, welche durch die Theorie beschrieben werden sollen. Formal wird die Menge der Intendierten Anwendungen mithilfe paradigmatischer Beispiele charakterisiert. Die Intendierten Anwendungen können hierbei wahrgenommene Ereignisse sein.

Burscheid und Struve (2020, S. 73–89) analysieren eine idealtypische Theorie über Mengen und Zahlen. Bezüglich dieser idealtypischen Theorie über Mengen und Zahlen sind mögliche intendierte Anwendungen perzeptuelle Wahrnehmungsereignisse, die möglicherweise zählbare Objekte sind. Dies können z. B. Regentropfen auf einer Fensterscheibe, Sterne am Himmel, Sandkörner in einem Eimer, Glockenschläge einer Turmuhr oder Bausteine in einer Kiste sein. Kollektionen von solchen Objekten sind Ansammlung ebendieser, die möglicherweise zu einer Menge zusammengefasst werden können, oder eine „vague and ill-defined mass of experience" (Judd, 1927, nach Steffe et al., 1988, S. 10) darstellen. Einige dieser Kollektionen von Objekten lassen sich möglicherweise als empirische Mengen zusammenfassen. Diese empirischen Mengen können nicht aus beliebigen Entitäten gebildet werden. So stellen die Sterne am Himmel für den Laien bzw. die Laiin keinen geeigneten Grundbereich dar, da die einzelnen Entitäten nicht gekennzeichnet werden können. Ebenso verhält es sich mit Regentropfen auf einem Fenster oder Sandkörner in einem Eimer. Die Kennzeichnung der individuellen Elemente ist hierbei entscheidend:

> „One recognizes a group of objects as composed of many individual items only when one points to each one or otherwise analyzes the group by reacting in succession to each member of the group. Until a person has reacted to each member of a group . . . the group will appear in his consciousness as a vague and ill-defined mass of experience." (Judd, 1927, nach Steffe et al., 1988, S. 10)

Eine Kiste voller einfarbiger, baugleicher Bausteine ist in den Intendierten Anwendungen dieser skizzierten Theorie enthalten. Eine Kennzeichnung der einzelnen Bausteine ist hier unerlässlich, da sonst nicht unterschieden werden kann, ob ein Baustein bereits ausgesondert wurde oder nicht. Bausteine in einer Kiste sind eine empirische Menge, da eine Kennzeichnung etabliert werden kann. Diese Kennzeichnung kann bspw. über eine injektive Kennzeichnung mithilfe von Zahlwörtern oder über die Lage der Objekte geschehen (s. Abb. 10.1).

Diese idealtypische Rekonstruktion von Intendierten Anwendungen einer Theorie über Mengen und Zahlen sensibilisiert dafür, dass in der Analyse der Szenen vor allem die Objekte und Handlungen in den Blick genommen werden

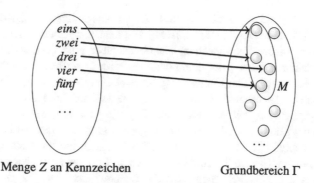

Abb. 10.1 Zentrale Begriffe der Luisa zugesprochenen Theorie über Mengen und Zahlen

sollten. Welche Grundbereiche können ausgemacht werden? Inwiefern kann eine empirische Theorie rekonstruiert werden?

10.2.4 Zentrale Begriffe der Luisa zugesprochenen Theorie über Mengen und Zahlen

Die Verwendung von wissenschaftstheoretischen Termini (Theorie, Intendierte Anwendungen, Gesetze, T-theoretische Begriffe bzw. Terme) ist hilfreich zur Bearbeitung kognitionspsychologischer Fragestellungen (Gopnik & Meltzoff, 1997) und ist geeignet für mathematikdidaktische Untersuchungen (für einen Überblick s. Burscheid & Struve, 2020). Mathematikdidaktische Probleme werden auf der individuell-kognitionspsychologischen Ebene identifizierbar und durch die strukturalistische Rekonstruktion in einer formalen Darstellung diskutierbar. Lernen kann mithilfe dieser rekonstruktiven, strukturalistischen Sichtweise wie folgt charakterisiert werden:

> „Lernen bedeutet das Konstruieren von Theorien für das adäquate Erfassen gewisser Phänomene. Dieses kann grundsätzlich auf verschiedene Arten geschehen, ist also durch die Phänomene keineswegs determiniert." (Burscheid & Struve, 2020, S. 53)

Im Alltag sammeln Kinder Erfahrungen im Rahmen von Anwendungskontexten. Dies gilt insbesondere auch für erste Erfahrungen mit Mathematik. Diese Anwendungskontexte bestimmen hierbei die Vorstellungen der Kinder über Mathematik:

Objekte und Handlungen sind zentral für die ausgebildeten Begriffe (Bauersfeld, 1983, 1985). Das (mathematische) Handeln der Kinder lässt sich gemäß
der Theory Theory als Verhalten, als ob sie über eine gewisse Theorie über
die Anschauungsmittel bzw. den Phänomenbereich verfügen, beschreiben. Da
die Theorien, welche den Kindern zugeschrieben werden können, erfahrungswissenschaftliche Theorien sind, werden sie, wie jede erfahrungswissenschaftliche
Theorie (Stegmüller, 1987), theoretische Begriffe enthalten, welche nicht aus der
Anschauung gebildet, sondern von der Theorie kommen. Daher wird die Bezeichnung „T-theoretischer Term bzw. Begriff" verwendet, um die Abhängigkeit von
der bestimmten Theorie T deutlich zu machen. Präziser formuliert gilt, dass die
Messung eines T-theoretischen Begriffs die Gültigkeit der Theorie T vorau-
setzt (Stegmüller, 1986, S. 33). Wird also bspw. unter Nutzung der Newtonschen
Mechanik die Kraft gemessen, mit der ein Körper bewegt wird, so setzt die Messung die Gültigkeit voraus, da der Kraftbegriff erst durch diese definiert wird. Die
Messung der Geschwindigkeit des (bewegten) Objekts ist jedoch ohne Voraussetzung der Gültigkeit der Theorie der Newtonschen Mechanik möglich. Stegmüller
nutzt zur detaillierten Diskussion eine vereinfachte Beispieltheorie der Archime-
dischen Statik, die in Schlicht (2016, S. 25–32) vorgestellt wird. Die Bedeutung
theoretischer Begriffe ist zentral für die jeweilige Theorie. Die Begriffe und ihre
Bedeutung müssen jedoch vermittelt werden, da sie nicht aus der Anschauung
entspringen.

Die oben referierten Rekonstruktionen haben aufgezeigt, dass gerade die
zentralen Begriffe der analysierten Theorien als T-theoretische Begriffe rekonstruiert werden konnten. Der Erwerb von theoretischen Begriffen ist demnach eine
Schlüsselstelle im Begriffserwerb: Wie dargelegt, können theoretischen Begriffe
nicht aus der reinen Beobachtung vom lernenden Subjekt konstruiert und müssen
daher in Interaktion mit anderen ausgehandelt werden.

10.2.5 Implikationen für die Problematik der Null

Die bisherigen Überlegungen zusammenfassend, lassen sich bezüglich der Problematik der Null aus Sichtweise der empirischen Theorien folgenden Schlüsse
ziehen:

Gemäß der Theory Theory (Gopnik & Meltzoff, 1997) lässt sich das Wissen
von Kindern über Zahlen als Theorie über einen Phänomenbereich, d. h. als eine
empirische Theorie (Stegmüller, 1987), rekonstruieren. Hierbei gilt, dass der Phänomenbereich, in dem die Kinder das Wissen über (An-) Zahlen (von Objekten)

erwerben, zentral für die jeweils ausgebildeten Subjektiven Erfahrungsbereiche (Bauersfeld, 1983, 1985) ist.

In kardinalen und ordinalen Situationen ist die Einführung der Null problematisch (Hefendehl-Hebeker, 1981). Systematisch ist die Thematisierung oder Nutzung der Null nicht notwendig (Volkert, 1996). Die Null ist zur Beantwortung von ordinalen und kardinalen Fragestellungen nicht nötig, ist also bezüglich einer Theorie über Mengen und Zahlen ein theoretischer Begriff. Der theoretische Begriff der Null als (An-) Zahl muss (und kann) nicht zwangsläufig aus der Anschauung oder durch geschickt gewähltes Arbeitsmaterial gebildet werden, da er zur Beantwortung der kardinalen und ordinalen Fragestellungen nicht notwendig ist. Vielmehr wird ein Verständnis der Null erst im weiteren Verlauf der Zahlbegriffsentwicklung wichtig. Dennoch kann der theoretische Begriff der Null im Rahmen von Interaktionen vermittelt werden (Schlicht, 2016).

Die eingangs erwähnten Forschungsfragen können auf Grundlage der skizzierten theoretischen Grundlage präzisiert werden. Die Rekonstruktion des Wissens von Kindern in Interviewsituationen ist im Sinne der Theory Theory möglich. Den Ausführungen folgend können mögliche Einsichten (Frage 1) über die etwaige Identifikation von theoretischen Begriffen generiert werden, welche in KiTa und Grundschule (Frage 2) vermittelt werden müssen.

10.3   Methodologische Überlegungen

Das vorliegende Transkript wird mithilfe einer interaktionistischen Perspektive (Voigt, 1984) analysiert. Bestimmte Phänomene – hier repräsentiert in Transkripten – bilden das Datenmaterial, an dem der bzw. die Interpret:in etwas Neues zu erkennen versucht. Dies gilt analog für das Kind, welches in der Interviewsituation, die in diesem Sammelband im Fokus steht, durch Fragestellungen seitens der Interviewerin etwas Neues, wie die Bedeutung der leeren Menge oder der Zahl Null, entdecken soll. Indem sich Kind und Interviewerin im Transkript gegenseitig ihre Deutungen von der betreffenden Situation anzeigen, zeigen sie diese auch den Interpreten bzw. Interpretinnen an und ermöglichen dadurch die Analyse:

„Der Beobachter/Interpret interpretiert sie [die Äußerungen; d. Verf.] nach der gleichen Methode wie die Beteiligten, nach der dokumentarischen Methode der Interpretation: Er faßt bestimmte Ausdrücke als Dokumente eines dahinterliegenden Musters auf, bezieht sich dabei auf den situativen Kontext, in dem die Ausdrücke eingebettet sind." (Voigt, 1984, S. 81).

Das „dahinterliegende Muster" ist in der Perspektive des vorliegenden Artikels der Nachweis der Realisierung einer empirischen Theorie über Mengen und Zahlen.

Diese Interpretationen werden gemäß der „Methode der primär gedanklichen Vergleiche" (Jungwirth, 2003, S. 193), die von Voigt (1984) in die mathematikdidaktische Diskussion eingebracht wurde, analysiert (s. Kap. 2).

Im Anschluss an die Darstellung der Interpretation wird Luisa im Sinne der Theory Theory eine Theorie über Mengen und Zahlen zugesprochen, die das Verhalten im Interview erklären kann. Hierbei werden, den Ausführungen in Abschn. 10.2 folgend, insbesondere die Objekte und Handlungen konstituierend für diese Theorie sein, da diese die Intendierten Anwendungen beschreiben. Eine genaue Rekonstruktion einer solchen Theorie liefert Einsichten in den Aufbau der Begriffe und ermöglicht, gewisse Schwierigkeiten präzise zu fassen und zu erklären. In diesem Artikel wird eine verbalsprachliche Rekonstruktion vorgenommen. Für eine formale Rekonstruktion von Theorien über Mengen und Zahlen auf Basis von interpretativen Interview-Analysen sei auf Schlicht (2016) verwiesen.

10.4   Protokollanalyse

10.4.1 Interpretative Analyse

Zu Beginn des Interviews wird Luisa explizit nach ihrem Verständnis der Null gefragt. Auf die einführende Frage der Interviewerin reagiert Luisa unmittelbar:

1	I	*(beide stellen sich namentlich vor, einführende Worte)* gut. dann kommt jetzt die erste Frage an dich, die ich dir mitgebracht habe- *(etwas langsamer und betont)* <u>was</u> verstehst du unter der Zahl <u>Null</u>´, du darfst da etwas einfach <u>sagen</u> zu, oder du <u>malst</u> etwas auf, oder du schreibst etwas.
2	Luisa	die Null kann man nicht sehen´
3	I	<u>warum</u> nich´
4	Luisa	weil die total klein is´

Die Null – eventuell im Gegensatz zu anderen Zahlen – „kann man nicht sehen" (T2), „weil die total klein is[t]" (T4). Dieser Gegensatz wird von Luisa nicht explizit benannt, allerdings betont Luisa diese Charakterisierungen der Null in Turn 21 bis 24 und 27 bis 30 erneut, sodass das „Nicht-sehen-können" als eine zentrale Eigenschaft der Null rekonstruiert werden kann.

32	Luisa	*(nimmt den Würfel in die Hand und zeigt auf die Seite ohne Punkte)* da sind null.
33	I	wieso´
34	Luisa	weil überhaupt keine St- Sachen sind.
35	I	mhm. *(nickt)*
36	Luisa	*(dreht den Würfel und zeigt auf die zweite Seitenfläche ohne Punkte)* und da auch. .. *(dreht ihn erneut und zeigt wieder auf die erste Seite ohne Punkte)* da auch- . *(dreht ihn erneut und zeigt wieder auf die zweite Fläche ohne Punkte)* da auch. .. und, es gibt die Zwei *(zeigt zwei Finger)* zweimal, die Eins zweimal, die Null zweimal- .. und, es gibt überhaupt keine Drei´ *(lächelt)*

Luisa verwendet den Ausdruck „null" (T32) von sich aus zur Bezeichnung der Anzahl der vorhandenen (bzw. nicht vorliegenden) Punkte auf einer Würfelseite, „weil überhaupt keine St- Sachen sind" (T34) und identifiziert zwei Würfelseiten als Repräsentanten der Null (T36).

Bei der Formulierung von Rechenregeln beim Plusrechnen mit der Null nutzt Luisa die zu Anfang genannten Eigenschaften der Null, um ihre Rechenregel zu begründen:

40	Luisa	*(leise)* beim Plusrechnen mit der Null. *(4 sec) (lauter)(lächelnd)* also wenn ich jetzt <u>eins</u> plus null mache, dann, ergibt das ja <u>eins</u>.
41	I	mhm- ..
42	Luisa	weil die Null ja, .. eigentlich nix <u>is</u>. ..
43	I	wie meinst du das´
44	Luisa	also, dass die Null, … eigentlich <u>null</u>, ne´ *(gestikuliert mit ihren Händen vor sich in der Luft)* das da-, die Null is so <u>gar nix</u>.
45	I	*(nickt)* mhm-
46	Luisa	also dass dann gar nix da is. .. also wenn ich jetzt ein Steinchen habe und null Steinchen dazutue. dann bleibt ja eins übrig. .. weil die Null man ja nicht sehen kann.
47	I	achs<u>o.</u>
48	Luisa	und das, und das Steinchen, was ich dann dazutue kann man dann ja auch nicht sehen. weil ich ja eben gar keins dazu <u>tue</u>. weil es ja <u>null</u> is.

Hier wird die Null wohlmöglich abermals in der Abgrenzung zu anderen Zahlen betrachtet: Luisa wählt von sich aus Steinchen als Repräsentanten für (An-) Zahlen. Zahlen sind aus ihrer hier gewählten Sicht Bezeichnungen für Mächtigkeiten von Kollektionen von Objekten. Hierbei ist die Repräsentation der Eins in der Form von „ein[em] Steinchen" (T46) problemlos möglich. Die Null, die „so gar nix" (T44) ist, ist in dem vom Luisa gewählten Steinchen-Kontext schwierig zu repräsentieren. Luisa wählt hier die Vorstellung eines fiktiven Steinchens, „was ich dann dazutue kann man dann ja auch nicht sehen. weil ich ja eben gar keins dazu <u>tue</u>" (T48). Sie versucht bei der Stützung ihrer Additionsregel, einen Repräsentanten im gewählten Steinchen-Kontext zu finden und charakterisiert diesen zutreffend als nicht-vorhanden.

Während des Aufschreibens von Aufgaben zu den protokollierten Spielausgängen wählt Luisa den Kontext „Anzahlen von Fingern". Die im Protokoll vermerkte Situation „Standpunkt: 6, gewürfelte Zahl: 0" führt zu folgenden Überlegungen:

92	Luisa	*(schreibt: +)* plus-, das is wie ne Aufgabe, die ich mir jetzt ausgedacht hätte. ich rech- ich mag nämich solche Aufgaben mit <u>Nulln</u>.
93	I	warum´
94	Luisa	ehm- .. weiel, bei denen isses so- ... da mach ich einfach- *(gestikuliert mit ihrer Hand)* .. also, <u>sechs</u>- *(zeigt sechs Finger und betrachtet sie. I nickt)* ... und null weg. *(deutet erneut auf die sechs Finger)*
95	I	mhm-
96	Luisa	dann ergebns ja sechs. *(grinst, I ebenfalls)*

Luisa scheint in ihren Überlegungen den Kontext abzuändern: Anstelle des „[P]lus" (T92) wird eine Aufgabe mit „null weg" (T94), also „0" als Subtrahend und „6" als Minuend, konstruiert. Natürlich hat Luisa aus fachmathematischer Perspektive Recht: Die Null ist sowohl neutrales Element der Addition als auch der Subtraktion. Die Repräsentation im Kontext der Finger ist, wie auch im Kontext der Steinchen oder anderer Anzahlen von Objekten, schwierig: Keinen Finger dazu zu nehmen, ergibt dieselbe Situation wie keinen Finger wegzunehmen. Luisa versucht wohlmöglich, den Vorgang des Wegnehmens durch das erneute Deuten auf die sechs gezeigten Finger zu verdeutlichen.

Der Versuch der empirischen Verordnung der Null wird in der folgenden Aufgabe noch deutlicher:

| 99 | Luisa | weil <u>Eins</u>- *(zeigt mit einer Hand einen Finger)* .. ne <u>Null</u> dazu, dann kommen ja, ne, keine d,dazu- *(deutet auf die restlichen vier ‚eingeklappten' Finger)* .. also, nee- mach ich, lieber <u>so</u> einen, weil ja, weil die Null ja gar nicht <u>gibt</u>. *(zeigt mit der anderen Hand einen halben Finger, indem sie einen Finger zeigt, der halb eingeklappt ist, schaut I an und lächelt, I lacht)* trotzdem tu ich einen halben <u>nach oben</u>. |

Als Mittler für die Repräsentation der Null bei der Darstellung der Aufgabe $1 + 0 = 1$ wird von Luisa ein halber Finger der anderen Hand genutzt. Hierbei merkt Luisa selbst an, dass diese von ihr gewählte Repräsentation nicht ganz korrekt ist, „weil die Null ja gar nicht <u>gibt</u>. [...] trotzdem tu ich einen halben nach oben" (T99). Hier hat Luisa nunmehr im Gegensatz zur vorher betrachteten Situation mit sechs Fingern eine zweite Hand frei, die sie als Mittler zur Darstellung der Aufgabe nutzt.

In den Aufgaben zur Subtraktion wählt Luisa abermals die Veranschaulichung der Aufgaben anhand von Fingern:

138	Luisa	*(langsam)* minus Null. ..*(etwas schneller)* wenn man <u>eins,</u> minus <u>null,</u> dann ergebns ja auch eins. *(grinst)*
139	I	wieso das denn'
140	Luisa	<u>ääh</u> *(5 sec)* weil, also du hast einen *(zeigt einen Finger)* .. null tust, null tust du weg. .. *(I nickt)* und die Null <u>gibt's</u> da ja gar nicht *(zuckt mit den Schultern und schlägt die Hände auf)* ..
141	I	mhm-
142	Luisa	und darum bleiben es ja dann immer noch eins.

Hier wird nicht die vorher genutzte Repräsentation mittels eines halben Fingers aus Turn 99 gewählt, sondern die Null – oder aber die Darstellung der Nicht-Veränderung – sind offene Hände (T140) bzw. eine geschlossene Faust (T152), die jeweils mittels der nicht zur Darstellung der gegebenen Zahl genutzten Hand gebildet wird:

148	Luisa	also das geht auch bei jeder Zahl.
149	I	ach meinst du auch bei <u>allen</u> funktioniert das' .. *(nickt)* wieso'
150	Luisa	weiel, ... du hast jetzt <u>fünf</u>- *(zeigt fünf Finger einer Hand)*
151	I	mhm-
152	Luisa	und willst .. null wegtun. .. *(I nickt)* dann tust du <u>null</u> weg. *(zeigt mit der anderen Hand eine Faust)* .. dann bleiben ja g, alle übrig *(zuckt mit den Schultern)*.. weil du null weggetan hast. [...]

10.4.2 Rekonstruktion einer Theorie über Mengen und Zahlen

Das beobachtete Verhalten von Luisa lässt sich mithilfe der Theory Theory deuten: Luisa verhält sich so, als ob sie über eine gewisse Theorie verfügen würde. Diese Theorie soll nunmehr beschrieben werden, um daraufhin

Implikationen für die Gestaltung von Lehr-Lern-Situationen zu generieren. Leitende Fragestellungen bei der Rekonstruktion sind gemäß den theoretischen Vorüberlegungen:

• Wie sind die Intendierten Anwendungen einer Theorie über Mengen und Zahlen geartet?

• Welche theoretischen Begriffe können in einer solchen empirischen Theorie auf Grundlage der Interpretationen und des theoretischen Rahmens identifiziert werden?

Auf Grundlage des diskutierten Transkripts können bezogen auf diese Fragen Deutungshypothesen generiert werden, die im Folgenden vorgestellt werden: Im Laufe des Transkripts wählt Luisa verschiedene Kontexte (Steinchen und Finger) zur Darstellung von Zahlen als Anzahlen aus. In diesen Kontexten ist die Darstellung der Null schwierig. Dennoch versucht Luisa die Darstellung der Operation mit der Null mithilfe von imaginären Steinchen (T48) oder Fingern (T94, T99, T140, T152). In der Steinchenwelt wählt Luisa als Mittler ein Steinchen, was man nicht sieht (T48). Bei der Darstellung mit Fingern fungieren das erneute Deuten auf die sechs Finger (T94), ein halber gekrümmter Finger an der nicht zur Darstellung der Aufgabe genutzten Hand (T99), das Öffnen der Hände (T140) oder die geschlossene Faust (T152) als Mittler zur Darstellung der Operation mit Null. Luisa versucht, der Null empirische Referenzobjekte zuzusprechen.

Die gewählten Kontexte sind hierbei meist dem Kardinalzahlaspekt zuzuordnen. Fragen nach „Wie viele?" sind scheinbar nur dann adäquat, wenn Objekte vorhanden sind. Luisas Ausweg für das Dilemma, dass sie die Null nicht repräsentieren kann, ist die Nutzung von imaginären Objekten (Steinchen, T48), die zu der betrachteten Kollektion von Objekten hinzugedacht werden, bzw. die Nutzung von anderen Objekten (andere Hand, T94; Öffnen der Hände, T140; gekrümmter Finger, T99), die nicht zum aktuell betrachteten Erfahrungsbereich gehören.

Für die Beschäftigung mit kardinalen Fragestellungen sind vorliegende Kollektionen von Objekten konstituierend. Diese Kollektionen von Objekten sind die Intendierten Anwendung einer Theorie über Mengen und Zahlen. Liegen diese vor, so können bspw. Anzahlen bestimmt werden und Rechenaufgaben mithilfe der Objekte dargestellt werden. Dies geschieht durch eine (injektive) Kennzeichnung der Objekte wie bspw. das Strecken der Finger an einer Hand, um eine Rechenaufgabe zu repräsentieren, oder das (gedankliche) Legen einer Rechenaufgabe mit Steinchen (s. Tab. 10.1). Die leere Menge und ihre Kardinalität Null sind gerade keine Intendierte Anwendung einer solchen Theorie. Hier sind nicht dieselben Handlungen möglich.

Tab. 10.1 Zentrale Begriffe der Luisa zugesprochenen Theorie über Mengen und Zahlen

Objekt	Ein perzeptuelles Wahrnehmungsereignis, wie z. B. ein Finger, der an einer Hand ausgestreckt wird (bspw. T99; hier wird der Finger ausgestreckt und gezählt)
Kollektion von Objekten	Ansammlung von Objekten, die möglicherweise zu Mengen zusammengefasst werden können (bspw. imaginäre Steinchen, T48; ausgestreckte Finger; T94, T99, T140, T152)
Grundbereich	Kollektionen von möglicherweise kennzeichenbaren Objekten wie Steinchen (T48), Finger an einer Hand oder gekrümmte Finger (T99)
Empirische Menge	Eine Kollektion von Objekten, welche gekennzeichnet werden kann

Luisa versucht wohlmöglich, ähnliche Handlungen bzw. Kennzeichnungen vorzunehmen, indem sie eine entsprechende taktile Verortung vornimmt (gekrümmter Finger, T99; Öffnen der Hände, T140; Finger an der anderen Hand, T94). Eine konkrete, korrekte empirische Verortung ist jedoch in diesen Kontexten nicht möglich. Dies scheint Luisa selbst bewusst zu sein, da sie im Laufe des Transkripts verschiedene Repräsentationen nutzt, die jedoch alle nicht ganz passend sind. (s. „trotzdem tu ich einen halben nach oben", T99).

Bemerkenswert ist jedoch, dass Luisa versucht, die konstituierenden Handlungen für eine Theorie über Mengen und Zahlen – das injektive Kennzeichnen von Kollektionen von Objekten durch Zahlwörter oder die taktile Kennzeichnung – durchzuführen, und vermeintlich passende Repräsentanten sucht, um diese Handlung zu vollziehen. Diese Repräsentanten sind von Luisa jedoch folgerichtig nicht aus demselben Grundbereich gewählt: Sie wählt – bewusst oder unbewusst – jeweils andere Bereiche aus: ihre andere Hand, ihre geöffnete Hand anstelle von ausgestreckten Fingern, ihre gekrümmten Finger anstelle von ausgestreckten Fingern.

Gerade dies sind jedoch Anzeichen dafür, dass die leere Menge und ihre Kardinalität der Null in der rekonstruierten Theorie theoretische Begriffe sind und gerade keine empirischen Referenzobjekte (aus demselben Grundbereich) besitzen. Spannend ist die Beobachtung, dass Luisa dennoch versucht, diesen theoretischen Begriffen empirischen Charakter zu verleihen. Sie löst in der Interaktion auf diese Weise die in Abschn. 10.2.2 vorgestellte Problematik der kardinalen Verortung der Null: Null Kastanien in einer Schale oder null Seifenblasen können nicht wahrgenommen werden. Erst durch die Entstehungsgeschichte – die letzte Kastanie in der Schale wird weggenommen oder die letzte

Seifenblase platzt – kann die Anzahl vermittelt werden, da so der Fokus „Anzahl der Kastanien" oder „Anzahl der Seifenblasen" für die Beobachtenden ersichtlich wird. Luisa nutzt im Kontext „Anzahlen von ausgestreckten Fingern" dann die oben genannten Repräsentationen wie gekrümmte Finger oder eine geöffnete Hand, die das „Nicht-Vorhandensein von ausgestreckten Fingern, wo vorher welche waren" verdeutlichen sollen.

Die Betonung des kardinalen Zahlaspekts und die besondere Bedeutung von Objekten zur Begründung eines Mengen- und Zahlverständnis ist hierbei nicht verwunderlich. So wurde in den theoretischen Vorüberlegungen dargelegt, dass schon für Kleinkinder Objekte und Anzahlen von Objekten zentral sind. Die verbalsprachliche Rekonstruktion von Luisas empirischer Theorie über Mengen- und Zahlen auf Grundlage der Beobachtungen lässt darauf schließen, dass diese weiterhin zentral für das Mengen- und Zahlverständnis bleiben und hieraus Implikationen für die Bedeutung der leeren Menge und der Zahl Null entstehen. Für die Bearbeitung von kardinalen Fragestellungen sind diese Begriffe nicht relevant und müssen daher generell zusätzlich als theoretische Terme eingeführt werden. Luisa nutzt in den im Transkript vorkommenden Stellen eine Darstellung mittels ähnlicher Handlungen, um die theoretischen Terme über Mittler in der Interaktion empirisch verorten zu können.

10.5   Fazit und Ausblick

10.5.1   Rückbindung der vorgestellten Ergebnisse an die formulierten Forschungsfragen

Eine Rekonstruktion des Wissens von Kindern in Spielsituationen mithilfe der Theory Theory ist unter Nutzung interpretativer Zugangsweisen prinzipiell möglich. Hierbei werden interdisziplinäre Verbindungen geschaffen und kognitionspsychologische, wissenschaftstheoretische und soziologische Zugänge miteinander kombiniert, um Einsichten in die mathematische Wissensentwicklung zu generieren.

In der Luisa zugesprochenen Theorie über Mengen und Zahlen können die „leere Menge" und ihre „Kardinalität" als theoretische Begriffe rekonstruiert werden. Die sprachlichen Besonderheiten und Probleme der Findung einer passenden empirischen Repräsentation der Null im Verlauf des Interviews lassen sich hierbei als Probleme struktureller und nicht individueller Art rekonstruieren: Bezüglich einer Theorie über Mengen und Zahlen ist die „Null" ein theoretischer Begriff.

Für Grundschulunterricht und angeleitete Situationen zur Grundlegung eines Mengen- und Zahlverständnisses in der KiTa gilt es, dass zentrale Begriffe wie die „leere Menge" und die „Kardinalität Null" vonseiten der anleitenden Personen, der Lehrkraft oder des Erziehers bzw. der Erzieherin sowie älteren Mitschülern bzw. Mitschülerinnen, gesetzt werden müssen, da diese nicht automatisch dem Anschauungsmaterial entnommen werden. Sämtliche kardinalen Fragestellungen lassen sich auch ohne das Verfügen über diese Begriffe lösen. Nichtsdestotrotz sind diese zentral für ein umfassendes Zahlverständnis und für den sicheren Umgang im Dezimalsystem. Diese Konzepte müssen daher vorbereitet werden und mit für die Kinder sinnvollen Zusatzregeln gesetzt werden. Luisa zeigt hier Möglichkeiten auf, wie dies aus ihrer Sicht möglich ist. Dennoch ist die empirische Verortung aus struktureller Sicht schwierig bzw. unmöglich, da die leere Menge und die Null theoretische Begriffe bezüglich einer Theorie über Eigenschaften von Kollektionen von Objekten sind.

Etwaige Probleme mit der Zahl Null sind – den Ergebnissen folgend – nicht individueller Art, sondern strukturell bedingt: Es besteht schlichtweg nicht die Notwendigkeit diese Begriffe auszubilden, um kardinale Fragestellungen zu bearbeiten. Genauso ist es schlichtweg unmöglich, eine rein kardinale Repräsentation für die leere Menge und die Null zu finden.

10.5.2 Identifikation des „Mehr-Sehens"

Im vorliegenden Artikel werden der kognitionspsychologische Ansatz der Theory Theory – Kinder verhalten sich so, als ob sie über eine gewisse Theorie verfügen würden –, der wissenschaftstheoretische Ansatz des Strukturalismus – Von welcher Art sind die rekonstruierten Theorien, welche man den Kindern zuordnen kann, um deren Verhalten im Umgang mit mathematischen Fragestellungen zu beschreiben? – und der Ansatz der Interpretativen (Unterrichts-)Forschung zusammengebracht.

Im Zusammenspiel dieser Zugänge lassen sich Bruchstellen im Transkript als systematisch bedingte Bruchstellen interpretieren: Kinder konstruieren ihr Wissen und ihre gemäß der Theory Theory zugesprochenen Theorien im Umgang mit konkretem Material, d. h. konkret vorliegenden Objekten. Die zugeordneten Theorien sind gemäß der strukturalistischen Rekonstruktion empirische Theorien. Eine zentrale Eigenschaft von empirischen Theorien ist die Theorizität zentraler Begriffe, für die es keine empirischen Referenzobjekte geben kann und deren Bedeutung über die Theorie generiert wird. Bezüglich einer Theorie über Mengen und Zahlen im Sinne von Anzahlen als Mächtigkeiten von Kollektionen von Objekten lassen sich die leere Menge und die Null als solche theoretischen Begriffe rekonstruieren. Die betrachteten Bruchstellen im Transkript lassen sich mithilfe des Theorienetzes nicht auflösen. Vielmehr sind sie gemäß dem Strukturalismus nicht auflösbar, da theoretische Begriffe auf Grundlage der empirischen Theorie ihre Bedeutung erlangen. Erst mit der Brille einer empirischen Theorie über Mengen und Zahlen, in der die Bedeutung der Null für kardinale (und ordinale) Situationen geklärt ist, lässt sich die Null als solche über Entstehungsgeschichten verorten. Jedoch lassen sich die Bruchstellen als solche identifizieren und erklären und die Stellen ausmachen, an denen Erziehende und Lehrende die Theorie den Lernenden vermitteln müssen (Schlicht, 2016).

Luisa selbst versucht, diese Spannung und Probleme der empirischen Verortung von theoretischen Begriffen im Transkript durch Mittler aufzulösen. Sie versucht, den theoretischen Begriffen empirische Referenzobjekte zuzuweisen. Die gewählten Referenzobjekte für die Null und leere Menge sind von anderer Natur als diejenigen Referenzobjekte für die natürlichen Zahlen – die obigen Ausführung Revue passierend lassend, von Luisa wissenschaftstheoretisch folgerichtig gewählt. Die Betrachtung von Luisas Mittlerlösung mithilfe des vorgestellten Theorienetzes eröffnet weitere Forschungsfragen:

- Wie sehen angemessene im Sinne von den Kindern auf Grundlage ihrer Theorien sinnvoll vermittelnde Lernumgebungen zur Zahl Null aus? – Sind Mittler, wie sie Luisa hier nutzt, ein adäquater Zugang?
- Wie verändern sich die Theorien, welche den Kindern zugesprochen werden können, auf Grundlage dieser Lernumgebungen?

Literatur

Balzer, W. (1982). *Empirische Theorien: Modelle – Strukturen – Beispiele*. Braunschweig: Vieweg. https://doi.org/10.1007/978-3-663-00169-0.

Balzer, W., Sneed, J. D. & Moulines, C. U. (2000). *Structuralist Knowledge Representation. Paradigmatic Examples*. Amsterdam: Rodopi.

Bauersfeld, H. (1983). Subjektive Erfahrungsbereiche als Grundlage einer Interaktionstheorie des Mathematiklernens und -lehrens. In H. Bauersfeld (Hrsg.), *Lernen und Lehren von Mathematik. IDM-Reihe: Untersuchungen zum Mathematikunterricht* (Bd. 6, S. 1–56). Köln: Aulis.

Bauersfeld, H. (1985). Ergebnisse und Probleme von Mikroanalysen mathematischen Unterrichts. In W. Dörfler & R. Fischer (Hrsg.), *Empirische Untersuchungen zum Lehren und Lernen von Mathematik. Schriftenreihe Didaktik der Mathematik* (Bd. 10, S. 7–25). Wien: Hölder-Pichler-Tempsky.

Benz, C. (2011). Den Blick schärfen. In M. Lüken & A. Peter-Koop (Hrsg.), *Mathematischer Anfangsunterricht. Befunde und Konzepte für die Praxis* (S. 7–21). Offenburg: Mildenberger.

Bundschuh, P. (2008). *Einführung in die Zahlentheorie* (6. Aufl.). Heidelberg: Springer. https://doi.org/10.1007/978-3-540-76491-5.

Burscheid, H. J. & Struve, H. (2000). The Theory of Stochastic Fairness – it's Historical Development, Formulation and Justification. In W. Balzer, J. D. Sneed & C. U. Moulines (Eds.), *Structuralist Knowledge Representation. Paradigmatic Examples* (pp. 69–98). Amsterdam: Rodopi.

Burscheid, H. J. & Struve, H. (2001a). Die Differentialrechnung nach Leibniz – eine Rekonstruktion. *Studia Leibnitiana, 33*(2), 163–193. http://www.jstor.org/stable/40694390.

Burscheid, H. J. & Struve, H. (2001b). Zur Entwicklung und Rechtfertigung normativer Theorien – das Beispiel der Gerechtigkeit von Glücksspielen. *Dialectica, 55,* 259–281. http://www.jstor.org/stable/42970801.

Burscheid, H. J. & Struve, H. (2020). *Mathematikdidaktik in Rekonstruktionen. Band 1: Grundlegung von Unterrichtsinhalten* (2. Aufl.). Wiesbaden: Springer. https://doi.org/10.1007/978-3-658-29452-6.

Carey, S. & Spelke, E. (1994). Domain-Specific Knowledge and Conceptual Change. In L. A. Hirschfeld & S. A. Gelman (Eds.). *Mapping the Mind: Domain Specificity in Cognition and Culture* (pp. 169–200). Cambridge, MA: Cambridge University Press. https://psycnet.apa.org/doi/10.1017/CBO9780511752902.

Carey, S. & Spelke, E. (1996). Science and Core Knowledge. *Philosophy of Science, 63*(4), 515–533. https://doi.org/10.1086/289971.

Carey, S. (1991). Knowledge Acquisition: Enrichment or Conceptual Change? In S. Carey & R. Gelman (Eds.), *The Epigenesis of Mind* (pp. 257–292). Hillsdale, NJ: Lawrence Erlbaum.

Dehaene, S. (1992). Varieties of Numerical Abilities. *Cognition, 44,* 1–42. https://doi.org/10.1016/0010-0277(92)90049-N.

Feigenson, L., Dehaene, S. & Spelke, E. (2004). Core Systems of Number. *Trends in Cognitive Sciences, 8*(7), 307–314. https://doi.org/10.1016/j.tics.2004.05.002.

Fritz, A. & Ricken, G. (2009). Grundlagen des Förderkonzepts „Kalkulie". In A. Fritz, G. Ricken & S. Schmidt (Hrsg.), *Handbuch Rechenschwäche* (S. 374–395). Weinheim: Beltz.

Fuson, K. C. (1988). *Children's Counting and Concepts of Number.* New York: Springer. https://doi.org/10.1007/978-1-4612-3754-9.

Fuson, K. C., Richards, J. & Briars, D. J. (1982). The Acquisition and Elaboration of the Number Word Sequence. In C. J. Brainerd (Eds.), *Children's Logical and Mathematical Cognition* (pp. 33–92). New York: Springer. https://doi.org/10.1007/978-1-4613-9466-2.

Gelman, R. & Gallistel, C. R. (1978). *The Child's Understanding of Number.* Cambridge, MA: Harvard University Press.

Glasersfeld, E. von (1987). *Wissen, Sprache und Wirklichkeit.* Braunschweig: Vieweg. https://doi.org/10.1007/978-3-322-91089-9.

Gopnik, A. & Meltzoff, A. (1997). *Words, Thoughts, and Theories.* Cambridge, MA: MIT Press.

Gopnik, A. (1988). Conceptual and Semantic Development as Theory Change: The Case of Object Permanence. *Mind and Language, 3*(3), 197–216. https://doi.org/10.1111/j.1468-0017.1988.tb00143.x.

Gopnik, A. (2003). The Theory Theory as an Alternative to the Innateness Hypothesis. In L. Antony & N. Hornstein (Eds.), *Chomsky and his Critics* (pp. 238–54). Oxford, UK: Blackwell.

Gopnik, A. (2010). Kleinkinder begreifen mehr. *Spektrum der Wissenschaft, Oktober 2010,* 69–73.

Gopnik, A. (2012). Scientific Thinking in Young Children: Theoretical Advances, Empirical Research, and Policy Implications. *Science, 337,* 1623–1627. https://doi.org/10.1016/j.cognition.2021.104940.

Hasemann, K. & Gasteiger, H. (2014). *Anfangsunterricht Mathematik* (3. Aufl.). Berlin: Springer. https://doi.org/10.1007/978-3-642-40774-1.

Hefendehl-Hebeker, L. (1981). Zur Behandlung der Zahl Null im Unterricht, insbesondere in der Primarstufe. *mathematica didactica, 4,* 239–252.

Ifrah, G. (1991). *Universalgeschichte der Zahlen* (Sonderausgabe, 2. Aufl.). Frankfurt a. M.: Campus.

Judd, C. H. (1927). *Psychological Analysis of the Fundamentals of Arithmetic.* Chicago: University of Chicago Press.

Jungwirth, H. (2003). Interpretative Forschung in der Mathematikdidaktik – ein Überblick für Irrgäste, Teilzieher und Standvögel. *Zentralblatt für Didaktik der Mathematik, 35*(5), 189–200. https://doi.org/10.1007/BF02655743.

Koerber, S., Sodian, B., Kropf, N., Mayer, D. & Schwippert, K. (2011). Die Entwicklung des wissenschaftlichen Denkens im Grundschulalter: Theorieverständnis, Experimentierstrategien, Dateninterpretation. *Zeitschrift für Entwicklungspsychologie und pädagogische Psychologie, 43*(1), 16–21. https://doi.org/10.1026/0049-8637/a000027.

Krauthausen, G. (2018). *Einführung in die Mathematikdidaktik – Grundschule* (4. Aufl.). Berlin: Springer. https://doi.org/10.1007/978-3-662-54692-5.

Rakoczy, H. & Haun, D. (2012). Vor- und nichtsprachliche Kognition. In W. Schneider & U. Lindenberger (Hrsg.), *Entwicklungspsychologie* (S. 333–358). Weinheim: Beltz.

Schlicht, S. (2016). *Zur Entwicklung des Mengen- und Zahlbegriffs.* Wiesbaden: Springer. https://doi.org/10.1007/978-3-658-15397-7.

Selter, Ch. & Spiegel, H. (1997). *Wie Kinder rechnen.* Leipzig: Klett.

Sodian, B. & Koerber, S. (2011). Hypothesenprüfung und Evidenzevaluation im Grundschulalter. *Unterrichtswissenschaft, 39*(1), 21–34.

Sodian, B. (2012). Denken. In W. Schneider & U. Lindenberger (Hrsg.), *Entwicklungspsychologie* (S. 385–411). Weinheim: Beltz.

Steffe, L. P., Cobb, P. & Glasersfeld, E. von (1988). *Construction of Arithmetical Meanings and Strategies.* New York: Springer. https://doi.org/10.1007/978-1-4612-3844-7.

Stegmüller, W. (1970). *Probleme und Resultate der Wissenschaftstheorie und Analytischen Philosophie Band II. Theorie und Erfahrung. Studienausgabe Teil B. Wissenschaftssprache, Signifikanz und theoretische Begriffe.* Berlin: Springer.

Stegmüller, W. (1973). *Probleme und Resultate der Wissenschaftstheorie und Analytischen Philosophie Band II. Theorie und Erfahrung. 2. Halbband: Theorienstruktur und Theoriendynamik.* Berlin: Springer.

Stegmüller, W. (1986). *Probleme und Resultate der Wissenschaftstheorie und Analytischen Philosophie Band II. Theorie und Erfahrung. Dritter Teilband.* Berlin: Springer.

Stegmüller, W. (1987). *Hauptströmungen der Gegenwartsphilosophie* (8. Aufl., Bd. 2). Stuttgart: Alfred Kröner.

Struve, H. (1990). *Grundlagen einer Geometriedidaktik.* Mannheim: BI Wissenschaftsverlag.

Voigt, J. (1984). *Interaktionsmuster und Routinen im Mathematikunterricht. Theoretische Grundlagen und mikroethnographische Falluntersuchungen.* Weinheim: Beltz.

Volkert, K. (1996). Null ist nichts, und von nichts kommt nichts. *mathematica didactica, 19*(2), 98–105.

Wynn, K. (1992). Addition and Subtraction by Human Infants. *Nature, 358,* 749–750. https://doi.org/10.1038/358749a0.

Xu, F. & Spelke, E. (2000). Large Number Discrimination in 6-Month-old Infants. *Cognition, 74,* B1–B11. https://psycnet.apa.org/doi/10.1016/S0010-0277(99)00066-9.

Analyse der individuellen Vorstellungen einer Schülerin beim Umgang mit der Zahl Null aus fachlicher Perspektive

Anton van Essen

Zusammenfassung

Die Diskrepanz zwischen Mathematikvorstellungen von Schülern bzw. Schülerinnen und Mathematik aus fachlicher Perspektive stellt eine Herausforderung für Lehrende und Lernende dar. Ein Unterricht aus rein fachlicher Perspektive, bei dem die Wissensvermittlung allein im Fokus steht, hat den Nachteil, dass Schüler:innen und Schüler weniger gedanklich involviert werden können. Dagegen zieht ein Unterricht, der rein auf den Vorstellungen von Lernenden aufgebaut ist, den Nachteil mit sich, dass die fachliche Perspektive verloren gehen kann. In diesem Beitrag wird das Interview mit der Erstklässlerin Luisa, welche zu ihren Vorstellungen über die Zahl Null befragt wird, analysiert. Der Fokus dieser Analyse liegt auf den Verbindungen zwischen den Vorstellungen Luisas und der Zahl Null aus fachlicher Perspektive. Ziel der Analyse ist es, Einsichten zu gewinnen, durch die ein Unterricht für Luisa sowohl fachlich als auch auf ihren Vorstellungen aufbauend gestaltet werden kann. Die fachliche Perspektive wird durch fünf Eigenschaften der Zahl Null und entsprechende mathematische Theorien gewonnen. Anhand dieser theoretischen Basis wird das Transkript analysiert und es werden – sofern Luisas Vorstellungen in dem Transkript ersichtlich sind – einige Verbindungen zwischen diesen und der Zahl Null aus fachlicher Perspektive gezogen. Die Bedeutung dieser Einsichten für den Unterricht mit Luisa wird anschließend diskutiert.

A. van Essen (✉)
Institut für Mathematik und ihre Didaktik, Universität zu Köln, Köln, Deutschland
E-Mail: a.van-essen@uni-koeln.de

© Der/die Autor(en), exklusiv lizenziert an Springer Fachmedien Wiesbaden GmbH, ein Teil von Springer Nature 2023
M. Meyer (Hrsg.), *Geschichten zur 0,* Kölner Beiträge zur Didaktik der Mathematik, https://doi.org/10.1007/978-3-658-42120-5_11

11.1   Einleitung

In diesem Beitrag wird die fachliche Perspektive auf das Interviewtranskript aufgegriffen. Aus Sicht der Wissenschaft ist das Konzept von der Zahl Null gut
etabliert. Jedoch haben auch Kinder ein Konzept von dieser Zahl. Die fachliche
Perspektive, d. h. die Frage, wie die Zahl Null als mathematisches Konzept definiert ist und welche mathematischen Eigenschaften diese Zahl besitzt, kann nicht
direkt in seiner Gesamtheit gelernt werden, sondern das Lernen erfolgt mit einer
Unterstützung der fachlichen Perspektive. Wünschenswert ist, dass das Konzept
der Zahl Null eines Kindes und die Vorstellungen, die aus Diskussionen in der
Klasse entstehen, so aufgebaut werden, dass das gelernte Wissen den Charakter einer Annäherung zwischen der fachlichen Perspektive und Vorstellungen von
Kindern einnimmt. Um Anhaltspunkte für das Gelingen einer solchen Annäherung zu gewinnen, kann es hilfreich sein, Vorstellungen von Kindern zu verstehen.
Jedes Kind hat seine individuellen Vorstellungen. In diesem Beitrag werden die
individuellen Vorstellungen der Erstklässlerin Luisa zur Zahl Null analysiert. Die
Idee, dass individuelle Vorstellungen von Kindern Ressourcen für den Unterricht
darstellen können, ist gut etabliert (Lengnink, Prediger & Weber, 2011).

Das Vorgehen in diesem Artikel ist, dass zunächst fachliche Eigenschaften der
Zahl Null, z. B., dass die Null die Identität hinsichtlich der Addition ist, erörtert werden. Diese Eigenschaften dienen in der nachfolgenden Untersuchung als
theoretische Grundlage, um Luisas individuelle Vorstellungen mit der fachlichen
Perspektive zu verbinden. Um die Eigenschaften zu präzisieren, werden verschiedene Auffassungen der Zahl Null, z. B. die Null als natürliche Zahl, als ganze
Zahl oder als reelle Zahl, thematisiert. Mit der auf dieser Weise gewonnenen
theoretischen Basis wird das Transkript analysiert. Dabei wird das Turn-by-Turn-
Verfahren (s. Kap. 2) angewandt, um Deutungshypothesen über Verbindungen
zwischen dem Transkript und der theoretischen Basis zu generieren.

Angemerkt sei, dass Luisa durch ihren bisherigen Mathematikunterricht vermutlich bereits von der fachlichen Perspektive beeinflusst wurde, sodass ihre
Vorstellungen nicht rein individuell sind. Gleichwohl werden diese die individuellen Vorstellungen nicht vollends verdrängt haben (Luisa befindet sich in der
ersten Klasse), sodass hier noch von individuellen Vorstellungen ausgegangen
wird.

Die Ergebnisse verleihen Einblicke in die individuellen Vorstellungen von Luisa, sofern sie in dem Transkript ersichtlich sind. Solche Einblicke stellen eine Ressource dar, um Mathematikunterricht für Lernende wie Luisa so zu gestalten, dass eine Annäherung ihrer individuellen Vorstellungen und der fachlichen Perspektive erfolgen kann. Es wird entsprechend diskutiert, wie diese Einsichten in den Unterricht integriert werden könnten.

11.2 Theoretische Grundlagen

Die fachlichen Perspektiven auf die Zahl Null und insbesondere die Anwendung dieser Zahl sind sehr umfassend. Im Folgenden wird eine Auswahl von fünf Eigenschaften getroffen, welche sich in der Arbeit mit dem Transkript als hilfreich für das Verständnis der mathematischen Inhalte erwiesen.

Diese fünf Eigenschaften der Zahl Null werden nachfolgend eingeführt. Verschiedene fachliche Auffassungen der Zahl Null werden thematisiert, um konkrete theoretische Grundlagen für die Eigenschaften zu schaffen. Es lassen sich folgende Eigenschaften der Null benennen:

- Eigenschaft der ersten Zahl,
- Eigenschaft der Identität,
- Eigenschaft des Kürzens,
- Eigenschaft des Grenzwerts und
- Eigenschaft der Infinitesimalität.

Die *Eigenschaft der ersten Zahl* ist die Eigenschaft, dass beim Zählen mit Null angefangen werden kann: Null, eins, zwei, drei usw. Die Zahl Null nimmt eine besondere Position im Hinblick auf die natürlichen Zahlen ein. Angemerkt sei, dass die natürlichen Zahlen entweder als eine Menge mit der Zahl Null oder ohne die Zahl Null definiert werden können, und, dass dieser Analyse die Definition mit der Zahl Null zugrunde gelegt wird. Die Peano-Axiome gelten als etabliertes logisches Fundament der natürlichen Zahlen (Hermes, 1972). Daher bieten diese Axiome eine Möglichkeit, die *Eigenschaft der ersten Zahl* mit einer fachlichen Grundlage zu konkretisieren. Die natürlichen Zahlen werden als eine Menge definiert, die den folgenden Peano-Axiomen unterliegen:

1. Null ist eine natürliche Zahl.
2. Jede natürliche Zahl hat einen Nachfolger.
3. Null ist kein Nachfolger einer natürlichen Zahl.

4. Natürliche Zahlen mit dem gleichen Nachfolger sind gleich.
5. Enthält eine Teilmenge der natürlichen Zahlen die Null und hat diese Teilmenge die Eigenschaft, dass der Nachfolger jedes Elements der Teilmenge auch Element der Teilmenge ist, dann ist die Teilmenge die ganze Menge der natürlichen Zahlen.

Diese Axiome stellen die logische Struktur einer unendlich langen Kette dar, wobei die Zahl Null die Anfangsposition dieser Kette einnimmt. Diese Definition der natürlichen Zahlen einschließlich der besonderen Position der Zahl Null wird als theoretische Grundlage der *Eigenschaft der ersten Zahl* genommen.

Die zweite Eigenschaft der obigen Liste ist die *Eigenschaft der Identität,* dass $a + 0 = a$ für alle Zahlen a gilt. Diese Eigenschaft wird im vorliegenden Beitrag *Eigenschaft der Identität* genannt, weil die Null die Identität hinsichtlich der Addition ist. Eine einfache Vorstellung dieser Eigenschaft ist, dass bei dem Addieren von Null nichts addiert wird, sodass das Ergebnis die Ausgangszahl ist. Für die fachliche Seite wird die Diskussion anhand der durch die Peano-Axiome definierten natürlichen Zahlen mit der Anmerkung fortgesetzt, dass die Addition von natürlichen Zahlen rekursiv anhand der Formeln.

$$a + 0 := a \text{ und } a + n' := (a + n)'$$

definiert wird. Dabei werden die Notationen benutzt, dass, wenn n eine natürliche Zahl ist, n' den Nachfolger von n bezeichnet, und, dass das Symbol := bezeichnet, dass die Operation (entweder $a + 0$ oder $a + n'$) durch die rechte Seite definiert wird. Diese rekursiv definierte Operation korrespondiert mit der „normalen" Methode, Zahlen zu addieren. Ist bspw. $3 + 2$ zu berechnen, so addiert man $3 + 1$ (da $1' = 2$) und betrachtet den Nachfolger des Ergebnisses $(3 + 1)'$. Bei der Addition $3 + 1$ addiert man 0 (da $0' = 1$) und betrachtet den Nachfolger des Ergebnisses $(3 + 0)'$. Bei der Addition von 0 wird vorausgesetzt, dass das Ergebnis konstant bleibt, sodass $3 + 0 = 3$. Insgesamt ergibt sich also:

$$(3 + 2) = ((3 + 1)') = (((3 + 0)')') = (3')'$$

Die Definitionen der Operationen ermöglichen somit, dass die Addition von 2 mit der zweifachen Bestimmung der Nachfolger gleichgesetzt wird. Die besondere Rolle der Zahl Null ist dabei, dass die Addition der Null am Ende des Prozesses die betreffende Zahl unverändert lässt. Somit kann die *Eigenschaft der Identität* als Konsequenz der besonderen Position der Zahl Null innerhalb der Peano-Axiome bzw. *der Eigenschaft der ersten Zahl* angesehen werden.

Weitere fachliche Auffassungen, in denen der *Eigenschaft der Identität* $a +$ $0 = a$ eine konkrete Bedeutung zugeordnet werden kann, hängen von der Wahl des Zahlenbereichs für a ab. Um Einsichten in den Zahlenbereich der ganzen Zahlen zu gewinnen, wird eine Erweiterung des Zahlenbereichs der natürlichen Zahlen vorgenommen, wobei eine ganze Zahl als ein Term $m - n$ betrachtet wird. Dabei sind m und n natürliche Zahlen. Zwei solcher Terme $k - l$ und $m - n$ sind dabei äquivalent, wenn $k + n = l + m$ gilt, wobei die Addition durch die oben diskutierte rekursive Definition für die Summe von zwei natürlichen Zahlen erfolgt. Die Addition zweier solcher Terme $k - l$ und $m - n$ erfolgt, indem man die positiven Teile addiert und die negativen Teile addiert: $(k - l) + (m - n)$ wird als $(k + m) - (l + n)$ definiert, wobei die Additionen $k + m$ und $l + n$ ebenfalls durch die rekursive Definition für die Addition natürlicher Zahlen erfolgen. Die Zahl Null wird durch alle Terme $n - n$ repräsentiert, wobei n eine natürliche Zahl ist. Die *Eigenschaft der Identität* $a + 0 = a$ erfolgt durch die Berechnung

$$(k - l) + (n - n) = (k + n) - (l + n)$$

und durch die Äquivalenz, weil $k - l$ und $(k+n)-(l+n)$ als Terme äquivalent sind, da $k + (l+n) = l + (k+n)$. Aus dieser Diskussion kann eine weitere Eigenschaft entnommen werden, nämlich, dass die Zahl Null das Ergebnis der Differenz von zwei gleichen Zahlen ist. Diese Eigenschaft wird in vorliegendem Beitrag als *Eigenschaft des Kürzens* benannt. Eine einfache Vorstellung der Eigenschaft ist, dass die Null eine Zahl ist, die man bekommt, wenn man von einer Anzahl die gleiche Anzahl wegnimmt, sodass das Addieren von Null mit dem Addieren einer Zahl, gefolgt von dem Subtrahieren der gleichen Zahl, gleichzusetzen ist.

Um eine theoretische Basis für Vorstellungen über die Kontinuität zu gewinnen, wird eine Definition der reellen Zahlen betrachtet. Um diese Definition der reellen Zahlen einzubeziehen, werden Intervallschachtelungen beschrieben (Fridy, 2000; Mangoldt & Knopp, 1967; Shilov, 2012; Sohrab, 2003). Für diese Untersuchung besonders geeignet sind sie deshalb, weil Schachtelung von Intervallen eine einfache Möglichkeit darstellen, eine reelle Zahl zu betrachten. Entsprechend könnten Verbindungen zwischen der fachlichen Perspektive und individuellen Vorstellungen gut etabliert werden.

Eine Intervallschachtelung wird als Folge ineinander liegender, abgeschlossener Intervalle rationaler Zahlen definiert, deren Längen (im Sinne von $|[a, b]| = b - a$) gegen Null konvergieren. Um diese Definition ohne Referenz zur Zahl Null zu konkretisieren, betrachtet man ineinander liegende Intervalle

$$[a_n, b_n] = \{q \in \mathbb{Q} : a_n \leq q \leq b_n\}$$

(ℚ bezeichnet die Menge der rationalen Zahlen) mit der Eigenschaft, dass es für jede positive rationale Zahl ϵ eine natürliche Zahl N gibt, sodass $b_n - a_n < \epsilon$ wenn $n > N$, wobei ineinanderlegend bedeutet, dass

$$[a_n, b_n] \supseteq [a_{n+1}, b_{n+1}]$$

immer gilt. Die Menge der reellen Zahlen ist die Menge aller solcher Folgen von Intervallen unter der Äquivalenzrelation, dass zwei Intervallschachtelungen $[a_n, b_n]$ und $[c_n, d_n]$ genau dann äquivalent sind, wenn $a_n \leq d_n$ und $c_n \leq b_n$ immer gelten.

Die Zahl Null wird durch alle Intervallschachtelungen repräsentiert, wobei a_n stets nicht positiv und b_n stets nicht negativ ist. Die Eigenschaft, dass die Zahl Null als ein Grenzwert immer kleiner werdender, positiver Quantitäten betrachtet werden kann, kann mit jeder Intervallschachtelung $[a_n, b_n]$, die die Zahl Null als reelle Zahl repräsentiert, konkretisiert werden, wobei b_n immer positiv ist. Diese Eigenschaft wird im vorliegenden Beitrag als *Eigenschaft des Grenzwerts* bezeichnet.

Eine weitere Eigenschaft der Zahl Null, der eine konkrete Bedeutung anhand der reellen Zahlen zugeordnet werden kann, ist, dass die Null in der absoluten Größe unendlich kleiner ist als jede andere Zahl. Konkret kann diese Eigenschaft wie folgt ausgedrückt werden: Für alle reellen Zahlen x und y gilt $y = 0$ genau dann, wenn $n|y| < |x|$ für alle natürlichen Zahlen n und für alle reellen Zahlen $x \neq y$. Diese letzte Eigenschaft wird in diesem Beitrag *Eigenschaft der Infinitesimalität* benannt.

Zusammengefasst wurden die folgenden Eigenschaften der Zahl Null herausgearbeitet:

- Eigenschaft der ersten Zahl,
- Eigenschaft der Identität,
- Eigenschaft des Kürzens,
- Eigenschaft des Grenzwerts und
- Eigenschaft der Infinitesimalität.

Behauptet wird nicht, dass diese Liste von Eigenschaften vollständig ist, sondern nur, dass diese Eigenschaften eine Grundlage für die hier durchgeführte Analyse darstellen. Das Transkript hat gegenüber der Theorie einen nicht technischen Charakter und die herausgearbeiteten Deutungshypothesen sind entsprechend nicht exakt. Jedoch helfen sie, grobe Verbindungen zwischen mathematischen Theorien und individuellen Vorstellungen zu etablieren.

11.3   Interpretation

In diesem Abschnitt werden die Ergebnisse einer Interpretation des Transkripts beschrieben. Diese Ergebnisse sind das Resultat einer Turn-by-Turn-Analyse, wobei das Transkript im Hinblick auf die in Abschn. 11.2 vorgestellten theoretischen Grundlagen analysiert wurde. Nachfolgend werden Deutungshypothesen präsentiert und erörtert.

Eine Deutungshypothese betrifft die Existenz der Zahl Null, die im Vergleich zu den anderen Luisa bekannten Zahlen nicht durch Punkte dargestellt werden kann. Wie stellt sich Luisa die Zahl Null vor, die verdeutlicht, dass es keine Punkte gibt? Gedeutet wird, dass Luisas Vorstellung zur Existenz der Zahl Null hauptsächlich mit der *Eigenschaft des Grenzwerts* verbunden ist. So gibt Luisa in Turn 2 an, dass man die Null nicht sehen kann. Eine Rechtfertigung der Existenz der Zahl Null wird in Turn 4 angegeben, in dem geäußert wird, dass die Null „total klein" ist.

2	Luisa	die Null kann man nicht sehen´
3	I	<u>warum</u> nich´
4	Luisa	weil die total klein is´

Der Ausdruck „total klein" (T4) deutet darauf hin, dass Luisa die Null als Grenzwert versteht. Zudem zeigt Luisa in Turn 24 mit Zeigefinger und Daumen einen kleinen Abstand:

| 24 | Luisa | und dass die auch ganz schön klein ist- *(zeigt mit Zeigefinger und Daumen einen kleinen Abstand zwischen diesen Fingern an).* |

Das „Nicht Sehen Können" zusammen mit der Eigenschaft des „ganz schön klein Seins" kann fachlich mit der Vorstellung verglichen werden, dass die Null als Grenzwert zu verstehen ist. Die Abstände zwischen Daumen und Zeigefinger lassen sich in Zusammenhang mit der Grundidee einer Intervallschachtelung verbinden: Der kleine Abstand wäre noch sichtbar. Dieser müsste weitergehend verkleinert werden, um die nicht sichtbare Null zu erlangen. Damit wäre die Null quasi als Grenzwert der Intervallschachtelung verstehbar, auch wenn der Grenzwertbegriff hier nur sehr eingeschränkt als vorhanden betrachtet werden kann.

In Turn 34 äußert Luisa, dass die Null für die Seite des Würfels ohne Punkte steht, „weil überhaupt keine St-Sachen sind". Luisa scheint die Null daran zu erkennen, weil keine Punkte auf der Seite des Würfels zu sehen sind (obwohl die Schülerin „sind" (T34) und nicht „zu sehen sind" benutzt). Daher würde das Nicht-Sehen als Möglichkeit, die Null zu erkennen, benutzt werden, aber es kann auch im Hinblick auf Turn 34 interpretiert werden, dass Luisa die Zahl Null als eine Art Grenzwert von immer kleiner werdenden Quantitäten konzeptualisiert.

32	Luisa	*(nimmt den Würfel in die Hand und zeigt auf die Seite ohne Punkte)* da sind null.
33	I	wieso′
34	Luisa	weil überhaupt keine St- Sachen sind.

Luisa erwähnt direkt in Turn 40 die *Eigenschaft der Identität* $a + 0 = a$ als Besonderheit beim Plusrechnen mit der Null (zunächst für $a = 1$, aber später in Turn 50 für beliebige Zahlen). Sie führt an, dass „die Null ja,.. eigentlich nix is" (T42), „die Null [...] so gar nix" ist (T44) und in Turn 46 „weil die Null man ja nicht sehen kann". In Turn 48 erklärt Luisa weiter „[...] und das Steinchen, was ich dann dazutue kann man dann ja auch nicht sehen. weil ich ja eben gar keins dazu tue. weil es ja null is".

40	Luisa	*(leise)* beim Plusrechnen mit der Null. *(4 sec) (lauter)(lächelnd)* also wenn ich jetzt eins plus null mache, dann, ergibt das ja eins.
41	I	mhm- ..
42	Luisa	weil die Null ja, .. eigentlich nix is. ..
43	I	wie meinst du das´
44	Luisa	also, dass die Null, ... eigentlich null, ne´ *(gestikuliert mit ihren Händen vor sich in der Luft)* das da-, die Null is so gar nix.
45	I	*(nickt)* mhm-
46	Luisa	also dass dann gar nix da is. .. also wenn ich jetzt ein Steinchen habe und null Steinchen dazutue. dann bleibt ja eins übrig. .. weil die Null man ja nicht sehen kann.
47	I	achso.
48	Luisa	und das, und das Steinchen, was ich dann dazutue kann man dann ja auch nicht sehen. weil ich ja eben gar keins dazu tue. weil es ja null is.
49	I	mhm-.. ok-, und funktioniert das auch bei andern Zahlen oder nur bei der Eins´..
50	Luisa	das funktioniert auch bei anderen Zahlen.

Hier benutzt Luisa wieder ihr vorheriges Argument, dass die Null etwas ist, was man nicht sehen kann, sodass man eigentlich nichts dazu tut. Die Vorstellung von der Null ist daher scheinbar die Gleiche wie zuvor. Sie basiert auf der *Eigenschaft des Grenzwerts*. Ausgehend von dieser Interpretation würde diese Vorstellung benutzt werden, um die *Eigenschaft der Identität* zu erklären. Es lässt sich deuten, dass Luisa die *Eigenschaft der Identität* als Konsequenz der *Eigenschaft des Grenzwerts* sieht. Das wiederum würde bedeuten, dass sie in diesem Abschnitt die *Eigenschaft der Identität* als nicht inhärent versteht. Damit ist gemeint, dass Luisa die Eigenschaft als Folgerung der *Eigenschaft des Grenzwerts* wahrzunehmen scheint und nicht als eine Eigenschaft, die grundlegend mit dem Konzept von der Null in Zusammenhang steht.

Demgegenüber hat Luisa eine weitere Idee zur Identitätseigenschaft $a + 0 = a$ in Turn 52: „weil die Null eigentlich zu jeder Zahl passt".

| 52 | Luisa | weiel ... die Null-, also wenn ich jetzt zehn plus null mache dann isses ja immer noch zehn. *(I nickt)* .. weil die Null eigentlich zu jeder Zahl passt. |

Mit dieser Erklärung scheint Luisa die *Eigenschaft der Identität* der Zahl Null auch als inhärent anzusehen, also, dass sie eine besondere Zahl ist, die zu jeder Zahl passt (im Sinne der Identitätseigenschaft $a + 0 = a$). Das Wort „eigentlich" (T52) deutet darauf hin, dass sie die *Eigenschaft der Identität* als etwas über die Null wahrnimmt, was auch ohne die vorherige Erklärung anhand der *Eigenschaft des Grenzwertes* gilt. Die Idee, dass die Null inhärent die *Eigenschaft der Identität* besitzt, korrespondiert mit der Diskussion über die *Eigenschaft der ersten Zahl* und der Rolle dieser Eigenschaft in der Addition natürlicher Zahlen (s. $a + 0 :=$ a; Abschn. 11.2). Entsprechend wird die Deutung ergänzt, dass sich Luisa die *Eigenschaft der Identität* $a + 0 = a$ auch inhärent und zudem als Konsequenz der *Eigenschaft des Grenzwerts* vorstellt.

In Turn 64 diktiert Luisa der Interviewerin eine Regel zum Plusrechnen mit der Null:

64	Luisa	*(4 sec)* dann gibt es die Null da einfach nich. *(schüttelt leicht den Kopf)*
65	I	mhm.
66	Luisa	also dann, tut man einfach gar nix *(Schulterzucken)* dazu.
67	I	dann schreib ich das mal auf, oder´ was soll ich denn für einen Satz aufschreiben´
68	Luisa	hm. *(10 sec) (redet und I schreibt)* wenn man eins plus null rechnet, dann gibt's die Null nich.
69	I	*(während des Schreibens)* mhm- *(13 sec)* und jetzt schreib ich noch den letzten Satz auf, das hast du nämlich eben <u>genauso</u> gesagt, und dann hast du noch danach gesagt, dann tut man einfach gar nichts dazu, oder´ *(Luisa nickt und I schreibt weiter: „Dann tut man einfach gar nichts dazu") (11 sec)* mhm- ... super .. dann hast du jetzt schon eine Rechenregel- .. *(legt das Blatt vor Luisa)* und wie könntest du jetzt diese Regel mit dem Spiel hier erklären´ *(zeigt auf das Spielfeld)*
70	Luisa	*(betrachtet das Spielfeld) (18 sec)* wenn ich würfel, und die N- ich die Null habe, dann geh ich einfach, .. *(nimmt den Würfel und würfelt eine Null)* wenn ich jetzt die Null würfel, dann geh ich einfach <u>keinen</u> Schritt. *(hebt ihre Zwergenfigur hoch und setzt sie wieder auf dem gleichen Feld, dem Startfeld, ab).*
71	I	*(nickt)* mhm-
72	Luisa	und wenn ich die Eins dann würfel, *(dreht den Würfel so, dass eine Seite mit einem Punkt nach oben zeigt)* dann geh ich einfach <u>einen</u> Schritt. *(bewegt ihre Spielfigur einen Schritt nach vorne auf Feld 1).*
73	I	*(nickt)* okay.
74	Luisa	*(dreht den Würfel so um, dass wieder die leere Seite nach oben zeigt)* und wenn ich dann wieder ne Null habe, dann geh ich <u>keinen</u> Schritt.
75	I	okay. .. dann werden wir einfach mal rausfinden, ob du mit deiner Rechenregel, da richtig liegst. ok´

Der Abschnitt eröffnet die Deutung, dass Luisa bei dem Formulieren ihrer Regel, unterstützt von der Interviewerin, hin zu einem Konzept der Null mit Fokus auf das konkrete Tun wechselt. Turn 68 („[...] dann gibt's die Null nich.") und die Aussage „dann tut man einfach gar nichts dazu" (T69) können im Wesentlichen als eine Wiederholung der Idee der Eigenschaft des Identität und der des Grenzwertes interpretiert werden, während Turn 70 bis 75 eine Anwendung des Konzepts von der Null auf das Spiel darstellen (z. B. „[...] wenn ich die Eins dann würfel, [...] dann geh ich einfach <u>einen</u> Schritt.", T72). Deswegen stehen diese Turns nicht in Widerspruch zu den vorherigen Deutungen über Luisas Vorstellungen hinsichtlich der Existenz der Zahl Null.

Einsichten hinsichtlich des Problems, dass etwas addiert wird, das nicht durch eine Anzahl von Punkten repräsentiert werden kann, können durch Turn 99 gewonnen werden. Luisa löst das Problem mit einem halben Finger:

99	Luisa	weil <u>Eins-</u> *(zeigt mit einer Hand einen Finger)* .. ne <u>Null</u> dazu, dann kommen ja, ne, keine d,dazu- *(deutet auf die restlichen vier ,eingeklappten' Finger)* .. also, nee- mach ich, lieber <u>so</u> einen, weil ja, weil die Null ja gar nicht <u>gibt</u>. *(zeigt mit der anderen Hand einen halben Finger, indem sie einen Finger zeigt, der halb eingeklappt ist, schaut I an und lächelt, I lacht)* trotzdem tu ich einen halben <u>nach oben</u>.

Es wird gedeutet, dass Luisa Schwierigkeiten hat, sich das Konzept der Null vorzustellen. Die vorher benutzte Möglichkeit, die Zahl Null anhand der *Eigenschaft des Grenzwerts* vorzustellen, bietet für sie daher vermutlich keine vollständige Sicherheit für die Existenz der Zahl. Die *Eigenschaft des Kürzens,* wonach die Null als die Differenz von zwei gleichen Zahlen betrachtet wird, wird von Luisa scheinbar nicht benutzt. Diese Eigenschaft würde eine weitere Möglichkeit bieten, das Konzept der Null als Lehrkraft im Unterricht zu thematisieren, um dieser fehlenden Sicherheit zu begegnen. Diese Möglichkeit wird in Abschn. 11.4 aufgegriffen und diskutiert.

In Turn 106 bis 114 wird eine Aufgabe betrachtet, bei der der Standpunkt der Spielfigur als Start gekennzeichnet ist, die gewürfelte Zahl und der neue Standpunkt jeweils 1 sind und eine Rechnung dazu gesucht wird. Luisa betrachtet die Situation in Turn 106 als schwierig, aber gibt in Turn 110 an, dass die Zahl Null für den Start stehen müsste.

106	Luisa	aber das da ist schwer. *(zeigt auf die erste Zeile mit Standpunkt „Start", gewürfelter Zahl „1", neuem Standpunkt „1")* ..
107	I	warum´
108	Luisa	*(auf die Zeile in der Tabelle zeigend)* weil, <u>Start</u> .. plus eins .. *(lächelt, I grinst)* gleich eins.
109	I	und was müsste dann da st-, für ne Zahl stehn, damit die Aufgabe stimmt´
110	Luisa	<u>Null.</u>
111	I	wieso´
112	Luisa	weil .. das, die ja das, da- dann eins ergeben muss und da steht auch ne Eins. *(zeigt auf die Würfelzahl 1)*
113	I	*(nickt)* dann probier das mal, ob das dann klappt´
114	Luisa	*(schreibt „0" neben das Wort „Start")* dann tu ich hier mal kurz ne Null hin. *(I lacht kurz auf) (schreibt: „0+1=1")*

Luisa löst das Problem, indem sie 1 als Ergebnis angibt. Dies kann als eine Anwendung der *Eigenschaft der Identität* $a+0 = a$ betrachtet werden. Angemerkt sei, dass „ [...] <u>Start</u>. plus eins [...] gleich eins" (T108) eher mit $0 + a = a$ korrespondiert als mit $a + 0 = a$. Dahinter steckt die fachliche Überlegung, dass die zugrunde liegende *Eigenschaft der Identität* angewandt wird, denn nach der die Addition von Null $a + 0$ oder $0 + a$ wird die Zahl a nicht ändert.

Nicht zu verwenden, scheint Luisa die *Eigenschaft der ersten Zahl,* obgleich diese direkt mit der Startposition korrespondiert. Damit ist gemeint, dass die Null als Startposition mit der *Eigenschaft der ersten Zahl* in Zusammenhang steht. Dass Luisa die *Eigenschaft der ersten Zahl* nicht benutzt, verweist darauf, dass Luisa sich die Zahl Null in erster Linie als Grenzwert vorzustellen scheint und die *Eigenschaft der Identität* als Konsequenz dieser Vorstellung ansehen könnte.

In Turn 115 bis 123 betrachtet Luisa die Besonderheit, dass die Zahl Null auch der erste Summand sein kann. Noch einmal erklärt sie, dass die Zahl Null „unsichtbar" (T122) und „total klein" (T122) ist, und sie zeigt wieder einen kleinen Abstand mit Daumen und Zeigefinger.

115	I	und dann funktioniert das trotzdem´
116	Luisa	hm. *(nickt)*
117	I	egal ob die Null vorne oder hinten steht´
118	Luisa	ja.
119	I	mhm´ meinst du denn das klappt immer´
120	Luisa	*(nickt)* hm.
121	I	warum´
122	Luisa	<u>weil</u> .. die Null ist ja <u>ein</u>fach unsichtbar. einfach so. die is ja total klein. *(zeigt einen kleinen Abstand mit Daumen und Zeigefinger)* die sieht man ja gar nicht.
123	I	achso. okay. […]

Die *Eigenschaft des Grenzwerts* scheint hier zur Klärung der Addition mit der Null an erster Position zu dienen.

Innerhalb der Diskussion über 1000 + 0 in Turn 129 bis 134 lässt sich eine Erklärung von Luisa zur *die Eigenschaft der Identität* erkennen:

133	Luisa	weil die Null es ja nicht <u>gibt.</u>

Hier könnte sie ihre zuvor thematisierte Regel angewendet haben, die diskutiert und der Interviewerin diktiert wurde (z. B. „dann gibt's die Null nich", T68). Deutlich wird, dass es ihr gelingt, die gleichen Ideen auf andere – auch größere – Zahlen zu übertragen.

In Turn 135 bis 155 wird das Minusrechnen mit der Null thematisiert. Es lässt sich erkennen, dass Luisa ihre Regel für das Plusrechnen direkt auf das Minusrechnen überträgt:

140	Luisa	<u>ääh</u> *(5 sec)* weil, also du hast einen *(zeigt einen Finger)* .. null tust, null tust du weg. .. *(I nickt)* und die Null <u>gibt's</u> da ja gar nicht *(zuckt mit den Schultern und schlägt die Hände auf)* ..

Abschließend ist anzumerken, dass Ausdrücke wie „total klein" nicht nur mit der *Eigenschaft des Grenzwerts,* sondern auch mit der *Eigenschaft der Infinitesimalität* korrespondieren können. Es scheint, als ob Luisa über die Grundidee verfügt, dass die Größe der Zahl Null einen anderen Charakter hat. Eine nähere Korrespondenz zwischen dieser Vorstellung und der *Eigenschaft der Infinitesimalität* ist allerdings nicht erkennbar. Das könnte damit zusammenhängen, dass im Interview Besonderheiten beim Plusrechnen mit der Null thematisiert wurden, und dass die *Eigenschaft der Infinitesimalität* nicht direkt mit dieser Thematisierung zusammenhängt.

11.4 Zusammenfassung und Fazit

Luisa wird in dem Interview mit dem Problem konfrontiert, dass die Null nicht als eine Anzahl von Punkten repräsentiert werden kann, aber sie dennoch als Zahl existiert. Die obige Interpretation des Transkripts ergab, dass Luisas individuelle Vorstellungen der Existenz der Zahl Null hauptsächlich mit der *Eigenschaft des Grenzwerts* zusammenhängen, d h., dass die Null als Grenzwert immer kleiner werdender, positiver Quantitäten zu verstehen ist. Ferner wurde interpretiert, dass Luisa diese Vorstellung benutzt, um eine Vorstellung der *Eigenschaft der Identität* $a + 0 = a$ zu gewinnen, aber dass sie sich die *Eigenschaft der Identität* $a + 0 = a$ unter Vorbehalt auch als inhärent vorstellt: Die Null ist eine besondere Zahl, die bei der Addition die Ausgangszahl nicht verändert.

Die *Eigenschaft des Kürzens,* also dass die Null die Differenz von zwei gleichen Anzahlen ist, benutzt Luisa scheinbar nicht, um sich die Zahl Null vorzustellen. Diese Eigenschaft bietet eine weitere Möglichkeit, ihre Vorstellungen von der Null zu erweitern. Konkret wäre diese Vorstellung so zu charakterisieren, dass die Null eine Zahl ist, die man bekommt, wenn man von einer Anzahl von Sachen die gleiche Anzahl wegnimmt, und dass man daher die gleiche Zahl beim Plusrechnen mit der Null bekommt, weil die Addition von Null die Addition einer Anzahl gefolgt von der Subtraktion der gleichen Anzahl ist.

Die *Eigenschaft der ersten Zahl,* dass man beim Zählen mit Null anfangen kann (null, eins, zwei, drei usw.), spielt insofern eine Rolle, als dass Luisa die *Eigenschaft der Identität* auch als inhärent zu betrachten scheint, und, dass dieser Gedanke mit der *Eigenschaft der ersten Zahl* zusammenhängt. Dabei ist die Vorstellung, dass $a + 0 = a$ gilt, weil Null die erste Zahl ist, wodurch man bei der Addition von Null a erhält. Bei einer Berechnung wie $a + 2$ muss hingegen die Zahl a erhöht werden, um zu einem Ergebnis zu kommen. Wenn das Zählen im Interview jedoch ein Hauptthema gewesen wäre, hätte die *Eigenschaft der ersten Zahl* vermutlich eine zentralere Rolle eingenommen.

Die *Eigenschaft der Infinitesimalität,* nach der die Null gegenüber anderen Zahlen unendlich klein ist, spiegelt sich im Transkript wenig wider. Auch hier hängt dies vermutlich damit zusammen, dass diese Besonderheit der Zahl Null kein Hauptthema des Interviews war.

Die Ergebnisse deuten darauf hin, dass die Zahl Null, um Luisas individuelle Vorstellungen im Unterricht zu berücksichtigen, als eine Zahl betrachtet werden sollte, die man bekommt, wenn etwas kleiner und kleiner wird *(Eigenschaft des Grenzwerts)*. Dann können weitere Eigenschaften der Zahl Null betrachtet werden, wie bspw. dass man beim Plusrechnen mit der Null die gleiche Zahl bekommt *(Eigenschaft der Identität)*, und dass beim Zählen mit Null angefangen werden kann *(Eigenschaft der ersten Zahl)*. Es könnte auch helfen, die Null so zu betrachten, dass die Null die Differenz zweier gleicher Zahlen ist *(Eigenschaft des Kürzens)*, wobei es aus dem Transkript jedoch keine Hinweise auf eine Korrespondenz mit Luisas individuellen Vorstellungen gibt. Gleichwohl ist diese Eigenschaft auch sehr komplex und sollte entsprechend eher nicht an den Beginn eines entsprechenden Lehrganges gestellt werden.

Literatur

Fridy, J. A. (2000). *Introductory Analysis. The Theory of Calculus* (2nd ed.). San Diego: Academic Press.

Hermes, H. (1972). *Einführung in die mathematische Logik. Klassische Prädikatenlogik* (3., neu bearb. u. erw. Aufl.). Stuttgart: Teubner.

Lengnink, K., Prediger, S. & Weber, C. (2011). Lernende abholen, wo sie stehen – Individuelle Vorstellungen aktivieren und nutzen. *Praxis der Mathematik in der Schule 53*(40), 2–7.

Mangoldt, H. von, & Knopp, K. (1967). *Zahlen, Funktionen, Grenzwerte, analytische Geometrie, Algebra, Mengenlehre (Einführung in die höhere Mathematik, 1)*. Stuttgart: Hirzel.

Shilov, G. E. (2012). *Elementary Real and Complex Analysis*. Dover: Dover Publications.

Sohrab, H. H. (2003). *Basic Real Analysis*. Basel: Birkhäuser. https://doi.org/10.1007/978-1-4939-1841-6

Fazit

12

Anna Breunig, Inken Derichs, Christoph Körner,
Michael Meyer und Birte Pöhler

12.1 Ausgangspunkt des Buches

Die Grundlage dieses Sammelbandes bildet ein Gespräch mit der Erstklässlerin Luisa zur Zahl Null. Dieses wurde mithilfe verschiedener theoretischer Konzepte unter Nutzung einer interpretativen Methode rekonstruiert.

Die hierbei verwendeten Theorien entstammen der Mathematik, der Mathematikdidaktik sowie diverser Bezugsdisziplinen. Zu diesen Bezugsdisziplinen zählen die Germanistik, verschiedene Naturwissenschaftsdidaktiken, die Philosophie, die Psychologie und die Soziologie. Insofern sich diese Wissenschaften mit dem Denken und (dem zwischenmenschlichen) Handeln befassen, bergen sie auch große Bedeutung für das Mathematiklernen.

Die Idee, übereinstimmende empirische Daten aus verschiedenen theoretischen Perspektiven zu betrachten und zu analysieren, ist nicht neu. Dieses Vorgehen lässt sich, die verschiedenen Beiträge übergreifend betrachtend, auch als

A. Breunig · M. Meyer (✉)
Institut für Mathematikdidaktik, Universität zu Köln, Köln, Deutschland
E-Mail: michael.meyer@uni-koeln.de

A. Breunig
E-Mail: anna.breunig@uni-koeln.de

I. Derichs · C. Körner
Köln, Deutschland

B. Pöhler
Institut für Mathematik, Lehrstuhl Didaktik der Mathematik im inklusiven Kontext mit Förderscherpunkt Lernen, Universität Potsdam, Brieselang, Deutschland
E-Mail: birte.friedrich@uni-potsdam.de

© Der/die Autor(en), exklusiv lizenziert an Springer Fachmedien Wiesbaden GmbH, ein Teil von Springer Nature 2023
M. Meyer (Hrsg.), *Geschichten zur 0*, Kölner Beiträge zur Didaktik der Mathematik, https://doi.org/10.1007/978-3-658-42120-5_12

Theorietriangulation bezeichnen, bei der „Daten zu einem Phänomen […] unter Einbeziehung verschiedener theoretischer Modelle interpretiert und Forschungsgegenstände mittels verschiedener Perspektiven und Hypothesen durchleuchtet [werden]" (Lamnek & Krell, 2016, S. 155). Die Zielsetzung in diesem Band ist keine Validierung einzelner Analyseergebnisse, sondern die Betrachtung von Interpretationen mittels verschiedener Theorien. Dadurch kann das Potenzial der einzelnen Theorien sowie deren Zusammenspiel deutlich werden. Ebenso können neu gebildete Theorien geprüft (insofern sie sich zur Interpretation der Realität eignen) und ausgeschärft (Veränderung der Theorie durch Empirie) werden. Durch diese Betrachtungen wird die Gewinnung eingehender und tiefgründiger Erkenntnisse über die Interaktion ermöglicht.

In diesem abschließenden Fazit werden zunächst die einzelnen Beiträge und die Erkenntnisse aus ihnen grob umrissen. Anschließend werden die Ergebnisse zusammenfassend hinsichtlich der Entwicklung von Wissen über die Schülerin und hinsichtlich des Gewinns neuer theoretischer Erkenntnisse analysiert. Im Zuge der Diskussion der einzelnen Aspekte werden wiederholt Querbezüge zur verwendeten Methode gezogen, wodurch einzelne Phänomene erklärt werden können.

12.2 Kurzbeschreibung der Beiträge

Bevor die einzelnen Betrachtungen basierend auf ausgewählten theoriegeleiteten Perspektiven vorgenommen werden, erfolgt zunächst eine Analyse aus einer eher allgemeindidaktischen Perspektive (s. Kap. 2). Das Wort „allgemeindidaktisch" soll dabei nicht bedeuten, dass hier „theoriefrei" gearbeitet wird, sondern vielmehr, dass das Transkript gedeutet wird, ohne spezielle Bezugsdisziplinen zu nutzen. Hier wird die methodologische Grundlage aus den ersten Schritten des gewählten interpretativen Verfahrens dargelegt.

Die Autorinnen Mirjam Jostes und Julia Rey verwenden in ihrem Beitrag eine naturwissenschaftliche Sichtweise, indem sie die experimentelle Methode aus den Naturwissenschaften bzw. deren Didaktiken zur Rekonstruktion heranziehen (s. Kap. 3). Hierbei werden vorrangig Bezüge zur Physikdidaktik hergestellt. Das naturwissenschaftliche Erarbeiten von Inhalten wird dabei in Analogie zum Erarbeiten mathematischer Inhalte gesetzt. Untersucht wird, inwieweit sich die Handlungen mit der Null in dem hier fokussierten speziellen Kontext als Realisierung der experimentellen Methode beschreiben lassen und welche Erkenntnisse sich aus dieser Sichtweise für mathematisches Lehren und Lernen ziehen lassen.

Der Beitrag von Christoph Körner (s. Kap. 4) befasst sich mit den Prozessen des Generalisierens und Abstrahierens nach Mitchelmore (1994) und Tall (1991) und verbindet diese mit der Abduktionstheorie nach Meyer (2021). Hierdurch greift der Autor auf verschiedene mathematikdidaktische Verwendungen philosophischer Grundlagen zurück. Die Analysen zeigen, dass sich die theoretischen Ansätze kombinieren und tiefere Erkenntnisse generieren lassen. So können in der fokussierten Szene verschiedene Arten von Generalisierungen rekonstruiert werden, die dem Aufbau allgemeiner Begriffe oder Gesetze in den konkreten Interaktionsprozessen dienen.

Die Autorin Jessica Kunsteller legt in ihrem Beitrag den Sprachspiel- und Ähnlichkeitsbegriff des Philosophen Ludwig Wittgenstein (1889–1951) zugrunde (s. Kap. 5). In seiner Theorie vergleicht er die Sprache mit einem Spiel und baut darauf den Begriff der (Familien-)Ähnlichkeit auf. Basierend darauf konnte die Verfasserin 2018 herausarbeiten, dass sich verschiedene Sprachspiele dann ähneln, wenn sie mindestens eine Eigenschaft gemeinsam haben. In ihrem Beitrag beleuchtet sie die Interaktion zur Zahl Null vor diesem Hintergrund aus fachlicher sowie fachdidaktischer Sicht. Dabei nimmt sie insbesondere in den Blick, inwiefern der Gebrauch der Zahl Null durch Ähnlichkeiten verknüpft ist. Das Transkript der Interviewszene mit Luisa wird anschließend dahingehend interpretiert, welche Facetten der Zahl Null durch Luisa adressiert werden und welcher Stellenwert dem besonderen Umgang mit der Null im Unterricht zukommt. Die rekonstruierten Ähnlichkeiten lassen die enorme Bedeutung sprachlich realisierter Ähnlichkeiten für mathematische Lehr- und Lernprozesse erkennen.

Michael Meyer beschreibt in seinem Beitrag dieses Sammelbandes die argumentativen Strukturen der Begriffsbildung (s. Kap. 6). Damit fungieren die Philosophie und die Soziologie hier als Bezugsdisziplinen. Über eine Herleitung des mehrdeutig geprägten Wortes „Begriff", diskutiert der Autor sowohl Ansätze zur Rekonstruktion von Begriffsbildungen bzw. Begriffsbildungsprozessen im Allgemeinen als auch die Begriffsbildung im *Sprachspiel Mathematik* nach Wittgenstein, um anschließend den inferentiellen Gebrauch des Wortes „Null" mithilfe des Toulmin-Schemas zu rekonstruieren. In den Analysen zeigt sich, wie die inferentiellen Strukturen eines Begriffs situativ verändert bzw. ausgetauscht werden. Vordergründig geklärte Zusammenhänge zeigen sich durch die Analyse als vage. Das situative Anpassen inferentiell-funktionaler Elemente in der rekonstruierten Szene verdeutlicht wiederum die Bedeutung der interaktionistischen Betrachtung von Lernprozessen.

Der nächste Beitrag (s. Kap. 7) bedient sich einer germanistischen Grundlage, insofern auf die funktionale Pragmatik zurückgegriffen wird. Michael Meyer und Inken Derichs legen ihren Forschungsfokus auf die Sprechhandlungen des

Beschreibens und Erklärens nach Ehlich und Rehbein (1979). Ihren Ausführungen liegt dabei die Annahme zugrunde, dass Sprache eine wichtige Funktion bei Lernprozessen inne hat, da sie als kommunikatives Bindeglied zwischen Menschen betrachtet werden kann und Menschen durch Sprache handeln. Untersuchungen zeigen, dass Interaktionsprozesse bestimmte Muster aufweisen können (u. a. Voigt, 1984). Aufgrund der Vielzahl an potenziell zu untersuchenden Mustern und Sprechhandlungen erfolgt bei der Analyse des fokussierten Transkripts eine Einschränkung auf das Beschreiben und Erklären. Im Zuge der Analyse wird empirisch basierend auf theoretischer Ebene die Sprechhandlung der beschreibenden Erklärung herausgearbeitet und diskutiert. Mit diesem Begriff lässt sich aus interaktionistischer Perspektive das (auch altersbedingte) Phänomen beschreiben, dass auf eine geforderte Erklärung mittels einer Beschreibung reagiert wird.

Ansätze aus der Philosophie und der Soziologie verbindet der Autor Maximilian Moll, indem er eine interpretative Rekonstruktion von Überzeugungen basierend auf Gründen vornimmt (s. Kap. 8). Dazu grenzt er den Begriff „Überzeugung" im Verlauf einer Definitionsfindung auf vier Kategorien des Fürwahrhaltens ein. Nach Moll (2020) gibt es keine starke Trennung von Überzeugtsein und Überzeugtwerden in Lehr-Lern-Realitäten, da diese ineinandergreifen, insofern sich in interaktiven Aushandlungsprozessen beide Aspekte bedingen. Im Rahmen der Interpretation des Transkripts rekonstruiert der Autor die aufkommenden als subjektiv zureichend bzw. für andere als zureichend wahrgenommenen Gründe für das Fürwahrhalten von Aussagen bzw. Zusammenhängen und ordnet sie in entsprechende Kategorien des Führwahrhaltens ein. Zum einen zeigt sich hierdurch die Anwendbarkeit seiner Theorie, zum anderen wird der Begriff der „Überzeugung im Werden" auf dem Transkript basierend theoretisch herausgearbeitet.

Für den Beitrag der Autorinnen Birte Pöhler (verh. Friedrich) und Anna Breunig (s. Kap. 9), in dem die Methode der Spurenanalyse (Pöhler & Prediger, 2015; Pöhler 2018) zur Analyse des Transkripts genutzt wird, dient die Germanistik als Bezugsdisziplin. Ziel des Beitrags ist es, die von Luisa im Gespräch über die Zahl Null verwendete Sprache zu analysieren sowie den Verlauf der Sprachmittelverwendung durch die Lernende nachzuzeichnen. Dazu werden die durch die Schülerin verwendeten Sprachmittel inventarisiert, kategorisiert und mit den von der Gesprächspartnerin angebotenen Sprachmitteln in Beziehung gesetzt. Deutlich wird, dass neben konkreten, auf Situationen oder Visualisierungen bezogenen Sprachmitteln auch abstraktere Ausdrücke verwendet werden, die eher unabhängig von einer konkreten Situation einzuordnen sind.

Im Bereich der Psychologie sind die Theorieelemente *Theory-Theory* und *Formalismus* zu verorten, die der Autor Simeon Schwob nutzt, um eine alternative

Sicht auf die Entwicklung von Zahlen- und Mengenkonzepten bei Kindern zu skizzieren (s. Kap. 10). Aus moderner formalistischer Auffassung werden mathematische Begriffe implizit über axiomatische Systeme definiert. Dieser Aussage gegenüber stehen Beobachtungen, nach denen Kinder das Konzept der Zahlen hauptsächlich in Situationen, die reale Phänomene wie die Anzahl von Plättchen, Bausteinen oder Personen beinhalten, verinnerlichen. Dieser eher empirischorientierte Blick stärkt eine Verbindung des Mengen- und Zahlenbegriffs. Vor diesem Hintergrund wird das Verhalten von Luisa anhand der rekonstruktiven Perspektive unter Nutzung der „Theory-Theory" nach Gopnik und Meltzoff (1997) sowie der empirischen Theorien nach Burscheid & Struve (2020) dargestellt. Hierbei werden sich im Transkript zeigende grundsätzliche didaktische Probleme mit der leeren Menge sowie der Zahl Null beschrieben und erklärt.

Der Mathematiker Anton van Essen beschäftigt sich im letzten Beitrag dieses Sammelwerks aus fachlicher Sicht mit dem Transkript der Interviewszene mit Luisa (s. Kap. 11). Er stellt die individuellen Vorstellungen der Lernenden zum Konzept der Null sowie ihre Entsprechungen in mathematischen Theorien dar. Als theoretische Grundlage werden fünf mathematische Eigenschaften zur Zahl Null betrachtet und mit Luisas Äußerungen verglichen. Konkret nimmt der Autor Bezug auf die Peano-Axiome und die Eigenschaften „der ersten Zahl", „der Identität", „des Kürzens", „des Grenzwertes" sowie der „Infinitesimalität".

12.3 Erkenntnisse in Verbindung der verschiedenen Beiträge

12.3.1 Erkenntnisse über Luisa

Bei der Betrachtung aller Beiträge fällt auf, dass größtenteils sowohl Kompetenzen als auch verschiedene Herausforderungen bzw. Hürden im Lernprozess von Luisa herausgestellt werden konnten. Auffällig dabei ist, dass sich die verschiedenen Perspektiven teilweise ergänzen, indem bspw. gewisse Hürden durch die Erkenntnisse einer anderen Perspektive erklärt werden können. Neben der Vielfältigkeit der Sprachmittel, welche Luisa zur Null verwendet (sowohl konkretere als auch abstraktere Sprachmittel), kann mit der adaptierten Spurenanalyse (s. Kap. 9) auch eine Kompetenz dahingehend erkannt werden, dass inhaltlich verschiedene Aspekte der Zahl Null sprachlich deutlich gemacht werden konnten (verschiedene Perspektiven wie Zahlzeichen, Kardinalzahl, Rechenzahl). Obwohl eine Erklärung eine komplexe Sprechhandlung darstellt, kann die Schülerin eine solche in Teilen realisieren, wodurch erneut eine Kompetenz hinsichtlich der

Verwendung von Sprache sichtbar wird (s. Kap. 7). Neben der Vielfältigkeit der verwendeten Sprachmittel scheint Luisa auch inhaltlich verschiedene Situationen (bezüglich des Begriffs) als zugehörig zu erkennen, was wiederum für ein ausgebildetes Begriffsverständnis spricht, welches den sprachlichen Handlungen zugrunde liegt (s. Kap. 4 bzw. 7). Auch in Kap. 5 wird eine Kompetenz hinsichtlich einer solchen Vielfältigkeit herausgestellt, und zwar bezüglich der verwendeten Begriffe in verschiedenen Kontexten, sogenannten Sprachspielen: Luisa spannt ein Netz von Ähnlichkeiten auf, welches es von der Interviewerin (bzw. der Lehrkraft) zu erkennen gilt. So wird durch die verschiedenen Theorieperspektiven sowohl sprachlich als auch inhaltlich eine Vielfalt erkennbar. Als weitere Kompetenzen kann mit Kap. 6 sowie 11 in Bezug auf den Inhalt der Interviewsituation festgestellt werden, dass Luisa die Grundvorstellung des Hinzufügens der Addition argumentativ verwendet und zudem (fach-)mathematische Vorstellungen zur Null in ihren Erläuterungen zu erkennen sind, die sich in weiteren Lehr-/Lernsituationen herausarbeiten und nutzen lassen.

Eine Herausforderung bzw. Hürde für zukünftige Lehr-/Lernprozesse besteht darin, diese Kompetenzen und Vielfältigkeit seitens der Schülerin zu diagnostizieren, damit sie genutzt und weiter gezielt gefördert werden können. So sollte das aufgebaute Netz an Ähnlichkeiten bspw. zusammengetragen bzw. die Inhalte zueinander (weiter) in Beziehung gesetzt werden, um ein tragfähiges Begriffsverständnis daraus entwickeln zu können (s. Kap. 5 und 6). Auch hinsichtlich der Vielfalt der Sprachmittel, die ggf. zunächst vordergründig nicht zum Impuls seitens der Lehrkraft passen oder auch eine andere Sprechhandlung andeuten als gefordert, wäre ein geschultes Auge sinnvoll, um das Potenzial zu nutzen (s. Kap. 7 und 9). Die Nutzung vermeintlich unpassender Ausdrücke kann an ‚fehlender' Sprache liegen und das sowohl aufgrund fehlender Sprachmittel als auch aufgrund fehlender Anwendbarkeit von Sprechhandlungen (s. Kap. 7). Das Erkennen von Inkonsistenzen zwischen Impuls und Reaktion ist wichtig. Dabei ist zu beachten, dass Inkonsistenzen ggf. nicht direkt als unpassend eingeordnet werden müssen. Ein tiefgründiges Hinterfragen und Beleuchten mag dazu verhelfen, Potenziale zu erkennen, Probleme zu beseitigen und vorzubeugen sowie Spannungsaufladungen im Gespräch zu vermeiden, wenn Schüler:innen bspw. eine andere Sprechhandlung realisieren als gefordert (s. Kap. 7). Eine weitere Herausforderung in Lernprozessen zur Zahl Null ist die fehlende inhaltliche Repräsentation der Zahl Null, was nicht an Luisa, sondern am Begriff der Null liegt (s. Kap. 10). Dies kann in diesem Fall dazu geführt haben, dass Luisa eine Art Mittler für die Null als Referenzobjekte sucht, die es nicht gibt. Hier lässt sich gegebenenfalls auch erklären, warum Luisa so vielfältig in ihren sprachlichen Äußerungen ist, da sie auf der Suche nach passenden Ausdrücken für die Null sein könnte. Das Fehlen des Referenzobjektes kann dann wiederum dazu führen, dass möglicherweise durch ein nahezu zwanghaftes Suchen eines Objektes als Mittler zwischen Inhalt und Anschauung, um damit experimentell zu handeln, Vorstellungen durch fachlich nicht tragfähige Objekte wie dem halben Finger auftauchen können (s. Kap. 3). Das fachliche Fehlen eines Referenzobjektes zusammen mit der Suche nach einem sichtbaren Mittler könnte zudem erklären, warum die Schülerin Probleme damit hat und welche Berechtigung der Anwendung für die Null nutzbar bzw. akzeptabel ist (s. Kap. 6). Da das Wissen zur Null also scheinbar nicht über den Umgang mit Material bzw. einem Referenzobjekt konstruiert werden kann, könnten so die Herausforderungen im Lernprozess aus den Ergebnissen der einzelnen Rekonstruktionen teilweise erklärt werden. Abschließend ist auch festzuhalten, dass eine Verfestigung nicht tragfähiger Vorstellungen zu einem Problem werden kann (s. Kap. 8), wenn sich unpassende Berechtigungen (s. Kap. 6) durchsetzen.

Es zeigt sich, dass zum einen durch die verschiedenen Perspektiven zahlreiche Kompetenzen und Herausforderungen bzw. Hürden im Lernprozess zur Null aufgedeckt werden können, zum anderen sich diese aber teilweise auch gegenseitig bedingen und erklären lassen. So lässt sich zusammenfassend festhalten, dass die inhaltliche und sprachliche Vielfalt von Luisa als Kompetenz u. a. daran liegen könnte, dass sie bei der Suche nach Berechtigungen und Referenzobjekten, um mit der Null zu handeln, zwangsweise stolpert und es daher immer wieder anders versucht. Natürlich kann eine solche Analyse in der Lehr-/Lernsituation situativ nicht derart umfassend realisiert werden (nicht wie in einem einzelnen Beitrag und erst recht nicht übergreifend), jedoch tragen die einzelnen Perspektiven dazu bei, Blicke zu schulen, wodurch in der Situation womöglich selbst mehr zu sehen ist, als lediglich „falsche" Vorstellungen oder auch Hürden im Lernprozess, die auf den ersten Blick nicht erkennbar waren.

12.3.2 Erkenntnisse über die Theorie

Relativ zu den durch die Theorien vorgegebenen Perspektiven lässt sich zunächst festhalten, dass alle in den Theorien aufgespannten Begriffsnetze auf das Transkript spätestens nach Adaptionen angewandt werden konnten. Diese Adaptionen stellen gewissermaßen eine Form der Theorievernetzung und/oder -veränderung dar, die in den Beiträgen in verschiedenen Tiefen erfolgte. Leichtere Theorieadaptionen beziehen sich bspw. auf die Anpassung an den Gegenstand, ein Interview zur Zahl Null: So erwies sich bspw. die initial für die Prozentrechnung entwickelte Spurenanalyse als themenübergreifend anwendbar (s. Kap. 9) bzw. es zeigte sich erneut die Allgemeinheit der genutzten theoretischen Grundlage (s. andere Kapitel). Tiefgreifende Theorievernetzungen mussten bspw. dann vorgenommen werden, wenn subjektorientierte Theoriegrundlagen interaktionistisch zu wenden waren (s. Kap. 8), sodass die inhärente Passung zwischen Theorie und Empirie erst ermöglicht wurde. Entsprechend lag eine Theorietriangulation (die Einbeziehung verschiedener theoretischer Modelle zu einem Phänomen) nicht nur beitragsübergreifend, sondern auch in einzelnen Beiträgen vor (z. B. Kap. 4, 6 oder 8).

Neben den Erkenntnissen zur Vernetzung bzw. Anwendung von Theorien, kam es bei der Anwendung bestehender Perspektiven auch zur Erweiterung derselben. So wurde bspw. in dem Beitrag zu Sprechhandlungen (s. Kap. 7) die *beschreibende Erklärung* den Sprechhandlungen aus der Germanistik hinzugefügt.

Weiterhin konnten an verschiedenen Stellen Forschungsdesiderate festgestellt werden: So wurde bspw. in Kap. 5 herausgearbeitet, dass es für das Erkennen und Nutzen der von Kindern eingebrachten *Netze von Ähnlichkeiten* noch fachdidaktischer Konzepte bedarf. In Kap. 8 wurde herausgestellt, dass eine weitere Betrachtung hinsichtlich der Überzeugung zu theoretischen Begriffen, wo ggf. auch falsche Überzeugungen entstehen können, gewinnbringend ist. Es konnte eine eher überraschende Überzeugung rekonstruiert werden, die nun weiter hinsichtlich ihres Ursprunges untersucht werden könnte und insbesondere hinsichtlich des praktischen Umganges mit ihr.

12.4 Verschiedene Perspektiven, ein Transkript – eine Rückschau

Verschiedene Perspektiven zur Analyse eines Transkriptes anzuwenden ist nicht neu. Bereits 1998 haben Maier und Steinbring sich der Analyse einer Unterrichtsepisode gewidmet und dabei Begriffsbildungsprozesse mithilfe verschiedener Theorien rekonstruiert. Dabei stellten sie sich die folgenden Fragen: „Was haben die beiden Ansätze gemeinsam und worin unterscheiden sie sich?" und „Basieren eventuelle Gemeinsamkeiten und Unterschiede auf wesentlich verschiedenen Auffassungen und verfolgen beide Ansätze unterschiedliche Erkenntnisinteressen und Ziele?" (Maier & Steinbring, 1998, S. 320). Auf Grundlage vieler verschiedener Unterschiede und Gemeinsamkeiten kommen sie zu dem Schluss, dass ihre Ansätze auf verschiedenen Grundannahmen basieren und von unterschiedlichem Erkenntnisinteresse geleitet sind. Dies scheint zunächst nicht überraschend, denn wenn man Phänomene aus verschiedenen Perspektiven betrachtet, so ist davon auszugehen, dass daraus verschiedene Ergebnisse resultieren. Wird jedoch die

Nähe der von den Autoren gewählten interpretativen Methoden bedacht, wird deutlich, dass auch kleinere Abweichungen zu Unterschieden in den Ergebnissen führen können. Durch die gemeinsame Betrachtung wird aus den Unterschieden ein „mehr Sehen", wie es auch in diesem Buch zu beobachten ist.

Im Vergleich zu Maier und Steinbring wurde in diesem Sammelband ein alle Beiträge umspannender methodischer und methodologischer Forschungsrahmen verwendet, dessen Wurzeln in den Schriften der Bielefelder Arbeitsgruppe um Heinrich Bauersfeld liegen. Konkretisiert wurde die Methode, welche auf soziologischen Grundlagen (vorrangig dem symbolischen Interaktionismus und der Ethnomethodologie) beruht, von Voigt (1984). Diese auch als „Methode der primär gedanklichen Vergleiche" (Jungwirth, 2003, S. 193) bezeichnete Methode fand in allen Artikeln Anwendung. Entsprechend dieser Perspektive kann mathematisches Wissen in der Situation nicht als gegeben vorausgesetzt werden, sondern wird durch die an den Interaktionsprozessen Beteiligten ausgehandelt. In der vorliegenden Situation fand die Aushandlung zwischen einer Interviewerin und der Schülerin Luisa statt: Die Gestaltung der Aufgaben und die Reaktionen der Interviewerin beding(t)en nicht nur das Präsentieren von Luisas Vorwissen, sondern auch eine Veränderung ihres Wissens.

Die Verwendung eines gleichen methodischen Verfahrens hat zur Konsequenz, dass teilweise auch vergleichbare Deutungen in den Beiträgen getroffen wurden. Dies ist vor allem dadurch bedingt, dass die unterschiedlichen theoriebedingten Perspektiven erst im letzten Schritt der Rekonstruktion zur Anwendung kommen. Entsprechend wurden einzelne Sequenzen in nahezu jedem Beitrag diskutiert. Hierzu zählen u. a. diejenigen um die Aussagen „Klein Sein" und „Unsichtbar Sein". Auch wurde häufig ein besonderer Schwerpunkt auf den halben Finger zur Markierung der Addition mit der Null gelegt. Im Lichte verschiedener Perspektiven (bedingt durch die unterschiedlichen Theorien) wurden diesen Aussagen teilweise neue bzw. veränderte Bedeutungen zugesprochen. So wurden Ausdrücke bspw. hinsichtlich ihrer fachmathematischen Inhalte, des individuellen Begriffsgebrauches oder hinsichtlich der verwendeten Sprache analysiert. Warum sind es gerade diese Sequenzen, die prominent markiert wurden? Die bereits zu Anfang beschriebene Fokussierung auf den symbolischen Interaktionismus und die Ethnomethodologie bedingt, dass Bedeutungen von Dingen (z. B. der Zahl Null) nicht als gesetzt betrachtet werden können. Vielmehr werden die Bedeutungen in der Interaktion neu ausgehandelt. Diese Aushandlungsprozesse lassen sich jedoch nicht immer an der Oberfläche des gesprochenen Wortes erkennen. Diese als kritisch oder besonders herausstechenden Stellen zeichnen sich dadurch aus, dass in ihnen Bedeutung in der Interaktion ausgehandelt wird. Gerade für die interpretative Forschung sind diese Stellen von besonderer Relevanz, zumal sich an anderen

Stellen nur die Anwendung von Bedeutung zeigt und kein Rückschluss auf die in der Szene latenten Bedeutungen (welche sowohl die subjektiv intendierten als auch die aus objektiverer Sicht potenziell möglichen Bedeutungen umfassen) möglich ist (s. Voigt, 1984 und Oevermann et al., 1979). Entsprechend ist es auch nicht verwunderlich, dass insbesondere diese Stellen in den Analysefokus rücken.

Die gewählte Methode der Interpretation ist der objektiven Hermeneutik Oevermanns (Oevermann et al., 1979) entlehnt. Dies impliziert, dass sowohl latente Sinnstrukturen, als auch objektive Bedeutungszusammenhänge zu rekonstruieren sind. Die Methode in Perfektion durchzuführen würde implizieren, alle Theorien zugleich (und entsprechend auch weitere) für die Rekonstruktion einer einzelnen Szene anzuwenden und eben nicht nur einzelne Theorien. Zu viel Gehalt der Szene geht bei der Wahl einzelner Theorien verloren, insofern die gewählte(n) Theorie(n) die Perspektive und somit die Rekonstruktionen einengen. Allein aus ökonomischen Gründen ist dies jedoch notwendig, da die gleichzeitige Verwendung vieler Theorien die Analyse sprengen würde. Jedoch wird hierdurch wiederum deutlich, dass Sehen immer auch ein gezieltes Sehen ist: Wir sehen, was wir (mit den gewählten Theorien) sehen können (oder auch: sehen wollen).

Die Anwendung spezifischer Theorien ist auch aus ethnomethodologischen Gesichtspunkten nicht unbedenklich, denn es besteht die Gefahr, der durch die an der Interaktion beteiligten Personen konstituierten Realität nicht gerecht zu werden, denn diese zeigen sich ihre Realität gegenseitig an (Garfinkel, 1967, S. 280 ff.). Wird eine Theorie hingegen für die Rekonstruktion fokussiert, so besteht die Gefahr, diverse Dinge außer Acht zu lassen. Entsprechend sollte die Anwendung der jeweiligen Theorie im Zuge der Interpretation auch als letzter Schritt erfolgen, um zu vermeiden, Bedeutung nur entsprechend der betrachteten Theorie hineinzusehen. Insofern sie als finaler Schritt angewendet wird bzw. werden soll, erfolgt zugleich eine Prüfung der Theorie hinsichtlich ihrer Anwendbarkeit. Gleichwohl bleiben die Aussagen, die hierdurch getroffen werden, theoriebezogene Szeneninterpretationen. Entsprechend lässt sich das Spannungsfeld dessen, dass man einerseits der Szene maximal generell gerecht werden möchte und dass man andererseits fokussierte, tiefgründige Forschungsergebnisse über Lernprozesse haben möchte, letztendlich nicht auflösen. Auch aus diesem Grund sind Theorie und Methode bzw. Methodologie miteinander in Einklang zu bringen und sollten nicht unhinterfragt miteinander verbunden werden.

In den Beiträgen in diesem Buch erfolgten Fokussierungen hinsichtlich verschiedener Bereiche. Zumeist standen die Bereiche *Sprache* und *Begriffsbildung* in verschiedenen Facetten im Vordergrund. Diese liegen nahe, insofern Sprache im Transkript bereits durch das gesprochene Wort vorliegt und es inhaltlich um Begriffsbildungsprozesse (zur Zahl Null) geht. Diese Themen hängen wiederum eng miteinander zusammen, denn wie schon Wittgenstein schrieb: „Die Bedeutung eines Wortes ist sein Gebrauch in der Sprache." (Wittgenstein, PU, § 43). Entsprechend ist nicht eine implizite Bedeutung zu erfassen, sondern der Gebrauch in der expliziten Sprache. Damit geht demnach eine inhaltliche Bedeutung von Worten und somit die Bildung entsprechender Begriffe einher.

Gleichwohl finden sich wiederholt unterschiedliche Schwerpunkte in den einzelnen Analysen, welche verschiedene Aspekte der Themenbereiche herausgreifen. Im Zuge der Analysen vornehmlich zum Sprachgebrauch wurde bspw. das Vokabular (s. Kap. 9) bzw. die durch das Vokabular thematisierten Sprechhandlungen (s. Kap. 7) sowie die Nähe der Worte zueinander und somit auch die inhaltliche Nähe in den Mittelpunkt gerückt (s. Kap. 5). Im Zuge der Begriffsbildung standen sowohl fachliche Aspekte zur Natur des Begriffes (s. Kap. 3, 4, 10 und 11) als auch eher individuelle bzw. soziale Aspekte (s. Kap. 6 und 8) im Mittelpunkt der Betrachtungen. Entsprechend fanden sich in den einzelnen Beiträgen auch sehr unterschiedliche Forschungsfragen: Was hat es mit der fachlichen Natur des Begriffes in dem Interview auf sich? Welche geteilt geltende Bedeutung des fachlichen Inhalts wurde bisher herausgearbeitet? Welche Grade von Verallgemeinerungen geht Luisa ein? Welche Gründe überzeugen die Schülerin und welche Berechtigungen sieht sie als gegeben? Welche sprachlichen Mittel werden wie eingesetzt?

Die Forschungsfragen deuten bereits an, dass es Unterschiede hinsichtlich der Nutzung der verschiedenen Theorien gibt. Oben wurde bereits das Kriterium der Nähe angesprochen, welches sich allerdings auf verschiedene Ebenen bezieht: Denn je näher die Perspektiven inhaltlich zueinander liegen, desto vergleichbarer werden die Aussagen. Fokussieren die Perspektiven bspw. das Thema Sprache im Allgemeinen (z. B. Kap. 5, 7 und 9) oder fachliche Inhalte (z. B. Kap. 11 mit (Teilen von) Kap. 10), so liegen die entsprechend generierbaren Aussagen enger zusammen als wenn die sprachliche Oberfläche funktional gedeutet wird (z. B. Kap. 9 im Vergleich zu Kap. 6). Der Anwendungsbereich der Theorie spielt entsprechend eine entscheidende Rolle hinsichtlich der später generierbaren Aussagen.

Der Umfang (im Sinne von Anwendungsbreite) und die Komplexität einer Theorie stellen weitere Unterscheidungsmerkmale dar. Der Umfang kann zum einen sehr breit sein (z. B. Experimentieren entsprechend der Naturwissenschaftsdidaktiken in Kap. 3) oder auch sehr eng (z. B. Überzeugung nach Kant in Kap. 8). Ein eher enger Umfang wird zumeist von einer hohen Komplexität der Theorie begleitet: Einige Theorien, z. B. diejenige zum Begriffsverständnis nach Brandom (s. Kap. 6), diejenige zur Verallgemeinerung nach Peirce (s. Kap. 4) oder diejenige zur Analyse von Überzeugungen (s. Kap. 8), nutzen tiefgreifende theoretische Perspektiven, um Lernprozesse zu verstehen. Die Anwendung dieser Theorien ist sehr fokussiert und entsprechend auf einzelne Prozesse im Transkript beschränkt, in denen bspw. Kausalzusammenhänge zumindest angedeutet werden. Dies wiederum impliziert sehr fokussierte Aussagen für den individuellen Lernprozess von Luisa. Ein breiter Umfang lässt sich bspw. bei der Rekonstruktion verwendeter Sprachmittel (s. Kap. 9) und Sprechhandlungen (s. Kap. 7) erkennen. Diese lassen sich auch unabhängig von den konkreten Inhalten der Szene rein an den verwendeten Worten analysieren.

Die Bedeutung der in den Beiträgen gewonnenen Aussagen für den individuellen Lernprozess ist wiederum abhängig von verschiedenen Faktoren, die nicht nur von der Szene selbst, sondern auch von der möglichen Nutzung der Aussagen abhängen. Entsprechend lassen sich hinsichtlich Kategorien wie Brauchbarkeit von Theorien keine allgemeinen Aussagen treffen. Denn diese Brauchbarkeit kann keine empirische sein, wie es bereits an den Grundannahmen der Interpretationsmethode zu erkennen ist: In anderen Interaktionskonstellationen würden sicherlich andere Bedeutungen ausgehandelt werden und somit würden verschiedene Theorien auch eine (un-)bedeutendere Rolle einnehmen können.

Wir wollen mit diesem Band dazu beitragen, dass die Vielfältigkeit theoretischer Perspektiven weniger als zu überwindende Herausforderung, sondern vielmehr als wertvolle Ressource wahrgenommen wird. Theorien weisen ein breites Spektrum auf. Sie können sich auf Sprache an sich, auf Beziehungen zwischen sprachlichen Elementen oder auf Funktionen sprachlicher Darstellungen beziehen. Diese Breite an Anwendungsbereichen resultiert in einer Breite an konstruierbaren Aussagen. In diesem Sammelband wurden ausgewählte theoretische Perspektiven dargestellt und miteinander verglichen. Neben vielen Gemeinsamkeiten wurden auch diverse Unterschiede verdeutlicht, als auch Anknüpfungspunkte für die Kombination und Integration verschiedener Theorieelemente aufgezeigt. Es zeigte sich dabei, dass eine Nähe von Perspektiven nicht notwendig auf die Nähe von Analysen schließen lässt.

Literatur

Burscheid, H. J. & Struve, H. (2020). *Mathematikdidaktik in Rekonstruktionen. Band 1: Grundlegung von Unterrichtsinhalten* (2. Aufl.). Wiesbaden: Springer. https://doi.org/10.1007/978-3-658-29452-6.

Ehlich, K. & Rehbein, J. (1979). Handlungsmuster im Unterricht. In R. Mackensen & F. Sagebiel (Hrsg.), *Soziologische Analysen. Referate aus den Veranstaltungen der Sektionen der Deutschen Gesellschaft für Soziologie und der ad-hoc-Gruppen beim 19. Deutschen Soziologentag* (S. 535–562). Berlin: Technische Universität Berlin.

Garfinkel, H. (1967). *Studies in ethnomethodology*. New Jersey: Prentice-Hall.

Gopnik, A. & Meltzoff, A. (1997). *Words, Thoughts, and Theories*. Cambridge, MA: MIT Press. https://doi.org/https://doi.org/10.1017/S0008413100020879.

Jungwirth, H. (2003). Interpretative Forschung in der Mathematikdidaktik – ein Überblick für Irrgäste, Teilzieher und Standvögel. *Zentralblatt für Didaktik der Mathematik, 35*(5), 189–200.

Krell, C. & Lamneck, S. (2016). *Qualitative Sozialforschung*. Weinheim: Beltz.

Kunsteller, Jessica (2018). *Ähnlichkeiten und ihre Bedeutung beim Entdecken und Begründen. Sprachspielphilosophische und mikrosoziologische Analysen von Mathematikunterricht.* Heidelberg: Springer. https://doi.org/10.1007/978-3-658-23039-5.

Maier, H. & Steinbring, H. (1998). Begriffsbildung im alltäglichen Mathematikunterricht. Darstellung und Vergleich zweier Theorieansätze zur Analyse von Verstehensprozessen. *Journal für Mathematik-Didaktik, 19*(4), 292–329. https://doi.org/10.1007/BF03338878

Meyer, M. (2021). *Entdecken und Begründen im Mathematikunterricht. Von der Abduktion zum Argument* (2. Aufl.). Berlin: Springer. https://doi.org/10.1007/978-3-658-32391-2.

Mitchelmore, M. (1994). Abstraction, Generalisation and Conceptual Change in Mathematics. *Hiroshima Journal of Mathematics Education, 2*, 45–57.

Moll, M. (2020). *Überzeugung im Werden. Begründetes Fürwahrhalten im Mathematikunterricht.* Wiesbaden: Springer. https://doi.org/10.1007/978-3-658-27383-5.

Oevermann, U., Allert, T., Konau, E. & Krambeck, J. (1979). Die Methodologie einer „objektiven Hermeneutik" und ihre allgemeine forschungslogische Bedeutung in den Sozialwissenschaften. In H. G. Soeffner (Hrsg.), *Interpretative Verfahren in den Sozial- und Textwissenschaften* (S. 352–433). Stuttgart: Metzler.

Pöhler, B. (2018). *Konzeptuelle und lexikalische Lernpfade und Lernwege zu Prozenten: eine Entwicklungsforschungsstudie.* Wiesbaden: Springer. https://doi.org/10.1007/978-3-658-21375-6.

Pöhler, B. & Prediger, S. (2015). Interviewing Lexical and Conceptual Learning Trajectories – a Design Research Study on Dual Macro-Scaffolding Towards Percentages. *Eurasia Journal of Mathematics, Science & Technology Education, 11*(6), 1697–1722. https://doi.org/10.12973/eurasia.2015.1497a.

Tall, D. (1991). The Psychology of Advanced Mathematical Thinking. In D. Tall (Ed.), *Advanced Mathematical Thinking* (pp. 3–21). Dordrecht: Kluwer Academic Publishers.

Voigt, J. (1984). *Interaktionsmuster und Routinen im Mathematikunterricht. Theoretische Grundlagen und mikroethnographische Falluntersuchungen.* Weinheim: Beltz.

Wittgenstein, L. (PU). *Philosophische Untersuchungen (PU)* (Werksausg., Bd. I, 1984). (G. E. Anscombe, G. H. von Wright, & R. Rhees, Hrsg.) Frankfurt a. M.: Suhrkamp.

Printed in the United States
by Baker & Taylor Publisher Services